2025

미용사 일반 필기

핵심요약+기출모의고사

타임NCS연구소

2025

미용사 일반 필기 핵심요약+기출모의고사

인쇄일 2025년 1월 1일 3판 1쇄 인쇄
발행일 2025년 1월 5일 3판 1쇄 발행
등 록 제17-269호
판 권 시스컴2025

발행처 시스컴 출판사
발행인 송인식
지은이 타임NCS연구소

ISBN 979-11-6941-487-6 13590
정 가 17,000원

주소 서울시 금천구 가산디지털1로 225, 514호(가산포휴) | **홈페이지** www.nadoogong.comr
E-mail siscombooks@naver.com | **전화** 02)866-9311 | **Fax** 02)866-9312

INTRO

최근 미용에 대한 관심이 커지면서 혼자서도 미용을 관리하는 사람들이 많아졌습니다. 헤어부터 피부, 메이크업, 네일 등 미용은 광범위하게 퍼져있으며, 이러한 광범위한 미용에 대한 사람들의 관심은 크게 증가하였습니다. 단편적으로 그루밍족이라는 신조어를 통하여 미용에 대한 관심이 증가하였다는 것을 알 수 있습니다. 그루밍족이란 자신의 몸치장이나 패션을 위해 아낌없이 투자하는 젊은 남성을 일컫는 말로, 이전까지만 해도 미용은 여성을 대상으로 하는 뷰티(Beauty)라고 흔히 전해져 왔습니다. 하지만 지금의 미용은 단순히 여성만의 전유물이 아닌 남녀노소, 직업에 관계없이 모든 사람들의 생활에 자리잡고 있습니다.

이렇듯 미용에 대한 사회적 관심이 높아진 만큼 미용사의 필요성은 더욱 높아졌습니다. 미용업무는 얼굴이나 머리를 아름답게 매만지는 것뿐만 아니라 공중위생분야로서 국민의 건강과 직결되어 있는 중요한 분야로 자리매김하였습니다. 이러한 미용업은 향후 국가의 산업구조가 제조업에서 서비스업 중심으로 전환되는 차원에서 수요가 증대될 것이며, 미용업계가 과학화, 기업화됨에 따라 미용사의 지위와 대우가 향상되고 작업조건도 양호해질 전망입니다.

본 도서는 전문적이고 멋진 미용사를 꿈꾸는 많은 수험생들에게 시험의 두려움을 없앨 수 있도록 길을 열어줄 것입니다. 도서를 통하여 미용사 필기의 합격뿐만 아니라 나아가 멋진 미용사가 되길 기원합니다. 시스컴은 항상 여러분을 응원합니다.

미용사 일반이란?

개요

미용업무는 공중위생분야로서 국민의 건강과 직결되어 있는 중요한 분야로 향후 국가의 산업구조가 제조업에서 서비스업 중심으로 전환되는 차원에서 수요가 증대되고 있다. 분야별로 세분화 및 전문화 되고 있는 세계적인 추세에 맞추어 미용의 업무 중 헤어미용을 수행할 수 있는 미용분야 전문인력을 양성하여 국민의 보건과 건강을 보호하기 위하여 자격제도를 제정하였다.

수행직무

아름다운 헤어스타일 연출 등을 위하여 헤어 및 두피에 적절한 관리법과 기기 및 제품을 사용하여 일반미용을 수행한다.

실시기관 홈페이지

http://q-net.or.kr

실시기관명

한국산업인력공단

진로 및 전망

- 미용실에 취업하거나 직접 자신의 미용실을 운영할 수 있다.
- 미용업계가 과학화, 기업화됨에 따라 미용사의 지위와 대우가 향상되고 작업조건도 양호해질 전망이며, 남자가 미용실을 이용하는 경향이 두드러지고, 많은 남자 미용사가 활동하는 미용 업계의 경향으로 보아 남자에게도 취업의 기회가 확대될 전망이다.
- 업무범위는 파마, 머리카락자르기, 머리카락 모양내기, 머리피부손질, 머리카락염색, 머리감기, 의료기기와 의약품을 사용하지 아니하는 눈썹손질 등이다.

✂ 시행처

한국산업인력공단

✂ 시험과목 및 응시료

구분	시험과목	응시료
필기	미용이론(피부학 포함), 공중위생관리학(공중보건학, 소독, 공중위생법규), 화장품학 등에 관한 사항	14,500원
실기	미용실무	24,900원

✂ 검정방법

필기	실기
객관식 4지 택일형, 60문항(60분)	작업형(2시간 40분 정도, 100점)

✂ 합격기준

필기	실기
100점을 만점으로 하여 60점 이상	100점을 만점으로 하여 60점 이상

미용사 일반 시험안내

🎀 출제경향

헤어샴푸, 헤어커트, 헤어펌, 헤어세팅, 헤어컬러링 등 미용작업의 숙련도, 정확성 평가

🎀 종목별 검정현황(최근 8개년)

2024년 합격률은 도서 발행 전에 집계되지 않았습니다.

종목명	연도	필기			실기		
		응시	합격	합격률(%)	응시	합격	합격률(%)
미용사 (일반)	2023	50,530	14,969	29.6%	26,648	10,188	38.2%
	2022	45,168	15,226	33.7%	29,585	11,495	38.9%
	2021	55,039	19,907	36.2%	35,799	13,613	38%
	2020	49,441	17,885	36.2%	28,474	11,268	39.6%
	2019	65,605	20,879	31.8%	36,308	14,780	40.7%
	2018	64,803	20,455	31.6%	34,116	13,759	40.3%
	2017	70,196	20,976	29.9%	34,687	13,598	39.2%
	2016	62,884	18,576	29.5%	33,619	12,678	37.7%
	2015	59,900	17,651	29.5%	34,762	12,945	37.2%

시험과목 및 활용 국가직무능력표준(NCS)

필기 과목명	NCS 능력단위	실기 과목명	NCS 능력단위	NCS 세분류
헤어스타일 연출 및 두피·모발 관리	미용업 안전위생관리	미용실무	미용업 안전위생관리	헤어미용
	고객응대 서비스		헤어샴푸	
	헤어샴푸		두피·모발관리	
	두피·모발관리		원랭스 헤어커트	
	원랭스 헤어커트		그래쥬에이션 헤어커트	
	그래쥬에이션 헤어커트		레이어 헤어커트	
	레이어 헤어커트		베이직 헤어펌	
	쇼트 헤어커트		매직스트레이트 헤어펌	
	베이직 헤어펌		기초 드라이	
	매직스트레이트 헤어펌		베이직 헤어컬러	
	기초 드라이			
	베이직 헤어컬러			
	헤어미용 전문제품 사용			
	베이직 업스타일			
	가발 헤어스타일 연출			

미용사 일반 출제기준(필기)

출제기준(필기) 2022.1.1~2026.12.31

필기 과목명	문제 수	주요항목	세부항목	세세항목
헤어 스타일 연출 및 두피· 모발 관리	60	1. 미용업 안전위생 관리	1. 미용의 이해	1. 미용의 개요 2. 미용의 역사
			2. 피부의 이해	1. 피부와 피부 부속 기관 2. 피부유형분석 3. 피부와 영양 4. 피부와 광선 5. 피부면역 6. 피부노화 7. 피부장애와 질환
			3. 화장품 분류	1. 화장품 기초 2. 화장품 제조 3. 화장품의 종류와 기능
			4. 미용사 위생 관리	1. 개인 건강 및 위생관리
			5. 미용업소 위생 관리	1. 미용도구와 기기의 위생관리 2. 미용업소 환경위생
			6. 미용업 안전사고 예방	1. 미용업소 시설·설비의 안전관리 2. 미용업소 안전사고 예방 및 응급조치
		2. 고객응 대 서비스	1. 고객 안내 업무	1. 고객 응대
		3. 헤어 샴푸	1. 헤어샴푸	1. 샴푸제의 종류 2. 샴푸 방법
			2. 헤어트리트먼트	1. 헤어트리트먼트제의 종류 2. 헤어트리트먼트 방법
		4. 두피· 모발관리	1. 두피·모발 관리 준비	1. 두피·모발의 이해
			2. 두피 관리	1. 두피 분석 2. 두피 관리 방법
			3. 모발관리	1. 모발 분석 2. 모발 관리 방법
			4. 두피·모발 관리 마무리	1. 두피·모발 관리 후 홈케어

필기 과목명	문제 수	주요항목	세부항목	세세항목
헤어 스타일 연출 및 두피· 모발 관리	60	5. 원랭스 헤어커트	1. 원랭스 커트	1. 헤어 커트의 도구와 재료 2. 원랭스 커트의 분류 3. 원랭스 커트의 방법
			2. 원랭스 커트 마무리	1. 원랭스 커트의 수정·보완
		6. 그래쥬 에이션 헤어커트	1. 그래쥬에이션 커트	1. 그래쥬에이션 커트 방법
			2. 그래쥬에이션커트 마무리	1. 그래쥬에이션 커트의 수정·보완
		7. 레이어 헤어커트	1. 레이어 헤어커트	1. 레이어 커트 방법
			2. 레이어 헤어커트 마무리	1. 레이어 커트의 수정·보완
		8. 쇼트 헤어커트	1. 장가위 헤어커트	1. 쇼트 커트 방법
			2. 클리퍼 헤어커트	1. 클리퍼 커트 방법
			3. 쇼트 헤어커트 마무리	1. 쇼트 커트의 수정·보완
		9. 베이직 헤어펌	1. 베이직 헤어펌 준비	1. 헤어펌 도구와 재료
			2. 베이직 헤어펌	1. 헤어펌의 원리 2. 헤어펌 방법
			3. 베이직 헤어펌 마무리	1. 헤어펌 마무리 방법
		10. 매직 스트레이 트 헤어펌	1. 매직스트레이트 헤어펌	1. 매직스트레이트 헤어펌 방법
			2. 매직스트레이트 헤어펌 마무리	1. 매직스트레이트 헤어펌 마무리와 홈 케어
		11. 기초 드라이	1. 스트레이트 드라이	1. 스트레이트 드라이 원리와 방법
			2. C컬 드라이	1. C컬 드라이 원리와 방법
		12. 베이직 헤어컬러	1. 베이직 헤어컬러	1. 헤어컬러의 원리 2. 헤어컬러제의 종류 3. 헤어컬러 방법
			2. 베이직 헤어컬러 마무리	1. 헤어컬러 마무리 방법
		13. 헤어 미용 전문 제품 사용	1. 제품 사용	1. 헤어전문제품의 종류 2. 헤어전문제품의 사용방법

미용사 일반 출제기준(필기)

필기 과목명	문제 수	주요항목	세부항목	세세항목
헤어 스타일 연출 및 두피· 모발 관리	60	14. 베이직 업스타일	1. 베이직 업스타일 준비	1. 모발상태와 디자인에 따른 사전준비 2. 헤어세트롤러의 종류 3. 헤어세트롤러의 사용방법
			2. 베이직 업스타일 진행	1. 업스타일 도구의 종류와 사용법 2. 모발상태와 디자인에 따른 업스타일 방법
			3. 베이직 업스타일 마무리	1. 업스타일 디자인 확인과 보정
		15. 가발 헤어스타 일 연출	1. 가발 헤어스타일	1. 가발의 종류와 특성 2. 가발의 손질과 사용법
			2. 헤어 익스텐션	1. 헤어 익스텐션 방법 및 관리
		16. 공중 위생관리	1. 공중보건	1. 공중보건 기초 2. 질병관리 3. 가족 및 노인보건 4. 환경보건 5. 식품위생과 영양 6. 보건행정
			2. 소독	1. 소독의 정의 및 분류 2. 미생물 총론 3. 병원성 미생물 4. 소독방법 5. 분야별 위생·소독
			3. 공중위생관리법규 (법, 시행령, 시행규칙)	1. 목적 및 정의 2. 영업의 신고 및 폐업 3. 영업자 준수사항 4. 면허 5. 업무 6. 행정지도감독 7. 업소 위생등급 8. 위생교육 9. 벌칙 10. 시행령 및 시행규칙 관련 사항

관련 미용사

미용사(네일)

- 개요 : 네일미용에 관한 숙련기능을 가지고 현장업무를 수행할 수 있는 능력을 가진 전문기능인력을 양성하고자 자격제도를 제정
- 수행직무 : 손톱·발톱을 건강하고 아름답게 하기 위하여 적절한 관리법과 기기 및 제품을 사용하여 네일 미용 업무 수행

미용사(메이크업)

- 개요 : 메이크업에 관한 숙련기능을 가지고 현장업무를 수용할 수 있는 능력을 가진 전문기능인력을 양성하고자 자격제도를 제정
- 수행직무 : 특정한 상황과 목적에 맞는 이미지, 캐릭터 창출을 목적으로 이미지분석, 디자인, 메이크업, 뷰티코디네이션, 후속관리 등을 실행함으로서 얼굴·신체를 표현하는 업무 수행

미용사(피부)

- 개요 : 피부미용업무는 공중위생분야로서 국민의 건강과 직결되어 있는 중요한 분야로 향후 국가의 산업구조가 제조업에서 서비스업 중심으로 전환되는 차원에서 수요가 증대되고 있다. 머리, 피부미용, 화장 등 분야별로 세분화 및 전문화 되고 있는 미용의 세계적인 추세에 맞추어 피부미용을 자격제도화 함으로써 피부미용분야 전문인력을 양성하여 국민의 보건과 건강을 보호하기 위하여 자격제도를 제정
- 수행직무 : 얼굴 및 신체의 피부를 아름답게 유지·보호·개선 관리하기 위하여 각 부위와 유형에 적절한 관리법과 기기 및 제품을 사용하여 피부미용을 수행

구성 및 특징

핵심 정복! **단원별 핵심요약**

단원별로 놓치지 말아야 할 핵심 개념들을 간단명료하게 요약하여 짧은 시간에 이해, 암기, 복습이 가능하도록 하였으며,
시험대비의 시작뿐만 아니라 끝까지 활용할 수 있습니다.

유형 파악! **CBT 기출복원문제**

기존의 출제된 기출문제를 복원한 CBT 기출복원문제와 섬세한 해설을 함께 확인하여 필기시험의 유형을 제대로 파악할
수 있도록 총 8회분을 수록하였습니다.

실제 기출을 바탕으로 한 실전모의고사를 통해 실제로 시험을 마주하더라도 문제없이 시험에 응시할 수 있도록 총 7회분을 수록하였습니다.

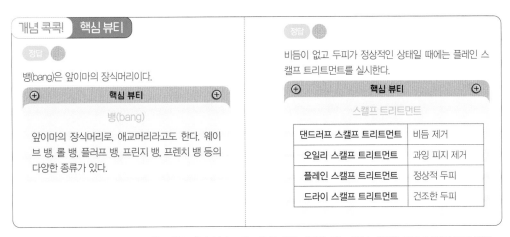

단원별 핵심요약 이외에도 CBT 기출복원문제와 실전모의고사 문제의 바탕이 되는 핵심 개념을 골라 이해를 돕기 위한 설명을 덧붙인 '핵심 뷰티'로 더욱 섬세한 해설을 확인할 수 있습니다.

목 차

목 차

정답 및 해설

SISCOM Special Information Service Company
독자분들께 특별한 정보를 제공하고자 노력하는 마음

미용사 일반 필기

Hair Dresser

제 1 장

HAIR
DRESSER

단원별
핵심요약

제 1 막 미용업 안전위생관리

| 1 | 미용의 이해 |

1. 미용의 개요

(1) 미용의 특수성

① 의사표현의 제한

② 소재선정의 제한

③ 시간적 제한

④ 부용예술로서의 제한

(2) 미용의 순서

소재의 확인 → 구상 → 제작 → 보정

2. 미용의 역사

(1) 삼한시대와 삼국시대

① 삼한시대

㉠ 포로 또는 노예는 머리를 깎아 표시하였다.

㉡ 남자는 상투를 틀고, 수장급은 관모를 썼다.

㉢ 글씨를 새기는 문신이 성행하였다.

② 삼국시대

얹은머리	모발을 뒤에서 감아올려 그 끝을 가운데에 감아 꽂은 머리
쪽머리	뒤통수에 머리를 낮게 튼 머리
중발머리	뒷머리에 낮게 묶은 머리

쌍상투 머리	앞머리에 양쪽으로 묶은 머리
푼기명식 머리	일부 머리를 양쪽 귀 옆으로 늘어뜨린 머리

(2) 통일신라시대와 고려시대

① 통일신라시대

㉠ 화려한 화장이 성행하였으며, 화장품 제조기술이 발달하였다.

㉡ 슬슬전대모빗, 자개장식빗, 대모빗, 소아빗 등 여러 빗이 존재하였다.

② 고려시대

㉠ 두발을 염색하고, 얼굴용 화장품(면약)을 사용하였다.

㉡ 두발의 중간을 틀어 심홍색 갑사댕기로 머리를 묶었으며, 일부의 남자는 개체변발을 하였다.

㉢ 신분에 따라 분대화장(기생중심의 짙은 화장법), 비분대화장(일반 여성들의 옅은 화장)을 하였다.

(3) 조선시대

① 시기별 특징

조선 초기	유교사상의 영향으로 부대화장을 기피하고, 단순한 피부손질과 연한 화장이 주를 이룸
조선 중기	연지, 곤지와 같은 분화장이 신부화장에 이용됨
조선 후기	개화를 통해 여러 화장법과 화장품이 도입되어, 다양한 미용이 등장함

② 장식품

비녀	금잠, 옥잠, 산호잠, 봉잠, 용잠, 석류잠, 호두잠, 국잠, 각잠 등
머리장식	화관, 첩지 등

③ 머리모양

큰머리	어여머리라고하며, 머리위에 가체를 얹은 머리로, 궁중 또는 상류층에서 하는 머리
첩지머리	가르마 중간 부분(정수리)에 첩지를 두고 후면에 쪽을 진 머리
떠구지머리	큰머리 위에 떠구지를 올린 머리
쪽머리	가운데 가르마를 타서 양쪽으로 머리를 빗어 넘긴 후 뒤통수 아래 머리를 땋아 틀어 올려 비녀를 꽂은 머리
얹은머리	쪽머리와 함께 혼인한 부녀자들의 대표적인 머리로, 머리채를 뒤에서 땋아 앞으로 올려 정수리에서 둥글게 고정시킨 머리

(4) 현대의 미용

① 한일 합방 이후 현대 미용에 대한 관심이 생기면서, 신여성을 중심으로 헤어, 메이크업 등이 유행하였다.

② 시기별 특징

1920년대	이숙종 여사의 높은머리(일명 다까머리)와 김활란 여사의 단발머리가 유행
1930년대	• 오엽주 여사가 서울 종로 화신백화점 안에 화신미용원을 개원(우리나라 최초, 1933) • 다나까 미용학교(일본인이 설립한 우리나라 최초 미용학교)
광복 후	• 광복 후 김상진이 현대미용학원을 설립 • 한국전쟁 이후 권정희가 정화미용기술학교를 설립 • 임형선이 예림미용고등기술학교를 설립

(5) 중국의 미용

① 기원전 미용

㉠ B.C. 2,200년 경 하(夏)나라 시대에 분을 사용하였다.

㉡ B.C. 1,150년 경 은(殷)나라 시대에 연지화장을 하였다.

㉢ B.C. 246년 경 진(秦)나라 시대에는 백분과 연지를 바르고 눈썹을 그렸다.

② 당(唐) 나라 시대의 미용

㉠ 당 나라 시대에는 십미도(10가지 눈썹 모양)를 소개할 정도로 눈썹 화장이 유행하였으며(현종), 붉은 입술이 미인으로 평가되는 기준이 되어 입술 화장을 붉게 하였다.

㉡ 특징

모발형	높이 치켜올리는 모발형, 내리는 모발형
액황	이마에 발라 입체감을 줌
홍장	백분을 바른 뒤 연지를 덧바름

(6) 서양의 미용

① 고대 이집트

㉠ 기후에 의하여 머리를 짧게 깎거나 인모나 종려나무 잎 섬유로 된 가발을 사용하였다.

㉡ 서양 최초로 화장을 하였으며, 녹색과 검은색으로 눈꺼풀에 칠하고(아이섀도), 눈가에는 콜(Kohl)을 바르는(아이라인) 눈화장을 하였으며, 붉은 찰흙에 샤프란을 섞어 뺨에 칠하거나 입술 연지로 사용하였다.

㉢ 진흙(알칼리 토양)과 태양열을 통한 퍼머넌트와 헤나와 진흙을 통한 염색이 가능하였다.

② 근대의 미용

1875년	마셀 그라또우가 아이론의 열을 통해 웨이브를 만드는 마셀 웨이브를 창안해 냄
1905년	찰스 네슬러가 스파이럴식 퍼머넌트 웨이브를 창안해 냄
1925년	조셉 메이어가 크로키놀식 히트 퍼머넌트 웨이브를 창안해 냄
1936년	스피크먼이 콜드 웨이브를 창안해 냄

2	피부의 이해

1. 피부와 피부 부속 기관

(1) 피부

① **피부의 기능** : 보호작용, 체온 조절작용, 분비 및 배설작용, 감각(지각)작용, 흡수작용, 재생작용, 면역작용, 호흡작용, 저장작용

② **피부의 구조**

㉠ 표피

각질층	• 외부 자극 및 이물질의 침투를 막아 피부를 보호한다. • 비듬이나 때처럼 박리현상을 일으킨다.
투명층	• 무색, 무핵의 편평한 세포로 구성되어 있다. • 엘라이딘이라는 반유동 물질을 함유하고 있다.
과립층	• 표피세포가 퇴화되어 각질화가 시작된다(유핵, 무핵 세포 공존). • 세포 퇴화의 첫 징조로 각화유리질과립이 형성된다.
유극층	• 표피에서 가장 두꺼운 층으로 피부 손상을 복구할 수 있다. • 세포 표면에 가시 모양의 돌기가 있어 가시층이라고도 한다.
기저층	• 표피의 가장 아래층으로, 진피와 경계를 이룬다. • 기저세포(각질형성세포)와 멜라닌세포가 4~10:1의 비율로 존재한다.

㉡ 진피

유두층	• 수분을 함유하고 있으며, 표피에 영양소와 산소를 공급한다. • 림프관, 신경종말이 많이 분포되어 신경전달기능을 한다.
망상층	• 세포 성분과 세포간 물질로 이루어져 있다. • 혈관, 림프관, 신경관, 땀샘, 피지선, 모낭 등이 존재한다.

구성 물질	• 교원섬유(콜라겐) : 진피 성분의 90%를 차지하는 섬유성 단백질로 구성 물질은 콜라겐이다. • 탄력섬유(엘라스틴) : 섬유아세포로부터 생성되며, 피부에 탄력성과 신축성을 부여해준다. • 기질 : 진피의 결합섬유 사이를 채우고 있는 물질이다.

ⓒ 피하지방층

- 진피와 근육, 골격 사이에 존재한다.
- 체온 유지, 수분 조절, 탄력성 유지, 외부 충격으로부터 몸을 보호한다.

(2) 피부 부속 기관

① 한선(땀샘)

에크린선(소한선)	• 노폐물 배설 및 체온을 조절하며, 무색, 무취의 액체로 산도가 pH 4~5.6의 약산성이다. • 입술, 음부를 제외한 전신에 분포하며, 손바닥, 발바닥, 이마 등에 집중적으로 존재한다.
아포크린선 (대한선)	• 사춘기에 시작해 갱년기 이후 퇴화된다. • 남성보다 여성, 흑인, 백인, 동양인 순으로 발달되어 있다. • 겨드랑이, 성기, 유두 주변, 두피, 배꼽, 항문 주변 등 특정 부위에만 존재한다.

② 피지선

ⓐ 피지선은 진피의 망상층에 위치하며, 손 · 발바닥을 제외한 전선에 존재한다.

ⓑ 모낭선에 연결되며, 피부 표면의 모공을 통해 피지를 배출한다(성인은 하루 1~2g 정도의 피지를 분비한다).

ⓒ 윤기 제공, 체온 유지, 살균 작용, 보호작용, 유화작용, 배설작용 등을 한다.

③ 모발

모간	피부 표면에 돌출되어 있는 부분으로 모표피, 모피질, 모수질로 구성되어 있다.
모근	• 모낭 : 모근을 싸고 있는 주머니 모양의 조직으로 피지선과 연결되어 모발에 윤기를 제공한다. • 모구 : 모근의 뿌리 부분으로, 이곳으로부터 모발이 성장한다. • 모두유 : 모발의 성장을 조절한다. • 모모세포 : 새로운 모발을 생성하는 곳으로 세포분열과 증식에 관여하며, 멜라닌세포와 함께 분포되어 있어 모발의 색상을 결정한다.
입모근	• 자율신경의 영향을 받아 춥거나 무서울 때, 외부의 자극에 의해 수축되어 모발을 곤두세운다. • 속눈썹, 눈썹, 겨드랑이를 제외한 대부분의 모발에 존재하며, 체온 조절 기능이 있다.

2. 피부유형분석

(1) 중성피부

① 한선과 피지선의 기능이 정상이며, 유분과 수분의 균형이 잘 맞춰져 있는 이상적인 피부이다.

② 피부가 매끄럽고 탄력이 있으며, 피부 결이 섬세하고 피부 이상이 없다.

(2) 건성피부

① 유분과 수분의 분비량이 적어 피부 결이 얇고 표면이 거칠다.

② 피부가 거칠고 모공이 작으며, 탄력 저하로 잔주름이 생기기 쉽다.

(3) 지성피부

① 피지선 기능이 활발하여, 피지가 과다하게 분비된다.

② 피부가 두터워 보이고 모공이 크며, 피부 결이 거칠다.

(4) 복합성피부

① T존 부위는 지성피부의 특성을 가지고, 볼 부위는 건성피부의 특성을 가진다.

② 전체적으로 피부 결이 매끄럽지 않다.

(5) 민감성피부

① 피부가 붉어지거나 민감한 반응을 보이며, 각질층이 얇다.

② 과도한 자외선 노출이나 칼슘 부족에 의하여 생길 수 있다.

3. 피부와 영양

(1) 영양과 영양소

영양	생명체가 생명을 유지하고 성장하기 위하여, 필요한 에너지와 성분을 섭취·흡수 등의 생리 작용을 하는 과정 또는 성분
영양소	영양을 하기 위한 물질로, 구성 영양소, 열량 영양소, 조절 영양소로 나뉜다.

제 1 장

단원별 핵심요어

(2) 영양소

구분	과잉 시	결핍 시
탄수화물	피부 저항력 감소, 접촉성 피부염이나 부종 등의 세균감염, 비만의 원인	발육 부진, 체중 감소, 기력부족, 신진대사 기능의 저하
지방	비만, 당뇨, 고혈압·지방간	체중 감소, 신진대사 기능 저하, 세포의 활력 감소
단백질	비만, 신경 예민, 혈압 상승, 색소 침착, 불면증 유발	빈혈, 발육 저하, 조기 노화, 피지 분비 감소

(3) 비타민

① 지용성 비타민

구분	기능	결핍 증세
비타민 A	상피세포 기능 유지, 면역 기전의 조절작용, 한선과 피지선의 조절	야맹증, 거친 피부, 모건조(과잉시 탈모)
비타민 D	자외선을 받으면 피부에서 합성, 자외선으로부터 피부 보호	골다공증, 구루병, 습진, 건선, 경화증
비타민 E	피부 노화 방지(항산화작용), 혈액순환 촉진	조로 피부 혈색 약화, 영양장애성 피부
비타민 K	혈액응고, 세포 신진대사의 산화	출혈, 습진, 피부염

② 수용성 비타민

구분	기능	결핍 증세
비타민 B_1	탄소화물 대사 촉진, 신경기능 유지	각기병, 과민성, 알레르기 경향
비타민 B_2	윤기 있는 피부 유지	구순구각염, 습진, 접촉성 피부염
비타민 B_6	피부염증 예방, 피지 분비 조절	조로 피부구각염, 접촉성 피부염(지루성 여드름성 피부) 혈색 약화, 영양장애성 피부
비타민 B_{12}	신경 유지, 대사 촉진	악성빈혈, 거친 피부
비타민 C	콜라겐 유지(피부 탄력), 미백효과	괴혈병(피부 출혈), 기미, 과민증, 색소침착 증가
비타민 H	모세혈관 강화, 염증 치료, 피부 탄력	피하 출혈

(4) 무기질

① 신체의 골격과 치아 형성에 관여하며, 체조직과 체액에 존재한다.

② 피부 및 체내의 수분량을 유지하며, 효소작용의 촉진, 산소 운반 등의 역할을 한다.

③ 인(P), 칼슘(Ca), 마그네슘(Mg), 나트륨(Na), 칼륨(K), 철분(Fe), 요오드(I), 아연(Zn) 등이 존재한다.

4. 피부와 광선

(1) 자외선

① 파장별 특징

종류	특징
자외선 A	• 피부 탄력성 감소, 조기 노화, 주름 형성의 원인이 되며, 백내장 유발의 원인이 된다. • 선탠 작용을 하여, 인공선탠에 이용된다.
자외선 B	• 비타민 D 합성을 촉진하고, 피부 색소침착을 가속화한다. • 홍반, 수포, 일광화상(급성)을 일으키며, DNA 손상으로 피부암을 유발한다.
자외선 C	• 대부분 오존층에 의해 흡수되고 지표에 일부만 도달한다. • 강한 살균작용을 한다.

② 자외선의 영향

장점	단점
• 살균 및 소독효과가 있다. • 비타민 D를 형성한다. • 구루병을 예방하고 면역력을 강화시킨다. • 혈관 및 림프의 순환을 자극하여 신진대사를 활성화한다.	• 피부의 홍반반응이나 일광화상, 색소침착 등 피부 장애를 일으킨다. • 피부 지질의 세포막을 손상시킨다. • 피부 광노화 및 피부암을 유발한다.

(2) 적외선

① 피부에 해를 주지 않으며, 체온을 상승시키지 않고 열감을 준다.

② 침투력이 강하여 피부조직 깊숙이 영향을 미치며, 근육조직을 이완시키고 혈액순환과 신진대사를 촉진시킨다.

③ 면역력 증강과 지방 축적 및 셀룰라이트 예방 관리에 효과적이며, 통증 완화 및 진정효과가 있다.

5. 피부면역

(1) 피부 면역의 종류 및 반응

① 자연면역(선천적 비특이성 면역, 수동면역)

선천적 방어	피부(외부 침입자로부터 인체 보호), 호흡기(기침, 재채기를 통한 세균 분사)
화학적 방어	입 코, 목구멍, 위의 점액질 등
식균작용	1차(혈액과 백혈구), 2차(림프절, 몽우리) 식균작용을 한다.

② 획득면역(후천적 특이성 면역, 능동면역)

　㉠ 후천적으로 획득한 면역이다.

　㉡ 특정 병원체에 노출된 후나 예방접종 등에 의해 동일 종류의 항원을 만났을 때 그 항원에 대해 저항성을 가지는 것이다.

(2) 면역에 관한 피부의 역할

① 랑게르한스세포 : 표피세포의 2~8% 정도를 차지하며, 항원 전달 능력이 있다.

② 각질세포 : 면역학적 반응을 조절하는 사이토카인을 비롯한 다양한 종류의 생물학적 반응 조절물질을 생성 · 분비한다.

③ 림프구 및 면역세포

T림프구	B림프구	면역세포
세포성 면역을 주도하며, 림프구 중 항체를 생산하는 세포이다.	체액성 면역, 면역글로블린이라 불리는 항체를 생성하며, 골수에서 성숙된다.	식세포, 대식세포가 존재한다.

6. 피부노화

생리적 노화(내인성 노화, 자연 노화)	환경적 노화(외인성 노화, 광노화)
• 표피와 진피의 두께가 얇아지고, 각질층의 비율이 높아진다. • 피부 탄력성 저하, 주름 생성, 노인성 반점 등의 현상이 나타난다. • 랑게르한스세포 수 감소로 피부 면역력이 떨어진다. • 멜라닌세포의 감소로 자외선에 대한 방어력이 저하된다.	• 태양광선 등 외부 환경의 노출에 의한 노화이다. • 각질층이 두꺼워지고 피부 탄력이 없어진다. • 피부가 악건성화 또는 민감화된다. • 색소침착과 모세혈관확장이 일어난다. • 얼굴, 가슴, 두부, 손 등에 노화반점, 주근깨 등의 색소침착이 생긴다.

7. 피부장애와 질환

(1) 원발진과 속발진

원발진	반점, 홍반, 구진, 농포, 면포, 팽진, 소수포, 결절, 낭종, 종양
속발진	가피, 미란, 인설, 켈로이드, 태선화, 찰상, 균열, 궤양, 위축, 과각화증, 반흔

(2) 피부질환

① 여드름(심상성 좌창)

원인	유전적 요인이 가장 크고, 호르몬의 분비 증가, 정신적 스트레스, 위장 장애, 잘못된 식습관, 환경오염 물질, 화장품 오용 등의 원인으로 발생할 수 있다.
관리방법	• 스트레스, 편식, 호르몬제 남용, 불결한 손으로 피부를 만지는 습관, 햇빛의 과잉 노출, 진한 화장 등을 피한다. • 여드름 전용 세정제를 사용해 깨끗이 세안하다. • 정기적인 필링으로 각질 제거 및 모공 속의 노폐물을 제거한다. • 피부의 피지막에 자극이 덜한 약산성 비누를 사용한다.

② 아토피성 피부염

ㄱ 아토피 체질인 사람에게 생기는 습진 모양의 피부병변으로, 내인성습진, 베니에양진이라고도 한다.

ㄴ 유전적인 경향이 있으나 원인은 불분하다.

③ 요인별 의한 질환

물리적 요인	화상, 한진(땀띠), 동상
기계적 손상	굳은살, 티눈, 욕창
접촉성 피부염	원발형 접촉 피부염, 알레르기성 접촉 피부염, 광독성 접촉 피부염, 광알레르기성 접촉 피부염
세균성 피부 질환	모낭염, 전염성 농가진, 절종과 옹종, 봉소염
바이러스성 피부 질환	단순포진(Herpes Simplex), 대상포진(Herpes Zoster), 수두(Chickenpox), 사마귀, 홍역, 풍진
진균성 피부 질환	족부백선, 조갑백선, 칸디다증, 어루러기
과색소침착 질환	기미, 주근깨

| 3 | 화장품 분류 |

1. 화장품 기초

(1) 화장품의 정의(화장품법)

> 인체를 청결·미화하여 매력을 더하고 용모를 밝게 변화시키거나 피부·모발의 건강을 유지 또는 증진하기 위하여 인체에 바르고 문지르거나 뿌리는 등 이와 유사한 방법으로 사용되는 물품으로서 인체에 대한 작용이 경미한 것을 말한다.

(2) 화장품의 4대 요건

안전성	피부 자극, 알레르기, 감작성, 경구독성, 이물질 혼입 등이 없어야 한다.
안정성	사용 기간 중 변질, 변색, 변취, 미생물 오염 등이 없어야 한다.
사용성	피부 친화성, 촉촉함, 부드러움 등이 있어야 한다.
유효성	보습효과, 노화 억제, 자외선 방어효과, 세정효과 등이 있어야 한다.

2. 화장품 제조

(1) 원료의 분류

① **수용성 원료** : 물, 에탄올(Ethanol), 글리세린
② **천연 유성 원료** : 동물성 오일(거북이 오일, 밍크 오일, 라놀린, 난황 오일, 스쿠알란), 식물성 오일(아보카도 오일, 올리브 오일, 피마자 오일, 호호바 오일, 동백유, 살구씨 오일, 월견초유), 왁스(밀납, 라놀린, 카르나우바 왁스, 칸데릴라 왁스)
③ **합성 유성 원료** : 광물성 오일(유동 파라핀, 바셀린, 실리콘 오일), 고급지방산(스테아르산, 팔미트, 라우릭산), 고급알코올(세틸알코올, 스테아릴 알코올), 에스테르
④ **계면활성제(피부자극 순서순)**

분류	사용 목적
양이온성 계면활성제	• 활성제의 주체가 양이온이 되는 것으로, 살균, 소독작용이 크다. • 유연효과, 정전기 발생 억제효과가 있다.
음이온성 계면활성제	• 활성제의 주체가 음이온이 되는 것으로, 세정력과 기포 형성작용이 좋다. • 탈지력이 강해 피부가 거칠어진다.

양쪽성 계면활성제	• 양이온성과 음이온성을 동시에 가진다. • 세정력과 피부에 대한 안정성이 좋다.
비이온성 계면활성제	• 이온화되지 않는 계면활성제이다. • 피부 자극이 적어 기초 화장품에 가장 많이 사용된다.

⑤ **기타 성분** : 보습제, 방부제, 산화방지제, 색재류(색소)

(2) 화장품의 기술

유화(Emulsion)	물과 기름처럼 서로 섞이지 않는 두 액체를 계면활성제(유화제)라 불리는 제3의 물질을 이용하여 한 상에 다른 한 상을 미세한 입자 상태로 분산시켜, 우유처럼 뿌연 액체로 만들거나 분산된 상태를 말한다.
가용화(Solubilization)	물에 소량의 오일 성분이 계면활성제에 의해 투명하게 용해되는 현상이다.
분산(Dispersion)	물, 오일에 미세한 고체 입자가 계면활성제(분산제)에 의해 혼합된 상태의 제품으로, 이 때 사용되는 계면활성제를 분산제라고 한다.

3. 화장품의 종류와 기능

(1) 기초화장품

① **사용 목적** : 피부의 세안, 정돈, 보호, 영양

② **종류와 특징**

세안제	화장의 첫 단계로 피지, 노폐물, 각질, 먼지, 오염, 메이크업 잔여물 등을 제거할 목적으로 사용한다.
화장수	클렌징 후 바뀐 피부의 상태를 원래의 상태로 정돈하는 것을 목적으로 사용하며, 수분 공급, pH 조절 등을 통해 피부를 정돈한다.
크림	물과 오일이 서로 혼합된 유화물의 일종으로 세안 후 씻겨나간 천연보호막을 보충해 주고 외부 자극으로부터 피부를 보호한다.
유액	로션이라 불리며 화장수와 크림의 중간 형태로 피부 보습 및 유연기능 등을 부여할 목적으로 사용한다.
팩	혈액순환 촉진과 보습작용, 피부 청정작용, 피부 경피흡수 촉진, 각질 제거작용 등을 한다.

(2) 메이크업 화장품

베이스 메이크업 화장품	메이크업 베이스, 파운데이션, 파우더
포인트 메이크업 화장품	립스틱, 블러셔, 아이라이너, 마스카라, 아이섀도, 아이브로우

(3) 모발화장품

세정용	헤어샴푸, 헤어린스
정발용	헤어 오일, 포마드, 헤어 크림, 헤어 로션, 세트 로션, 헤어 무스, 헤어 스프레이, 헤어 젤, 헤어 리퀴드
헤어 트리트먼트	헤어 트리트먼트 크림, 헤어팩, 헤어 블로우, 헤어 코트
기타	헤어 토닉, 염모제, 퍼머넌트웨이브 로션, 헤어 스트레이트, 헤어 블리치

(4) 전신 관리 화장품

종류	내용
클렌징 제품	비누, 바디 샴푸, 버블바스
각질제거제	바디 스크럽, 바디 솔트
트리트먼트 제품	바디 로션, 바디 오일, 바디 크림(핸드 로션, 풋 크림 포함)
슬리밍 제품	마사지크림, 바스트크림, 지방 분해크림
체취 방지제	데오도란트 로션, 데오도란트 스틱, 데오도란트 스프레이
자외선 태닝 제품	선탠오일, 선탠 젤, 선탠로션

(5) 기능성 화장품

① 정의 : 화장품은 피부의 미백, 주름 개선, 자외선 차단 등의 효과를 얻을 수 있는 제품을 말한다.

② 종류와 특징

종류	특징
미백 화장품	피부에 멜라닌 색소가 침착하는 것을 방지하여 기미, 주근깨 등의 생성을 억제함으로써 피부의 미백에 도움을 주는 기능을 가진 화장품이다.
주름 개선 화장품	피부에 탄력을 주어 주름 완화 및 개선기능을 하는 화장품이다.
자외선 관련 화장품	강한 햇볕을 방지하여 피부를 곱게 태워주거나 자외선을 차단 또는 산란시켜 자외선으로부터 피부를 보호하는 기능을 하는 화장품이다.

③ 자외선 차단지수(SPF)

　　㉠ 자외선에 의한 피부 홍반을 측정하는 것으로 엄밀히 말하면 자외선-B(UV-B) 방어효과를 나타내는 지수라고 볼 수 있다.

　　㉡ 자외선양이 1일 때 SPF 15 차단제를 바르면 피부에 닿는 자외선의 양이 15분의 1로 줄어든다

는 의미로 SPF 숫자가 높을수록 차단 기능이 강하다.

$$SPF = \frac{\text{자외선 차단제품을 바른 피부의 최소홍반량(MED)}}{\text{자외선 차단제품을 바르지 않은 외부의 최소홍반량(MED)}}$$

(6) 기타 화장품

① 향수

② 에센셜(아로마) 오일

③ 캐리어 오일

---

4 **미용사의 위생관리**

1. 개인 건강 및 위생관리

(1) 미용사의 위생

손 위생 관리	손 씻기
체취 및 구취 관리	체취 관리(땀 냄새 관리, 발 냄새 관리), 구취 관리
복장 관리	헤어스타일(단정하고 세련된 스타일), 액세서리(미착용을 원칙으로 하지만 작업에 방해 없을 정도), 신발(편안한 신발 또는 소리가 나지 않는 구두)

---

5 **미용업소 위생관리**

1. 미용도구와 기기의 위생관리

(1) 미용업소 수건

① **다양한 용도로 사용되는 수건** : 한 종류의 수건으로 다양한 용도에 사용하여도 무방하나 용도별로 준비하여 사용하고 세탁도 따로 하는 것이 위생적이다.

② **수건 세탁** : 미용업소에서 사용하는 수건은 머리카락과 약품이 묻어 있는 경우가 대부분으로 반드시 일반 세탁물과 분리하여 세탁해야 한다.

(2) 미용업소 가운

① **가운의 종류** : 가운, 커트 보, 커트 및 컬러 보, 드라이 보, 샴푸 · 펌 · 컬러 보, 펌 · 컬러 보

② **가운 세탁** : 가운의 소재는 크게 두 종류로 세탁이 가능한 소재와 겉 표면을 물수건과 마른수건으로 닦아 내기만 하는 레자, 비닐 등의 소재로 되어 있다.

(3) 미용업소 도구 관리

① **도구의 종류** : 어떤 일을 할 때 사용하는 소규모 장치로 미용 도구의 종류로는 가위, 빗, 핀셋, 브러시, 펌 로드, 핀 등이 있다.

② **소독 및 보관** : 미용 시술 중 고객의 머리카락이나 두피에 직접 닿았던 도구는 세균 감염의 우려가 있으므로 사용 후 각각 도구의 재질에 맞게 소독하여 정해 놓은 위치에 보관한다.

(4) 미용도구의 살균과 소독 방법

① **정의**

멸균	• 모든 미생물을 제거하여 무균 상태로 만드는 것 • 유익한 세균과 유해한 세균을 모두 제거하는 것 • 물체의 표면 또는 내부에 분포하는 모든 세균을 완전히 제거하는 것
소독	• 물체의 표면 또는 내부에 분포한 병원균을 죽여 감염력을 없애는 것 • 비병원성 미생물은 남아 있는 상태
살균	• 물리적, 화학적 방법으로 모든 형태의 미생물을 제거하는 것 • 무균 상태이긴 하나 유익한 것은 남기고 유해한 것은 선택적으로 제거하는 것

② **소독법**

소독 대상	소독법
수건, 가운, 의류 등	일광 소독
식기류	자비 소독, 증기 멸균법
가위, 인조 가죽 류	알코올 소독 → 자외선 소독기 소독
브러시, 빗 종류	먼지 제거 → 중성 세제 세척 → 자외선 소독기 소독
나무류	알코올 소독 → 자외선 소독기 소독
고무 제품	중성 세제 세제 → 자외선 소독기 소독

2. 미용업소 환경위생

(1) 미용업소의 기온 및 습도

온도	최적 18℃(15.6~20℃ 정도도 쾌적)
습도	40~70%(온도에 따라 적정한 습도 존재)

(2) 공간별 위생 관리

<table>
<tr><td colspan="2" rowspan="2">구분</td><td rowspan="2">정리정돈</td><td colspan="3">청소</td><td rowspan="2">소독</td></tr>
<tr><td>수시</td><td>매일</td><td>주1회</td></tr>
<tr><td rowspan="2">서비스
제공 공간</td><td>안내 데스크, 대기실, 작업실</td><td>○</td><td>○</td><td>○</td><td></td><td></td></tr>
<tr><td>샴푸실, 두피 모발 관리실</td><td>○</td><td>○</td><td></td><td></td><td>○</td></tr>
<tr><td rowspan="3">서비스
준비 공간</td><td>제품 보관실</td><td>○</td><td></td><td></td><td>○</td><td></td></tr>
<tr><td>탕비실, 작업 준비실</td><td>○</td><td>○</td><td>○</td><td></td><td>○</td></tr>
<tr><td>직원 휴게실</td><td>○</td><td>○</td><td>○</td><td></td><td></td></tr>
<tr><td colspan="2">화장실</td><td>○</td><td></td><td>○</td><td></td><td>○</td></tr>
</table>

(3) 방법 및 시기별 위생 관리

<table>
<tr><td colspan="2">구분</td><td>내용</td></tr>
<tr><td rowspan="3">점검</td><td>매일</td><td>청소 상태, 제품 진열 상태, 고객에게 제공하는 서비스 음료 및 잡지 등의 청결 상태, 탕비실, 샴푸실의 냉온수 상태, 수건 및 가운의 수량 및 위생 상태, 자외선 소독기 점검 등</td></tr>
<tr><td>월 1회</td><td>환풍기, 유리창</td></tr>
<tr><td>연 1회</td><td>간판, 조명, 냉난방기 등 전반적인 환경 상태 등</td></tr>
<tr><td rowspan="3">청소</td><td>매일</td><td>영업 전 청소, 시술 직후 청소, 영업 마무리 청소 등</td></tr>
<tr><td>주 1회</td><td>안내 데스크, 직원 휴게실, 탕비실(매일 청소도 진행하고 주 1회 대청소와 같은 청소 실시)</td></tr>
<tr><td>월 1회</td><td>바닥 청소, 천장의 구석 등 청소, 벽 및 계단 청소 등</td></tr>
<tr><td>소독</td><td>사용직후</td><td>빗, 컵, 브러시 등</td></tr>
</table>

6	미용업 안전사고 예방	

1. 미용업소 시설·설비의 안전관리

(1) 합선 및 누전 예방

① 미용업소에서 사용하는 전기 기기는 용량에 적합한 기기를 사용하며, 피복이 벗겨지지 않았는지 수시로 확인한다.

② 천장 등 보이지 않는 장소에 설치된 전선도 정기 점검을 통하여 이상 유무를 확인하며, 회로별 누전 차단기를 설치한다.

(2) 과열 및 과부하 예방

① 한 개의 콘센트에 문어발식으로 드라이어, 매직기, 열기구 등 여러 전기 기기의 플러그를 꽂아 사용하지 않는다.

② 미용 전기 기기의 전기 용량 및 전압에 적합한 규격 전선을 사용하고, 전기 기기 사용 후에는 플러그를 콘센트에서 분리시켜 놓는다.

(3) 감전 사고 예방

① 젖은 손으로 전기 기구를 만지지 않고, 물기 있는 전기 기구는 만지지 않는다.

② 플러그를 뽑을 때 전선을 잡아당겨 뽑지 않고, 콘센트에 이물질이 들어가지 않도록 한다.

③ 전기 기기와 연결된 전선의 상태를 수시로 확인하고, 전기 기기를 사용하기 전 고장 여부를 확인한다.

2. 미용업소 안전사고 예방 및 응급조치

(1) 미용업소에서 발생하는 안전사고 유형

구분	원인	유형	방지행동
도구 사용	• 가위 및 레이저 사용 미숙, 부주의 • 가위 등 나쁜 자세	창상	가위 및 레이저 사용법 숙지, 사용법 훈련
		어깨, 손목 등 시림	가위 사용 시 바른 자세 유지

전기 기기 사용	• 아이론기 조작 미숙 • 드라이어 조작 미숙	화상	기기 사용법 숙지, 사용법 훈련
		감전	콘센트, 전선 등 젖은 손으로 만지지 않기
약제 사용	펌1, 2제, 염모제 등의 피부 접촉	접촉성 피부염	철저한 손 씻기, 업무 시 미용 장갑 착용
기기이동	가온기 및 미용실에서 사용하는 물품 이동	충돌	이동 시 시야 확보, 모서리 보호대 부착
바닥	• 바닥의 물기 • 전기 기기의 노즐	미끄러짐	• 수시로 바닥 청소 및 점검 • 전기 기기 노즐 정리
사다리 사용	높은 곳에 물건 정리	추락	• 2인 1조로 사용 • 사다리를 안전 지대에 설치

(2) 구급약

구분	항목
먹는 약	감기약, 종합 감기약, 소화제, 진통제, 해열제, 지사제, 제산제 등
바르는 약	연고(항생제, 상처용 피부연고), 암모니아수, 바셀린, 소독수 등
의료용 물품	거즈, 소독 거즈, 화상 거즈, 반창고, 일회용 반창고 등
소독약	과산화수소수, 알코올, 생리 식염수 등
응급조치	체온계, 혈압계, 가위, 칼, 핀셋, 족집게, 냉찜질 팩, 핫 팩 등
기타	돋보기, 안대, 귀마개, 구급카드 등

고객응대 서비스

1 고객응대

1. 데스크 안내 서비스

(1) 내점 고객 응대 방법

데스크에서의 안내 → 대기 공간으로 안내 → 라커 룸으로 안내 → 헤어 서비스 공간으로 안내

(2) 비대면 응대 방법

① 전화 응대의 기본 원칙 : 신속성, 정확성, 친절성
② 온라인(On Line)상 비대면 고객 응대 : 네이버 예약 및 후기, 기타 SNS 예약 및 후기

2. 대기고객 응대와 고객 배웅

(1) 대기고객 응대

응대 전 점검 사항	응대 시 유의할 점
• 서비스하는 직원 복장 위생이나 손의 청결 상태 점검 • 음료 잔의 청결상태 확인 • 따뜻한 음료를 대접할 경우, 찻잔이 차가워지지 않게 잔을 데우거나 물의 온도 확인	• 고객 수에 맞게 음료 준비 • 양손으로 음료 잔을 들어 고객에게 다가가 가벼운 목례를 하고 고객의 오른쪽에 놓음 • 음료 잔을 들 때 입이 닿지 않는 부분을 잡음

(2) 고객 배웅(요금 정산)

① 디자이너 경력별, 서비스 매뉴얼별 요금이 상이할 수 있다.
② 공중위생 관리법 시행 규칙에 따라 세 가지 이상 이·미용 서비스 제공 시 이용자에게 '개별 서비스와 최종 지불 가격 및 전체 서비스의 총액'에 관한 내역서를 미리 제공하고, 내역서 사본을 1개월간 보관해야 한다.

38 • 미용사 일반 필기 기출복원+모의고사

제3막 헤어샴푸

1	헤어샴푸

1. 샴푸제의 종류

(1) 샴푸제의 분류(물)

웨트 샴푸제	일반적으로 물을 사용하는 샴푸제로 모발을 청결하게 하는 목적으로 사용하는 샴푸(플레인 샴푸, 핫오일 샴푸, 에그 샴푸 등)
드라이 샴푸제	질환 또는 기타 사유로 일상적인 샴푸를 할 수 없을 때 물을 사용하지 않고 파우더, 가스 등을 사용하는 샴푸(파우더 드라이 샴푸, 리퀴드 드라이 샴푸, 에그 파우더 드라이 샴푸 등)

(2) 샴푸제의 분류(모발·두피)

지성 모발용	과도한 피지 분비 조절하며, 세정력을 높이는 음이온 계면 활성제와 세균 번식 및 염증 억제 성분 포함한 샴푸
건성 모발용	건조하고 푸석한 모발에 사용하며, 비이온성과 양쪽성 계면 활성제가 주로 사용되는 샴푸
다공성모용	프로테인 샴푸나 콜라겐을 원료로 한 샴푸
비듬 두피용	댄드러프 샴푸, 항균성 성분이 포함되어 비듬 및 가려움증을 방지하는 샴푸
지루성 두피용	살균제와 소취제가 포함되어 과다 피지분비를 억제하는 샴푸
탈모 두피용	육모 성분이 포함되어 있어 모공을 건강하게 하는 샴푸
저자극성	민감성 두피용 샴푸로, 두피의 자극을 최소화하는 샴푸

2. 샴푸 방법

(1) 종류

구분	좌식샴푸(두피 관리에서 주로 이용)	와식샴푸(일반적으로 이용)
방법	고객이 미용 의자에 앉아 있는 상태에서 샴푸를 한 후 샴푸대로 이동하여 누워있는 고객에게 헹굼을 진행하는 방법	샴푸와 헹굼 작업을 샴푸대에서 누워있는 고객에게 진행하는 방법
특징	환자나 임산부 등 누워있는 자세가 불편하여 누워있는 시간을 최소화해야 할 경우 진행	다양한 샴푸대의 종류가 존재하며, 샴푸대에 따라 고객의 만족도가 달라질 수 있음

(2) 장단점

구분	좌식샴푸	와식샴푸
장점	섬세한 샴푸 테크닉이 가능하며, 두상의 후두부까지 섬세한 샴푸가 가능	샴푸와 헹굼을 한 자리에서 진행하므로 이동의 불편함이 없음
단점	물을 분무기 등으로 뿌리면서 샴푸제를 도포하여 거품을 내야 하므로 충분한 거품을 내기에 불편함이 있음	샴푸 테크닉이 숙련되지 않으면 고객이 불쾌감을 느낄 수 있으며, 후두부 부분의 섬세한 샴푸와 충분한 세정이 부족할 수 있음

2	헤어트리트먼트

1. 헤어트리트먼트의 종류

헤어 리컨디셔닝	손상된 두발을 정상적인 상태로 회복시키는 것을 목적으로 한다.
클리핑	모발의 끝이 갈라진 부분을 제거하는 것을 목적으로 한다.
헤어 팩	모발의 영양공급을 목적으로 한다.
신징	불필요한 두발을 제거하고 건강한 두발의 발육을 목적으로 한다.
컨디셔너제	두발의 산성화 방지, 보습을 목적으로 한다.

제4막 두피·모발관리

| 1 | 두피·모발 관리 준비 |

1. 두피 · 모발의 이해

(1) 두피 분석

정상 두피	두피 관리의 기준이 되는 유형으로 모공에 2~3가닥의 모발이 전체 두피의 50% 이상 있다.
건성 두피	두피의 유 · 수분의 이상 분비로 피지 형성이 원활하지 못하여 발생한다.
지성 두피	과다한 피지 분비로 인해 과산화 지질이 생성되어 모공을 덮어 염증을 유발할 수 있으며, 악취와 가려움증을 가져올 수 있다.
민감성 두피	모세 혈관이 확장되거나 두피가 얇아서 전체적 또는 부분적으로 모세 혈관이 드러나 보이는 상태이다.
지루성 두피	두피의 청결을 유지하지 못하여 비듬균이 과다 증식하여 염증이 일어난 두피 상태이다.
복합성 두피	두피는 지성이며 모발은 파마, 염색, 드라이 등으로 인한 손상 때문에 건성인 상태이다.
비듬성 두피	건성 비듬은 입자가 가볍고 적으며, 모공 주변에 잔존하고 있으며 각질의 들뜸 현상으로 나타난다. 지성 비듬은 황색 톤을 띠고 있으며, 피지 분비량이 많아 모공이 막혀 있는 상태이고 각질이 떨어져 나가지 못하여 모발의 성장에도 영향을 준다.
탈모 두피	성장기 모발이 줄어들고 휴지기 모발의 비율이 증가하여 하루 100개 이상의 모발이 빠지는 두피이다. 남성형 탈모, 여성형 탈모, 원형 탈모, 노인성 탈모, 지루성 탈모, 비강성 탈모 등이 존재한다.

(2) 모발

① **구성** : 케라틴(아미노산)(80~90%)이 주성분으로, 이외에 수분 10~20%, 지질 1~8%, 멜라닌 색소 3% , 미네랄과 미량 원소 0.6~1.0%로 구성 되어 있다.

② **기능** : 보호기능, 배출기능, 지각기능, 장식기능

2	두피 관리

1. 두피 손상 요인

요인		원인
내적 요인		잘못된 식습관과 다이어트로 인한 영양 부족, 수면 부족, 스트레스, 혈액 순환 및 림프 순환의 이상 현상, 호르몬 불균형 등
외적 요인	물리적 요인	잘못된 샴푸 습관, 과도한 브러싱, 드라이에 의한 건조 등
	화학적 요인	퍼머넌트, 염색, 탈색 등 미용 시술에 사용되는 제품의 세정 부족, 헤어스타일에 사용되는 제품 사용의 부적합 등
	환경적 요인	자외선, 대기 오염 등

2. 두피 관리 방법

(1) 스캘프 트리트먼트

① 목적

ⓧ 두피의 노폐물, 노화 각질, 피지 산화물 등을 제거하여 모공을 청결하게 하고 두피 각화 주기를 정상화시켜 영양분의 흡수를 도와준다.

ⓛ 에어건 또는 솜으로 감싼 스틱이나 손가락의 지문을 사용하여 두피를 스케일링한다.

② 종류(두피에 따른 분류)

정상 두피	플레인 스캘프 트리트먼트
건성 두피	드라이 스캘프 트리트먼트
지성 두피	오일리 스캘프 트리트먼트
비듬성 두피	댄드러프 스캘프 트리트먼트

③ 방법

물리적 방법	브러시나 빗 사용, 열(헤어 스티머, 스팀 타월), 스캘프 매니퓰레이션 등
화학적 방법	양모제, 헤어 로션, 헤어 크림, 헤어 토닉, 베이럼 등

3	모발 관리

1. 모발 분석

(1) 모발의 형태와 성장주기

① **모발의 형태** : 직모, 파상모, 축모

② **모발의 성장주기**

> 성장기 → 퇴행기 → 휴지기

4	두피·모발 관리 마무리

1. 두피·모발 관리 후 홈케어

(1) 두피 상태에 따른 홈케어

건성 두피	두피가 건조하므로 2~3일에 한 번 건성 두피용 샴푸를 사용하도록 한다.
지성 두피	지성 두피용 샴푸로 매일 샴푸를 하며, 세정에 중점으로 두고 관리한다.
민감성 두피	민감성 샴푸를 사용하며, 건성이면서 민감한 두피는 2~3일에 한 번, 지성이면서 민감한 두피는 저자극성 샴푸제로 매일 샴푸하도록 한다.
탈모 두피	탈모 전용 샴푸제로 샴푸하며, 토닉과 영양 앰플을 사용한다.

(2) 모발 상태에 따른 홈케어

손상 모발	과도한 물리적 · 화학적 미용 서비스는 자제하며, 영양 앰플을 꾸준히 사용하도록 한다.
가는 모발	볼륨이 가라앉기 쉽고 헤어스타일 지속력도 부족하다. 모류의 반대 방향으로 두피 쪽 모발에 블로 드라이어 바람을 쐬어 준 다음 스타일링하는 것이 효과적이다.

제 5 막   원랜스 헤어커트

| 1 | 원랜스 커트 | |

1. 헤어 커트의 도구와 재료

(1) 빗(comb)

① 특징

ㄱ 커트용 이외에도 웨이브용, 정발용, 염색용, 세팅용 등 다양한 역할을 한다.

ㄴ 용도에 따른 탄력성과 무게, 열에 대한 내구성이 적합해야 한다.

② 보관법

ㄱ 빗살의 때는 일반적으로 솔로 제거하지만 심할 경우 비눗물에 담근 후 소독한다.

ㄴ 크레졸수, 역성비누액, 석탄산수 등의 소독용액을 사용한다(재질에 따라 자외선 소독).

ㄷ 소독용액에 너무 오래 담구면 변형이 생기므로 주의하며, 소독 후에는 마른 수건으로 닦은 후 말린다.

(2) 브러시(brush)

① 특징

ㄱ 세팅용 이외에도 웨이브, 샴푸, 두피관리 등 다양한 역할을 한다.

ㄴ 용도에 따라 털의 재질이 적합해야 한다.

② 종류

롤 브러시	원형 형태의 브러시로, 컬이나 웨이브를 형성할 때 효과적이다.
덴멘 브러시	쿠션 브러시라고도 하며, 몸통에 구멍이 뚫린 반원형 브러시로, 볼륨 형성과 윤기 및 방향성 부여에 효과적이다.
벤트 브러시	구멍이 뚫린 뒤판에 빗살이 매우 성기게 배열된 브러시로 빗살이 모류의 방향성을 부여하며, 자연스러운 연출에 효과적이다.

③ 보관법

　　㉠ 비눗물, 석탄산수 등을 이용하여 빨고, 털이 빳빳한 것은 세정 브러시로 닦아낸다.

　　㉡ 세정 후 물로 헹구고, 털이 아래쪽을 향하게 하여 그늘에서 말린다.

(3) 가위(scissors)

① 특징

　　㉠ 양날의 견고함이 동일하고, 날이 얇고, 다리가 강한 것이 좋다.

　　㉡ 피벗 포인트의 잠금 나사가 느슨하지 않고 도금되지 않은 것이 좋다.

② 보관법

　　㉠ 자외선, 석탄산수, 크레졸수, 에탄올, 포르말린수 등으로 소독한다.

　　㉡ 소독 후 녹이 슬지 않도록 기름칠을 한다.

(4) 레이저(razor)

① 특징

　　㉠ 면도날로, 모발 끝을 가볍게 다듬을 때 사용한다.

　　㉡ 레이저의 날 등과 날 끝이 대체로 균등해야 한다.

② 종류

오디너리 레이저	일상용 레이저라고도 하며, 세밀한 작업에 용이하고, 빠른 시간 내에 시술이 가능하다.
세이핑 레이저	시술 시 안정적으로 커팅할 수 있으며, 초보자에게 적합하다.

2. 원랭스 커트의 분류

(1) 종류

　　① 패럴렐 보브(parallel bob)

　　② 스패니얼 보브(spaniel bob)

　　③ 이사도라 보브(Isadora bob)

　　④ 머시룸 커트(mushroom cut)

(2) 특징

　　① 일직선의 동일 선상에서 같은 길이가 되도록 커트하는 방법이다.

　　② 네이프의 길이가 짧고 톱으로 갈수록 길어지면서 모발에 층이 없이 동일 선상으로 자르는 커트

스타일이다.

③ 자연 시술 각도 0°를 적용하여 커트하며, 면을 강조하는 스타일로 무게감이 최대에 이르고 질감이 매끄럽다.

④ 형태 선에 따라 이름이 붙여진 것으로, 헤어커트를 할 때 사전에 계획된 형태 선에 따라 두상을 구획하고 나누는 슬라이스 라인(섹션 라인)이 커트 스타일의 형태 선을 결정하게 된다.

3. 원랭스 커트의 방법

패럴렐 보브형	네이프 포인트에서 0°로 떨어져 시작된 커트 선이 바닥면과 평행인 스타일이다.
스패니얼 보브형	앞내림형 커트이며, 네이프 포인트에서 0°로 떨어져 시작된 커트 선이 앞쪽으로 진행될수록 길어져서 전체적인 커트 형태 선이 A라인을 이루어 콘케이브 모양이 되는 스타일이다.
이사도라 보브형	뒤내림형 커트이며, 네이프 포인트에서 0°로 떨어져 시작된 커트 선이 앞쪽으로 진행될수록 짧아져 전체적인 커트 형태 선이 둥근 V라인 또는 U라인을 이루어 콘벡스 모양이 되는 스타일이다.
머시룸 커트	양송이버섯형 커트이며, 네이프 포인트에서 0°로 떨어져 시작된 커트 선이 앞쪽으로 진행될수록 짧아지며 얼굴 정면의 짧은 머리끝과 후두부의 머리끝이 연결되어 전체적인 커트 형태 선이 양송이버섯 모양으로 된다.

| **2** | **원랭스 커트 마무리** | |

1. 원랭스 커트의 수정·보완

(1) 헤어커트 마무리에 필요한 도구 준비

① 드라이기, 모발 길이에 맞는 롤 브러시 등을 준비하고, 모발 건조를 하면서 간단한 핸드 스타일링 또는 블로 드라이를 하기도 한다.

② 이동식 작업대, 드라이기, 다양한 크기의 롤 브러시, 쿠션 브러시 또는 덴맨 브러시, 분무기, 클립, 잔여 머리카락을 제거하기 위한 붓이나 스펀지 등의 도구들이 필요하다.

(2) 원랭스 헤어커트 스타일의 수정 및 마무리 연출

얼굴과 목 등에 묻어 있는 잔여 머리카락을 제거 → 완성된 커트 스타일의 좌우를 살펴보아 맞지 않는 경우 수정 → 고객의 만족도 파악 및 보정 → 드라이기를 통한 모발 건조 및 블로 드라이

제 **6** 막 **그래쥬에이션 헤어커트**

| 1 | 그래쥬에이션(그라데이션) 커트 |

1. 그래쥬에이션 커트 방법

(1) 특징

① 두상에서 위가 길고 아래로 내려갈수록 모발이 짧아지며 층이 나는 스타일이며, 시술 각도에 따라 모발 길이가 조절되면서 형태가 만들어진다.

② 두께에 의한 부피감과 입체감에 의해 풍성하게 보여, 통통하고 부드럽게 만들고 싶을 때와 비교적 차분한 이미지를 나타내고 싶을 때 많이 이용된다.

(2) 분류

분류	종류
시술 각도	로 그래쥬에이션 커트, 미디엄 그래쥬에이션 커트, 하이 그래쥬에이션 커트
패턴	평행 그래쥬에이션 커트, 증가 그래쥬에이션 커트, 감소 그래쥬에이션 커트

(3) 틴닝(thinning)

① 틴닝 가위를 사용하여 모량 조절과 질감 처리를 하는 것을 말한다.

② 끝이 점점 가늘어지게 하는 테이퍼(taper)가 가능하며, 모근 가까이 1/3 지점에서 틴닝하는 딥 테이퍼, 모발의 중간 부분에서 틴닝하는 노말 테이퍼, 모발 끝 1/3 지점에서 틴닝하는 엔드 테이퍼가 있다.

③ **구분**

  ㉠ 루트 틴닝

  ㉡ 이너 틴닝(세임 틴닝, 이너 그래쥬에이션 틴닝, 이너 레이어 틴닝)

  ㉢ 라인 틴닝(사이드 틴닝, 언더 틴닝, 오버 틴닝)

2 그래쥬에이션 커트 마무리

1. 그래쥬에이션 커트의 수정·보완

(1) 그래쥬에이션 헤어커트 스타일의 마무리 연출(블로 드라이)

수분	블로 드라이에 필요한 수분 함량을 확인하며 수분을 남겨야 한다. 수분은 모발을 만져 보아 눅눅한 정도가 적당하다.
온도	드라이기의 열풍과 냉풍을 이용하는 것이 헤어 스타일링을 하는 데 효과적이다.
패널의 크기	패널이 너무 크면 모발이 엉키거나 정확한 시술이 어려우므로, 패널의 크기는 가로 폭이 5~6cm, 세로 폭이 2~3cm가 적당하다.
패널의 각도	볼륨이 필요한 경우에는 모발을 110~130° 들어 올리고, 볼륨을 원하지 않을 때에는 90° 이하로 시술하여야 한다.
브러시의 선택	브러시의 형태, 크기, 재질은 다양하므로 원하는 헤어 스타일링이나 모발 상태에 따라 적절하게 선택하여야 한다.
텐션(tension)	적당한 텐션은 브러시에 올려진 모발이 느슨하지 않도록 브러싱되는 상태로, 과도한 텐션은 모발이 브러시에 엉키며 모발 손상을 줄 수 있다.
브러싱의 속도	브러싱 속도가 너무 빠르면 매끄러운 머릿결을 만들 수 없으므로, 균일한 텐션과 함께 모질에 따라 브러싱 속도를 조절한다.

제 7 막 레이어 헤어커트

1	레이어 헤어커트

1. 레이어 커트 방법

특징	90° 이상의 높은 시술 각도가 적용되는 커트 스타일로, 시술각이 높으면 단층이 많이 생기고 모발이 겹치는 부분이 없어져 무게감이 없는 커트스타일이 된다.
세임 레이어	모발 전체 길이를 모두 같게 커트하는 스타일로 커트를 할 때 두상 시술 각도 90°와 온 더 베이스가 적용된다.
스퀘어 레이어	커트 단면이 사각으로 각진 상태를 말하며, 커트 선이 네모지게 된다.
인크리스 레이어	모발의 길이가 두상의 아래에서 길고 위로 갈수록 짧아져서 급격한 층이 나도록 하는 커트 스타일이다. 두상 시술 각도 90° 이상을 적용하며, 다양한 베이스 조절 기법 적용이 가능한 스타일이다.

2	레이어 헤어커트 마무리

1. 레이어 커트의 수정·보완

(1) 레이어 헤어커트의 수정 및 보정

고객의 얼굴과 목 등에 묻어 있는 잔여 머리카락을 제거한다. 고객의 요구 사항과 만족도를 파악하여 보정을 한다.

(2) 레이어 헤어커트 스타일의 마무리 연출(블로 드라이)

비교적 층이 많이 나며 두상의 위쪽으로 올라 갈수록 모발이 짧아지므로 블로 드라이로 마무리를 할 때 볼륨 C컬을 대부분 활용한다. 볼륨 C컬을 활용하면서 고객의 요구 사항을 충족한다.

제8막 쇼트 헤어커트

1 장가위 헤어커트

1. 쇼트 커트 방법

(1) 싱글링 헤어 커트

① 쇼트 헤어 커트의 한 방법으로 네이프와 사이드 부분의 모발을 짧게 커트하는 방법이다.

② 커트를 할 때 손으로 모발을 잡지 않고 가위와 빗을 이용해 아래 모발을 짧게 자르고 위쪽으로 올라갈수록 길어지게 커트한다. 빗으로 커트할 모발의 방향성을 잡아 주고 빗으로 들어 올린 모발을 가위의 정인은 빗 위에 고정하고 동인만 개폐시켜 커트하는 기법으로 시저스 오브 콤과 유사하다.

(2) 싱글링 헤어 커트 시술에 필요한 도구

장가위	총길이(가위 끝에서 약지환까지의 길이) 6인치 이상의 가위를 말한다.
틴닝가위	커트의 형태나 모발의 양을 보정하기 위해 사용하는 가위로 발수(10~40)에 따라 질감 처리 모량이 결정된다.
커트 빗	모발을 고정하여 가이드라인을 결정짓게 하거나 각도를 가늠하게 하는 도구로서 중요한 역할을 한다.

(3) 싱글링

① 기본용어

블로킹	정확한 커트를 위해 두상의 모발을 구획으로 나누는 것을 의미한다.
섹션	정확한 커트를 위해 모발을 세부적으로 나누는 행위이며 주로 가로, 세로 사선 방사선 섹션 등 3종류의 섹션을 사용한다.
시술 각도	두상으로부터 모발을 들어 올리거나 내려진 상태로 커트하는 정도를 말한다.

② 두상의 기본 포인트

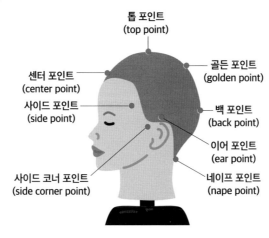

톱 포인트
(top point)

센터 포인트
(center point)

골든 포인트
(golden point)

사이드 포인트
(side point)

백 포인트
(back point)

이어 포인트
(ear point)

사이드 코너 포인트
(side corner point)

네이프 포인트
(nape point)

제 1 장

단원별 핵심요약

(4) 쇼트 헤어 커트 디자인

① 얼굴형에 따른 쇼트 헤어 커트 디자인

둥근 얼굴형	윗머리는 볼륨을 살리고 옆머리는 볼륨을 최대한 억제하는 것이 좋다. 앞머리는 사이드 쪽 가르마를 이용해 페이스 라인으로 길게 내리고 옆머리는 귀를 덮지 않는 것이 얼굴이 길어 보이게 한다.
긴 얼굴형	얼굴의 세로선을 느낄 수 없도록 앞머리로 이마를 가려 주면 좋다.
역삼각형	양쪽 귀 사이의 폭이 넓어 보이기 쉬우므로 옆머리와 뒷머리를 짧게 올려서 자르지 않는 것이 중요하다.
사각 얼굴형	아래 사각턱을 감추기보다는 이마 부분에 형태를 주어 시선을 분산시켜야 한다.

② 헤어 트렌드에 따른 쇼트 헤어 커트 디자인

댄디 헤어스타일	기본 레이어나 그래쥬에이션 쇼트 헤어 커트에 싱글링 기법을 적용하여 톱 부분에 볼륨 감을 형성하고 사이드는 깔끔하게 정돈한다.
투–블록 스타일	톱 부분에 레이어 헤어 커트를 시술하고 네이프와 사이드는 싱글링 기법을 적용하여 젊고 발랄한 투–블록 스타일을 연출한다.
모히칸 스타일	투–블록 스타일에서 전체적으로 모발을 90° 이상 들어 볼륨감을 제거하고 가벼운 율동 감을 표현한 후, 사이드와 네이프에 싱글링 기법을 적용한다.

(5) 싱글링 커트 방법

① 싱글링 커트 기술

다운 싱글링	빗으로 섹션을 떠서 모발을 두피에서 띄운 채 길이에 맞게 위에서부터 내려오면서 커트한다.
업 싱글링	빗으로 섹션을 떠서 아래에서 위로 올라가면서 커트하는 방법으로 주로 커트 선을 연결할 때 사용한다.
연속 싱글링	빗을 두상에 대고 섹션을 타지 않고 아래에서 위로 올라가면서 연속해서 커트하는 방법으로 주로 커트 선을 연결할 때 사용하며 일반적인 싱글링 커트 기법을 말한다.

② 트리밍 커트 기술

㉠ 빗은 검지와 중지 사이로 옮겨 잡는다.

㉡ 왼쪽 엄지손가락에 가위 끝날을 받쳐 가위질하면서 왼손 검지는 두상에 지지대를 하고 트리밍 하고자 하는 방향으로 밀고 나간다.

(6) 모량 조절 및 질감 처리 방법

틴닝	모발의 길이는 유지하고 부피와 무게감을 감소하고자 할 경우 사용한다. 모발의 질감 처리와 모류의 교정이 필요할 경우 사용한다.
테이퍼링	모발 끝을 가볍게 하기 위해 사용하는 기술로 길이와 모량 감소가 동시에 일어난다.
포인팅	가윗날을 세워서 모발 끝을 불규칙하게 커트하는 기법이다. 가윗날이 사선에 가까울수록 질감 처리되는 모량이 많아진다.
슬라이싱	가윗날을 1/3 정도 벌린 상태에서 모발의 표면을 미끄러지듯이 C자 형태를 그리면서 모량을 조절한다. 슬라이싱은 프런트와 사이드 모발 표면에 많이 활용되어지는 질감 처리 기법이다.

2 클리퍼 헤어커트

1. 클리퍼 커트 방법

(1) 클리퍼 헤어 커트

① 모발을 아주 짧고 고르게 커트해야 하는 영역에서 부분적으로 사용한다.

② 헤어 클리퍼는 1870년경 프랑스 기계 제작 회사인 바리캉 마르의 창립자인 바리캉에 의해 처음 발명되어 바리캉이라고 불리었다.

(2) 헤어 클리퍼의 구조와 기능

고정 날	고정 날의 홈 길이는 이동 날에 비해 길고 간격이 넓다. 고정 날은 모발의 정돈을 용이하게 하고 이동 날의 작용 영역까지 모발이 걸리지 않게 만들었다.
이동 날	고정 날에 의해 정돈되어 들어오는 모발을 뜯기지 않으면서 쉽게 커트하기 위해 날의 크기와 홈의 길이와 간격이 고정 날보다 좁다.
몸체	클리퍼를 손으로 잡을 수 있는 몸체에는 전원 스위치가 있고, 날을 조정하는 스위치가 있는 클리퍼도 있다.

3	쇼트 헤어커트 마무리

1. 쇼트 커트의 수정·보안

(1) 보정 커트와 드라이 커트

① 보정 커트(cross checking) : 균형과 정확성을 주며, 커트 섹션의 반대 위치에서 행해진다.

② 드라이 커트(dry cut)

질감 처리(texturizing)	모발에 볼륨을 주어 율동감이 생긴다.
아웃라인 정리(outlining)	헤어 라인을 정리해 주는 과정이다.

(2) 헤어 스타일링 제품

헤어스프레이	헤어스타일을 유지하고 고정하는 기능이 있는 제품
헤어 젤	내용물의 성상에서 높은 점도를 띠고 있으며, 스타일 형성과 변환, 고정하는 스타일링 제품
헤어 왁스	모발에 윤기를 부여하여 굳지 않는 고정력으로 헤어 스타일링을 정돈하는 기능이 있는 제품
헤어 무스	끈적임이 없고 스타일에 볼륨과 웨이브 탄력을 주려고 할 때 사용하는 제품
헤어 포마드	반고체의 기름 성분으로 광택과 방향을 내는 제품으로 쇼트 헤어 커트 스타일링 제품으로 많이 사용한다.

제 1 장

단원별 핵심이론

제 9막 베이직 헤어펌

1 베이직 헤어펌 준비

1. 헤어펌 도구와 재료

헤어펌 준비	고객 가운 및 펌용 어깨보 착용, 사전 샴푸
베이직 헤어펌에 필요한 도구	고객 가운과 펌용 어깨보, 꼬리빗, 로드, 고무 밴드, 파마지, 비닐 캡, 펌 스틱, 클립, 헤어밴드, 미용 장갑, 중화 받침대, 공병, 수건, 분무기
베이직 헤어펌에 필요한 기기	열처리기, 타이머

2 베이직 헤어펌

1. 헤어펌의 원리

(1) 정의와 원리

헤어펌의 정의	모발에 영구적이고 영속적인 물결을 만든다는 의미이다.
기본적 원리	모발의 측쇄 결합 중 황결합으로 만들어진 시스틴의 환원과 산화에 의해 가능하다.

(2) 순서

펌 1제를 도포하고 환원 작용되고 있는 모발에 여러 가지 와인딩 기법과 다양한 로드 등의 물리적 방법을 사용하여 모발의 모양을 변형시킨다.

↓

펌 2제를 도포하면 산화 작용에 의해 시스테인이 새로운 시스틴으로 재결합되면서 다양한 모양의 헤어펌이 형성된다.

2. 헤어펌의 방법

(1) 헤어펌의 분류(시술 시 상태)

콜드 퍼머넌트 웨이브	1욕식	펌 1제 환원제의 환원 작용만을 사용하고 산화는 공기 중의 산소로 시스틴을 재결합시키는 방법이다.(펌1제만 존재)
	2욕식	1제 환원제의 작용으로 시스틴이 절단되어 시스테인이 된다. 환원제는 티오글리콜산 암모늄염이나 시스테인산염이 주성분으로 사용한다. 2제 산화제의 작용으로 시스테인이 시스틴으로 재결합된다. 산화제는 브로민산염이나 과산화수소를 주성분으로 사용한다.
	3욕식	1제는 특수 활성제로 환원제가 모발에 쉽게 침투할 수 있도록 팽윤 · 연화시키는 작용을 한다. 2제와 3제는 2욕식과 같다.
열 퍼머넌트 웨이브	직펌	헤어펌 와인딩 후에 펌제를 도포한 상태에서 열을 직접 가하는 방법이다. 옥 펌, 디지털 펌 등이 있다.
	연화펌	펌제를 도포하고 연화를 시킨 후에 헹군 다음 필요에 따라 수분량을 조절하고 와인딩 등을 한다. 세팅 펌, 디지털 펌, 아이론 펌, 매직스트레이트 펌, 볼륨 매직 등이 있다.

(2) 헤어펌의 분류(와인딩 기법)

크로키놀식 와인딩 기법	모발 끝에서부터 두피 쪽으로 와인딩하는 방법이다. 모발 길이에 관계없이 시술이 가능하며, 가장 많이 쓰이는 방법이다. 모발 끝의 웨이브는 강하고 두피 쪽으로 갈수록 로드에 모발이 감긴 횟수만큼 웨이브가 굵어진다.
스파이럴식 와인딩 기법	스파이럴은 '소용돌이, 나선'이라는 뜻이다. 두피에서 모발 끝 쪽을 향하거나, 모발 끝에서 두피 쪽으로 와인딩하는 기법으로 긴 머리에 적합하다. 모발 전체에 균일하고 일정한 웨이브가 형성된다.
압착식 기법	입방 형식이라고도 하며, 기구 사이에 모발을 끼워서 눌러 고정하거나, 와인딩을 할 때 모발을 로드의 앞뒤로 시술하는 기법이다.

(3) 헤어펌 와인딩의 구성 요소

블로킹(blocking), 섹션(section), 베이스(base), 와인딩 시술 각도, 고무 밴드 사용법, 파마지 사용법

(4) 기초 헤어펌의 와인딩 방법

9등분 와인딩	가장 기초적인 방법으로 와인딩은 크로키놀식 기법이다.
5등분 와인딩	직각 패턴 와이딩으로 와인딩은 크로키놀식 기법이다.
세로 와인딩	'다데'라고도 하며 크로키놀식 기법으로 와인딩을 한다.

윤곽 패턴 와인딩	두상의 측면 전체를 반타원형으로 블록을 나눠서 웨이브 흐름이 뒤쪽을 향해 넘어가도록 와인딩을 하는 것이다.
벽돌 쌓기 와인딩	두상 전체에 벽돌을 쌓은 것과 같은 모양으로 베이스와 베이스 사이가 틈이 없이 연결되도록 와인딩을 하는 것이다.
오블롱 패턴 와인딩	가로로 긴 블록에 45°의 사선으로 베이스를 나눠서 와인딩을 하는 것이다.
아웃 컬 와인딩	인덴테이션 와인딩이라고도 하며, 바깥말음이 되도록 와인딩을 하는 것이다.
혼합형 와인딩	오블롱 패턴과 벽돌 쌓기 와인딩이 혼합되어 있다.
트위스트 와인딩	모발을 꼬면서 감는 것으로 스파이럴식 기법이며, 와인딩을 하며 긴 머리에 적용한다.

(5) 헤어펌의 진행 과정

준비 단계	본 진행 단계	마무리 단계
고객 가운 및 펌용 어깨보 착용, 고객 상담 및 모발 진단, 사전 샴푸, 사전 커트	선정된 약제 도포와 빗질, 선정된 로드 말기, 제1제 도포, 비닐 캡 씌우기, 환원 작용 시간 주기, 중간 테스트, 중간 세척 또는 산성 린스, 제2제 도포, 산화 작용 시간 주기	로드 풀기, 사후 샴푸, 건조시키기, 사후 커트, 헤어스타일링, 평상시 관리 제안

3	베이직 헤어펌 마무리	

1. 헤어펌 마무리 방법

(1) 헤어펌 와인딩 풀기

① 로드−오프 또는 로드 아웃이라고도 하며, 산화 작용 시간이 끝나면 로드를 풀어서 제거한다.

② 긴 머리는 두상의 아래에서 위로 풀어 가고, 짧은 머리는 어느 곳에서부터 풀어도 상관없다.

(2) 헤어펌 디자인에 따른 헤어스타일링

웨이브 스타일의 헤어펌	모발에 10~20% 정도의 수분을 공급하고 헤어로션, 헤어 에센스, 소프트 왁스류, 헤어 젤, 헤어 글레이즈 등의 헤어스타일링 제품을 사용한다.
C 컬 또는 스트레이트 스타일의 헤어펌	모발에 수분이 없는 상태에서 에센스, 하드 및 소프트 왁스류, 헤어 미스트 등의 헤어 스타일링 제품을 사용한다.

제 10 막 매직스트레이트 헤어펌

1	매직스트레이트 헤어펌

1. 매직스트레이트 헤어펌 방법

(1) 매직스트레이트 헤어펌 특징

① 전열식 아이론을 사용하여 웨이브나 컬이 있는 모발을 스트레이트(straight) 형태의 직모나 C컬의 볼륨을 만드는 열펌이다.

② 모발에 펌 1제를 도포하여 연화 시간을 처리하고 헹군다. 아이론(iron)의 열을 이용하여 모발을 다림질한 후에 펌 2제를 도포하는 방법으로 진행된다.

③ 아이론으로 모발을 다림질하는 과정을 프레스(press) 작업이라고 한다. 프레스 작업은 모발의 모표피(cuticle)를 매끄럽게 정돈하며 황결합을 재배열한다.

(2) 종류

매직스트레이트	플랫 아이론(flat iron)을 이용하여 모발 전체를 직모로 펴 주는 열펌이다.
볼륨 매직	반원형 아이론(half round iron)을 이용한다. 모발의 뿌리 부분에 볼륨을 만들기 위해 C 커브를 만들고 모발 끝부분에 C컬을 만들어 안말음을 하는 열펌이다.

(3) 아이론

① 특징 : 열을 이용해 모발의 형태를 변형시킬 수 있는 기기이며, 손잡이, 그루브, 로드로 이루어져 있다. 현대의 아이론은 전기를 사용하는 전열 기기이다.

② 종류

플랫 아이론 (flat iron)	아이론기의 발열판 모양이 평평한 판의 형태이다. 모발을 스트레이트로 펴고자 할 때 사용한다. 아이론기의 회전에 따라 C컬이나 S컬을 만들 수 있다.

반원형 아이론 (half round iron)	아이론기의 발열판 모양이 반원형의 형태이다. 모발의 뿌리 부분에 볼륨을 주거나 모발 끝 쪽에 C컬의 볼륨을 만들 때 주로 사용한다. 모발 길이 약 12cm 이상인 상태에서 아이론기를 회전하면 S컬이 만들어진다.
컬링 아이론 (curling iron)	아이론기의 발열판 모양이 동그란 롤이다. 원형 롤의 지름에 따라 3~38mm까지 다양한 크기가 있다.

2   매직스트레이트 헤어펌 마무리

1. 매직스트레이트 헤어펌 마무리와 홈케어

(1) 매직스트레이트 헤어펌의 마무리

세척	마무리 세척은 매직스트레이트 헤어펌의 산화 작용 시간이 끝나는 시점에 실시하며, 사후 샴푸를 의미한다.
헤어스타일링	모발 건조가 끝나면 드라이어나 플랫 아이론으로 가볍게 헤어스타일링을 한다.
헤어트리트먼트	• 전처리 : 헤어펌을 하기 전 실시하며, 모발을 보호하고 간충 물질을 보충하며 모발 손상을 예방하기 위해서 진행한다. • 후처리 : 모발에 손상을 줄 수 있으므로, 모발에 간충 물질과 함께 수분을 공급하여 모발의 탄력과 보습, 윤기를 주기 위해서 진행한다.

(2) 매직스트레이트 헤어펌의 홈 케어 손질법

샴푸를 할 때 방법	펌 전용 샴푸제를 사용하고 샴푸를 할 때에는 두피 쪽부터 바른다. 모발은 절대 비비지 않도록 하며, 컨디셔너제는 모발 끝부터 바른다.
타월 드라이를 할 때	모발을 비비지 않도록 주의한다.
모발 건조를 할 때	가급적 자연 건조를 하는 것이 좋다. 드라이어의 열풍을 사용할 경우 80~90%는 온풍, 나머지 건조는 냉풍을 사용한다.
헤어트리트먼트 사용	헤어 에센스, 헤어 오일 등의 헤어트리트먼트 사용한다. 헤어트리트먼트 등은 모발 건조 후에 소량씩 덜어 모발 끝부터 도포하여 위로 올라간다.

제 11 막 기초 드라이

1 스트레이트 드라이

1. 스트레이트 드라이 원리와 방법

(1) 연출 도구

① 헤어드라이어

㉠ 종류 및 특징

핸드 타입	미용업소에서 가장 많이 사용하는 대표적인 드라이어로 미용사가 손에 들고 헤어스타일을 연출한다. 젖은 모발 건조에 효과적이고 헤어스타일 연출에도 용이하며, 모발상태와 사용 목적에 따라 더운 바람과 찬바람을 선택하여 사용할 수 있다.
스탠드 타입	다목적 열기구로 열풍, 냉풍, 광선 등을 용도에 맞춰 조절하여 사용할 수 있다. 주로 바퀴가 달려 있어 고객 뒤에 세워서 사용하는 형태이며, 공간 효율성을 위해 벽에 매달아 사용하기도 한다.

㉡ 구조 : 모터, 팬, 열선, 노즐, 스위치, 핸들, 흡기구로 구성되어 있다.

② 헤어 아이론

㉠ 종류

아이론 열판 모양에 의한 분류	원형(컬 아이론, 라운드 아이론), 일자형(플랫 아이론, 매직기), 반원형(하프라운드 아이론), 삼각형(삼각 아이론), Z형(클림퍼 아이론, 다이렉트기), 브러시형(브러시 아이론), ㄹ형, 원추형
손잡이 모양에 의한 분류	집게형(스프링식 아이론), 가위형(마셀 핸들식 아이론), 회전형
기타 분류	가열 형태 원형(화열식 아이론), 충전 형태 무선형

㉡ 구조 : 스위치, 그루브(클램프), 그루브 핸들, 로드(바렐), 로드 핸들, 온도 조절기 등으로 되어 있다.

③ 헤어브러시와 빗

㉠ 헤어브러시

재질에 따른 분류	돈모 브러시, 플라스틱 브러시, 금속 브러시
형태에 따른 분류	원형 브러시, 반원형 브러시(덴멘), 반원형 브러시(벤트)
기타	탈부착형브러시, 백콤브러시

㉡ 빗

재질에 따른 분류	플라스틱, 나무, 동물 뼈, 금속
형태에 따른 분류	꼬리빗, 좁은 빗, 넓은 빗, 작품 빗

(2) 연출 방법

① 드라이어를 이용한 연출

> 두상을 4등분 블로킹하여 '후두부, 측두부, 전두부' 순으로 드라이한다. → 롤 브러시의 지름과 굵기를 고려하여 모발을 슬라이스한다. → 베이스에 다른 모발이 묻지 않게 깔끔하게 슬라이스를 한다. → 모발을 편다.

② 플랫 아이론(매직기)을 이용한 연출

> 두상을 4등분 블로킹하여 '후두부, 측두부, 전두부' 순으로 드라이한다. → 플랫 아이론의 폭과 너비를 고려하여 모발을 슬라이스한다. → 베이스에 다른 모발이 묻지 않게 깔끔하게 슬라이스를 한다. → 모발을 편다.

2	C컬 드라이

1. C컬 드라이 원리와 방법

(1) C컬 드라이 시행 고려 사항

컬의 형태와 브러시(또는 아이론) 회전수	롤 브러시(또는 아이론)에 모발이 감기는 회전수는 1 이내로 감아야 한다. 인컬은 두상 쪽을 향해 안으로 감아 주고, 아웃컬은 밖으로 향해 감아 준다.
베이스 너비	롤 브러시(또는 아이론) 너비의 80% 정도가 이상적이다.
각도	볼륨을 많이 주고 싶으면 모발을 120°이상 들고 롤 브러시를 넣는 오버 베이스가 적합하고, 볼륨을 적게 주고 싶으면 90°이하로 들고 시술하는 오프 베이스가 적합하다.

속도	곱슬머리나 퍼머넌트 웨이브 모발은 뜸을 천천히 주고, 손상 모발은 빠르게 작업하는 것이 좋다.
텐션	텐션이 없으면 모발의 표면이 정돈된 느낌이 적고 윤기감도 부족하다. 반면, 지나치게 텐션이 과하면 고객이 불쾌할 수 있고, 손상이 많은 모발은 부스스하게 보일 수 있다.
온도	일반적인 블로우 드라이어의 열풍 온도는 65~85℃이며, 바람의 세기에 따라 달라질 수 있다. 아이론(매직기)의 열판 온도는 100~200℃로 모발의 상태 및 연출하고자 하는 헤어스타일에 따라 온도를 조절해야 한다.

(2) 연출 방법

① 드라이어를 이용한 연출(미디엄 헤어)

② 플랫 아이론(매직기)을 이용한 연출(미디엄 헤어 인컬)

③ 브러시형 아이론을 이용한 연출(미디엄 헤어 아웃컬)

④ 드라이어를 이용한 연출(쇼트 헤어 인컬)

⑤ 원형 아이론을 이용한 연출(쇼트 헤어 인컬)

⑥ 라운드 매직기를 이용한 연출(남성 헤어 리젠트 C컬)

⑦ 핑거 드라이 기법을 이용한 연출(쇼트 헤어스타일)

제 12 막 베이직 헤어컬러

1	베이직 헤어컬러

1. 헤어컬러의 원리

(1) 색채의 이해

① **색의 3요소** : 빛, 물체, 눈

② **색의 3속성** : 색상, 명도, 채도

③ **3원색** : 빨강, 노랑, 파랑

④ **색의 보색** : 색상환에서 서로 마주 보고 있는 색상

(2) 탈색

① **탈색의 이해** : 탈색제의 성분인 과황산암모늄과 과붕산나트륨이 함유된 1제와 과산화수소가 함유된 2제를 혼합하여 모발을 팽창시키고 큐티클을 열게 함과 동시에 모발 내부 깊숙이 침투하여 과산화수소의 힘으로 모발 속의 멜라닌을 감소시키는 작용이 일어나는 것이다.

② **탈색제의 구성 성분**

  ㉠ **제1제** : 암모니아가 주로 사용되며, 산소 방출을 촉진하는 붕산나트륨이 함유된 1제와 멜라닌 색소 등 색소를 파괴하는 과산화수소가 함유된 2제를 혼합하여 사용한다.

  ㉡ **제2제** : 액체 형태로 주성분은 과산화수소이며, 제2제의 농도가 높을수록 탈색력이 강해진다.

  ㉢ **과산화수소수 농도에 따른 산소 형성량**

과산화수소수 농도	산소 형성량
3%	10 volume
6%	20 volume
9%	30 volume

2. 헤어컬러제의 종류

(1) 일시적 염모제

① 색을 쉽게 지울 수 있는 염모제로 모발 손상없이 다양하게 컬러 변화를 줄 수 있으나 모발을 밝게 하지는 못한다.

② 컬러 스프레이, 컬러 무스, 컬러 샴푸, 컬러 젤, 컬러 왁스 등이 있다.

(2) 반영구적 염모제

① 선명한 색상을 표현하면서 피부 자극 없이 염색을 원할 때 사용한다.

② 모발을 밝게 하지 못하며, 매니큐어, 코팅, 왁싱 등이 있다.

(3) 영구적 염모제

① 산화 염모제와 비산화 염모제로 나눈다.

② 염모제 용기에 표기되어 있는 숫자는 명도와 색상을 의미한다.

3. 헤어컬러 방법

(1) 사전 테스트

① 패치 테스트(patch test, skin test, predisposition test)

㉠ 염모제 사용 24~48시간 전에 귀 뒤쪽, 팔 안쪽 등 피부 중 비교적 약한 부위에 사용할 염모제를 소량 도포하여 알레르기 테스트를 진행한다.

㉡ 테스트 부위가 붉게 부어오르거나, 가렵고 물집이 생기는 등 피부에 알레르기 반응이 나타나는 양성 반응이 나타나면 절대 염색을 금하도록 한다.

② 스트랜드 테스트(strand test)

㉠ 염색을 하면서 계획대로 색상이 잘 나오는지를 알아보는 테스트이다.

㉡ 염색약 도포 후 약 20분 정도 방치 후 두피에서 지름 1cm 정도의 모발 다발을 잡아 수건으로 닦아 내거나 염색브러시 또는 꼬리빗의 뒷부분으로 염색약을 제거하여 색상을 확인한다.

(2) 헤어컬러 진행

사전 테스트를 실시한다. → 염모제 도포를 위한 블로킹을 하고 섹션을 나눈다. → 염모제를 도포한다. → 가온기를 작동한다.

2	베이직 헤어컬러 마무리

1. 헤어컬러 마무리 방법

유화	에멀션이라고 하고 헤어컬러 시 원하는 색상이 나왔을 때 샴푸 전 실시하는 것으로 모발 및 두피에 잔류하는 알칼리제를 제거하고, 헤어컬러 발색과 유지력을 높인다.
헤어컬러 전용 샴푸와 트리트먼트	헤어컬러 잔여물을 제거하고 모발의 알칼리 성분을 중화시켜 다시 큐티클을 단단하게 하고 pH 밸런스를 조절해 주는 역할을 하여 헤어컬러의 색상을 유지 시키는 역할을 한다.
헤어컬러 리무버	헤어컬러 시 피부에 묻은 염모제를 지우기 위해서 사용하는 제품으로 크림형, 액상형, 티슈형이 있다.
모발 건조	샴푸와 트리트먼트로 모발에 타월 드라이를 충분히 하고 냉풍과 온풍을 적절히 사용하여 모발을 건조한다.
헤어 에센스	단백질이 빠져나간 틈새를 막아 주고 인공적으로 모표피를 형성하여 모발의 엉킴과 정전기를 방지하며, 모발의 광택 효과와 헤어컬러로 손상된 모발을 보호하기 위해서 사용한다.

제 13 막 헤어미용 전문제품 사용

1	제품사용

1. 헤어전문제품의 종류

세정 및 케어용	헤어 샴푸(Hair shampoo) 헤어 트리트먼트(Hair Treatment) 헤어 컨디셔너(Hair Conditioner)
헤어스타일링용	헤어스프레이(hair spray) 헤어 무스(hair mouse) 헤어 젤(hair gel) 왁스(wax) 헤어 오일(hair oil) 헤어 세럼(hair serum) 헤어 에센스(hair essence)
헤어 컬러용	영구 염모제(permanent colorant) 반영구 염모제(half–permanent colorant) 일시적 염모제(temporary colorant)
헤어 퍼머넌트용	헤어 퍼머넌트 웨이브제(콜드 퍼머넌트) 스트레이트 퍼머넌트제
탈모 방지용	전문 의약품 일반 의약품 기능성 화장품

제 14 막 베이직 업스타일

1. 모발상태와 디자인에 따른 사전준비

헤어 세트롤러 크기와 굵기	헤어 세트롤러의 지름이 클수록 컬이 굵어지고 지름이 작을수록 컬이 작아진다.
헤어 세트롤러 베이스 너비와 폭	베이스의 너비는 헤어 세트롤러 지름의 80% 정도가 이상적이다. 베이스가 너무 넓으면 모발이 헤어 세트롤러 밖으로 튀어 나가고, 너무 좁으면 작업 시간이 길어진다.
헤어 세트롤러 각도와 볼륨	각도는 볼륨과 관련이 있는데 모발을 120° 이상 들어 와인딩하면 컬의 볼륨이 크고, 움직임도 자유롭다. 60° 이하로 들고 와인딩하면 컬의 볼륨이 작고 움직임도 제한적이다.
헤어 세트롤러의 텐션	헤어 세트롤러를 와인딩할 때 모발의 끝이 꺾이지 않고 탄력 있는 웨이브가 형성될 수 있도록 와인딩한다.

2. 헤어세트롤러의 종류

분류	도구	특징
재질에 따른 분류	플라스틱	젖은 모발에 와인딩한 후 열풍으로 건조하는 방식으로, 모발 손상이 거의 없다.
	벨크로 (찍찍이)	젖은 또는 마른 모발에 와인딩한 후 건조하는 방식으로 짧은 헤어 퍼머넌트 웨이브 모발에 효과적이다.
	고무	스파이럴 컬에 효과적이다.
모양에 따른 분류	원형	헤어펌 와인딩 후에 펌제를 도포한 상태에서 열을 직접 가하는 방법이다. 옥 펌, 디지털 펌 등이 있다.
	원추형	펌제를 도포하고 연화를 시킨 후에 헹군 다음 필요에 따라 수분량을 조절하고 와인딩 등을 한다. 세팅 펌, 디지털 펌, 아이론 펌, 매직스트레이트 펌, 볼륨 매직 등이 있다.
	스파이럴형	전용 고리로 모발을 당겨서 사용하며, 긴 모발에 적합하다.

| 열에
따른 분류 | 일반 세트
롤러 | 완전 건조 후 롤을 풀어서 스타일을 연출할 때 사용하며, 적당히 젖은 모발에 적합하다. |
| | 전기 세트
롤러 | 비교적 짧은 시간에 웨이브를 연출할 때 사용하며, 반드시 마른 모발에 사용하여야 한다. |

3. 헤어세트롤러의 사용방법

(1) 전기 헤어 세트롤러 와인딩 작업

① 헤어 세트롤러의 지름과 웨이브의 굵기, 와인딩의 방향과 웨이브의 흐름, 와인딩의 각도와 볼륨을 고려하여 와인딩한다.

② 세트롤러에 모발을 감을 때 층이 있거나 짧아서 빠진 모발은 최대한 끌고 오면서 와인딩한다.

③ 전용 핀(클립 타입, 덮개 타입 등)으로 상황에 맞추어 고정한다.

④ 와인딩과 고정이 완료된 상태에서 상온에서 처리시간을 둔다. 최소 15분 이상 처리시간을 둔다.

⑤ 전기 헤어 세트롤러를 모발에서 제거한다.

(2) 일반 헤어 세트롤러 와인딩 작업

① 헤어 세트롤러의 지름과 웨이브의 굵기, 와인딩의 방향과 웨이브의 흐름, 와인딩의 각도와 볼륨을 고려하여 와인딩한다.

② 와인딩한 헤어 세트롤러를 핀으로 고정한다.

③ 와인딩과 고정이 완료된 상태에서 헤어드라이어로 완전 건조한다.

④ 건조 상태를 확인한 후 일반 헤어 세트롤러를 모발에서 제거한다.

| 2 | 베이직 업스타일 진행 |

1. 업스타일 도구의 종류와 사용법

(1) 헤어브러시

돈모 브러시	브러시 재질은 돼지털로 되어 있으며, 모발 손상이 비교적 적다.
플라스틱 브러시	빗살 간격이 엉성하여, 긴 생머리를 펴거나 드라이 마무리용으로 적합하다.

금속 브러시	열전도성이 좋아 작업 속도가 빠르고 세팅 효과가 좋다.
원형 브러시	롤 형태의 브러시로, 컬이나 웨이브를 형성할 때 효과적이다.
반원형 브러시(덴멘)	쿠션 브러시라고도 하며, 볼륨 형성과 윤기 및 방향성 부여에 효과적이다.
반원형 브러시(벤트)	모류의 방향성을 부여하며, 자연스러운 연출에 효과적이다.
탈부착형브러시	드라이어 바람을 쐬어 주고 막대 손잡이를 빼면 롤만 머리카락에 말려 있어 세팅 효과가 좋다.
백콤브러시	가늘고 좁은 형태의 브러시로, 백콤을 넣을 때 사용하면 효과적이다.

(2) 빗

플라스틱	열에 약하지만 가볍고 화학제품에 무난하다.
나무, 동물 뼈	내열성이 좋고 정전기 발생이 적어 헤어 아이론 작업에 효과적이다.
금속	정전기 적게 발생하여 가발을 빗질할 때 좋지만 화학 제품에 취약하다.
꼬리빗	사용 빈도가 높은 빗으로, 꼬리 부분의 재질은 플라스틱 또는 금속으로 되어있다.
좁은 빗	빗살 간격이 좁은 빗으로, 모발을 곱게 빗을 때 적합하다.
넓은 빗	빗살 간격이 넓은 빗으로, 웨이브, 엉킨 모발을 빗을 때 적합하다.
작품 빗	손잡이 부분에 빗살이 여러 개 추가된 형태로, 헤어스타일을 마무리 빗질할 때 효과적이다.

(3) 업스타일 핀

핀셋	블로킹을 하거나 형태를 임시로 고정할 때 사용한다.
핀컬핀	부분적으로 임시 고정할 때 사용하며 금속이나 플라스틱 재질이다.
웨이브 클립	리지 간격을 고려하여 집게로 집듯 사용하며 웨이브의 리지를 강조할 때 효과적이다.
실핀	가장 일반적으로 많이 사용하는 핀으로 벌어진 핀은 사용하지 않는다.
대핀	강하게 고정할 때 사용하는 핀으로 녹슬지 않도록 보관하여야 한다.
U핀	임시로 고정하거나 면과 면을 연결할 때나 가볍게 컬을 고정하거나 망과 토대를 고정시킬 때 사용한다.

2. 모발상태와 디자인에 따른 업스타일 방법

(1) 업스타일 사전 작업

① 블로 드라이어 세팅

② 헤어 마샬기 세팅

③ 헤어 세트롤러 세팅

(2) 업스타일의 기본 기법

① **땋기(Braid) 기법** : 가장 일반적인 방법은 '세 가닥 안땋기'로 세 가닥 중 가운데 가닥 위로 좌우 가닥이 올라가며 땋는 형태이다.

② **꼬기(Twist) 기법** : 가장 일반적인 방법은 한 가닥의 스트랜드를 오른쪽 또는 왼쪽의 한 방향으로 꼬는 '한 가닥 꼬기'이며, 그 외 두 가닥 꼬기, 집어 꼬기, 실이나 스카프를 넣고 꼬기 등 다양한 기법으로 연출 할 수 있다.

③ **매듭(Knot) 기법** : 가장 일반적인 방법은 '두 가닥 매듭'으로 두 가닥의 모발을 서로 교차하여 묶기를 연속하여 반복한다. 또 한 가닥만으로 연속하여 묶을 수도 있다.

④ **롤링(Rolling) 기법** : 패널을 크게 감아서 말아 주는 형태로 크게 수직 말기(롤링)와 수평 말기(롤링)가 있다.

⑤ **겹치기(Overlap) 기법** : 생선 가시 모양과 비슷하다고 해서 피시본(Fish bone) 헤어라고 말하며, 2개의 스트랜드를 서로 교차하는 방식으로 땋기와 다른 느낌으로 표현된다.

⑥ **고리(Loop) 기법** : 모발을 구부려서 둥글게 감아 루프를 만드는 방식이다.

제 **1** 장

미용일반 핵심요약

제 15 막 가발 헤어스타일 연출

1 가발 헤어스타일

1. 가발의 종류와 특성

(1) 가발의 종류

① 목적에 따른 분류

패션용	탈모용
• 개개인의 스타일에 변화를 주기 위하여 착용하는 가발이다. • 액세서리용, 연극용, 역할 놀이용 등 목적과 용도에 따라 여러 방면에서 사용하고 있다.	• 유전적인 요인 또는 병에 의한 약물 치료 때문에 모발의 숱이 감소하거나, 탈모가 진행된 경우에 착용하는 가발이다. • 전체 가발, 부분가발, 증모술이 있으며, 개인 사항을 고려하여 제작해야 한다.

② 착용 형태에 따른 분류

종류	용도
전체 가발(wig)	두상 전체에 쓰는 가발을 말한다.
위글릿(wiglet)	두상의 톱과 크라운 지역에 풍성함과 높이를 형성하기 위하여 사용한다.
폴(fall)	두상의 후두부를 감싸는 크기의 부분 가발로 보통 12인치에서 23인치 사이의 다양한 길이가 있다.
스위치(switch)	1~3가닥의 긴 모발을 땋은 모발이나 묶은 모발의 형태로 제작하여 두상에 매달거나 업스타일 등의 스타일링을 할 때 사용한다.
캐스케이드 (cascade)	긴 장방형 모양의 베이스에 긴 모발이 부착된 부분 가발로 모발을 풍성하게 표현하고자 할 때 사용한다.
웨프트(weft)	핑거 웨이브 연습시 사용하는 가발을 의미한다.
시뇽(chignon)	와이어에 고정된 고리 모양의 길고 풍성한 부분 가발로 대부분 특별한 형태로 제작되어 크라운과 네이프에 주로 사용한다.
브레이드(braid)	3가닥의 모발을 땋은 형태의 부분 가발이다.
투페(toupee)	남성의 탈모 부분이나 모량이 적은 부분을 가리는 부분 가발로 주로 두상의 톱 부분에 사용된다.

(2) 가발의 구성

① 모발(인모, 인조모, 동물모, 합성모)

② 스킨(skin)

③ 망(net)

2. 가발의 손질과 사용법

(1) 가발의 손질

커트	대부분의 전체 가발은 모량의 부피를 줄여 자연스럽게 연출하는 것이 중요하다. 인모 가발은 시닝 가위나 레이저를 사용하여 모량의 조절이 가능하고, 인조 가발은 레이저로 커트하면 모발이 쉽게 지저분해지므로 시닝 가위를 사용한다. 부분 가발은 본래 모발과 자연스럽게 연결하는 것이 가장 중요하다.
염색	인모 가발은 개인이 원하는 색상을 선택할 수 있고, 일시적 염모제, 반영구 염모제와 영구 염모제를 이용하여 효과적인 컬러 시술과 컬러 체인지가 가능하다. 인조모는 염색을 직접 시술하기 어렵지만 인모에 비해 가격이 싸고 다양한 컬러를 선택하여 주문·제작할 수 있다.
퍼머넌트 웨이브	가발을 퍼머넌트 웨이브 할 때에는 반드시 인모 가발에 시술해야 하며 인조모 가발은 연출이 불가능하다.
스타일 연출 방법	인모 가발은 사람의 모발을 세팅하는 방법과 동일하게 작업한다. 인조모 가발은 이미 디자인이 완성되어 제작된 가발이 대부분이므로 평상시에는 세팅이 불필요하지만, 가발 세척 후에 마무리 손질이 요구된다.

(2) 가발의 사용법

클립고정법	가발 둘레에 클립을 부착하여 고객의 모발에 고정하는 방법으로 가발을 쓰고 벗는 것이 자유로우며 클립의 탈·부착이 가능하다.
테이프 고정법	테이프를 이용한 방법으로, 땀과 피지 때문에 접착력이 약해질 수 있지만, 밀착력이 뛰어나 들뜸 현상으로 인한 불안감은 적은 편이다.
특수접착(A/Cling)	탈모 부분의 모발을 제거하고 그 부분에 특수 접착제를 이용하여 가발을 부착하는 방법이다. 접착력이 우수하여 격렬한 운동이나 수영이 가능하다.
결속식 고정법/ 반영구 부착법	가발과 모발을 미세하게 엮어서 부착하는 방법이다. 통풍이 잘되고, 고정력이 뛰어나서 잘 벗겨지지 않으며, 과격한 스포츠도 무리 없이 가능하다.
증모술	모발의 가닥과 인조모를 자연스럽게 연결하여 모발의 숱이 많아 보이거나 길어보이게 하는 방법으로, 가발을 실제로 착용하는 것이 아니다.

2	헤어 익스텐션

1. 헤어 익스텐션 방법과 관리

(1) 헤어 익스텐션의 개념

① 사람 본래의 모발에 가모(헤어피스)를 연결하여 새로운 스타일로 연출하는 헤어 디자인을 말한다.

② 붙임 머리, 레게 머리(reggae hair), 특수 머리, 내피 헤어(nappy hair)라고 불린다.

③ 모발의 길이, 모량, 모발의 질감과 컬러의 변화를 통해 다양하게 디자인할 수 있다.

(2) 헤어 익스텐션의 종류

① **붙임 머리** : 짧은 모발에 헤어피스를 연결하여 모발의 길이를 연장하는 디자인으로, 헤어피스의 종류에 따라 시각적으로 다양하게 스타일을 변화시킬 수 있다.

② **특수머리** : 본머리에 가모를 연결하여 트위스트(twist) 또는 브레이드(braid) 기법을 이용하여 연출하는 헤어 디자인이다.

(3) 피스의 종류와 구성

모발에 의한 분류	길이에 따른 분류	질감에 따른 분류	컬러에 따른 분류
• 인모 피스 • 인조모 피스	• 롱(long) • 미디엄(medium) • 쇼트(short)	• 스트레이트 스타일 • 웨이브 스타일 • 컬 스타일	• 색상, 명도, 채도에 따라 다양한 색상 • 원색부터 파스텔 계열 색상

제 16 막 공중위생관리

1	공중보건	

1. 공중보건 기초

공중보건의 3대 요소	공중보건학의 목적
• 수명연장 • 감염병 예방 • 건강과 능률의 향상	• 질병 예방 • 수명 연장 • 신체적 · 정신적 건강 증진

2. 질병관리

(1) 질병 발생의 3가지 요인

① 숙주적 요인

생물학적 요인	선천적 요인	성별, 연령, 유전 등
	후천적 요인	영양상태
사회적 요인	경제적 요인	직업, 거주환경, 작업환경
	생활양식	흡연, 음주, 운동

② 병인적 요인

㉠ **생물학적 병인** : 세균, 곰팡이, 기생충, 바이러스 등

㉡ **물리적 병인** : 열, 햇빛, 온도 등

㉢ **화학적 병인** : 농약, 화학약품 등

㉣ **정신적 병인** : 스트레스, 노이로제 등

③ **환경적 요인** : 기상, 계절, 매개물, 사회환경, 경제적 수준 등

3. 가족 및 노인보건

(1) 가족계획

① 의미 : 우생학적으로 우수하고 건강한 자녀 출산을 위한 출산계획

② 내용 : 초산연령 조절, 출산횟수 조절, 출산간격 조절, 출산기간 조절

(2) 노인보건

① 노령화의 4대 문제 : 빈곤문제, 건강문제, 무위문제(역할 상실), 고독 및 소외문제

② 보건교육 방법 : 개별접촉을 통한 교육

4. 환경보건

(1) 환경위생의 정의

인간의 신체 발육, 건강 및 생존에 유해한 영향을 미치거나 미칠 가능성이 있는 인간의 물리적 생활
환경에 있어서의 모든 요소를 통제하는 것이다.

(2) 기후

① 기후의 3대 요소 : 기온, 기습, 기류

② 4대 온열인자 : 기온, 기습, 기류, 복사열

5. 식품위생과 영양

(1) 보건 영양의 정의

인간 집단을 대상으로 건강을 유지하고 증진시키는 것을 목표로 하는 것

(2) 국민 영양의 목표

① 국민 건강상태의 향상과 질병 예방을 도모

② 어린이 및 임신, 수유부의 영양 관리

③ 비만증의 관리

④ 노인 집단의 영양 관리

6. 보건행정

(1) 정의

공중보건의 목적을 달성하기 위해 공중보건의 원리를 적용하여 행정조직을 통해 행하는 일련의 과정

(2) 보건행정의 특성

① 공공이익을 위한 공공성과 사회성을 지닌다.

② 적극적인 서비스를 하는 봉사행정이다.

③ 지역사회 주민을 교육하거나 자발적인 참여를 유도함으로써 목적을 달성한다.

④ **보건행정의 범위** : 보건관계 기록의 보존, 대중에 대한 보건교육, 환경위생, 감염병 관리, 모자보건, 의료 및 보건간호

2	소독

1. 소독의 정의 및 분류

(1) 용어 정의

① **소독** : 감염병의 감염을 방지할 목적으로 병원성 미생물(병원체)을 죽이거나 병원성을 약화시키는 것을 말한다.

② **멸균** : 모든 병원성 미생물에 강한 살균력을 작용시켜 병원균, 비병원균, 아포 등을 완전 사멸시켜 무균 상태로 만드는 것을 말한다.

③ **방부** : 병원 미생물의 발육과 작용을 제거 또는 정지시켜 부패나 발효를 방지하는 것이다.

④ **살균** : 생활력을 가지고 있는 미생물을 여러 가지 물리 · 화학적 작용에 의해 급속히 사멸한다.

⑤ **소독력 비교** : 멸균 > 살균 > 소독 > 방부

(2) 물리적 소독법

① **건열멸균법** : 화염멸균법, 소각법, 건열멸균법

② **습열멸균법** : 자비(열탕)소독법, 간헐멸균법, 증기멸균법, 고압증기 멸균법, 저온살균법, 초고온살균법

③ **여과멸균법**

④ **무가열멸균법** : 일광소독법, 자외선멸균법, 방사선살균법, 초음파멸균법

(3) 화학적 소독법

소독이나 멸균을 위해 화학제를 사용하는 방법이다. 주로 사용하는 소독제로는 에탄올, 포르말린, 승홍, 표백분, 과산화수소, 역성비누, 오존, 염소 가스 등이 있다. 특히 소독제의 효력을 평가하기 위해서는 석탄산을 기준으로 한 석탄산계수를 사용한다.

2. 미생물 총론

(1) 미생물

① **정의** : 육안으로 보이지 않는 $0.1\mu m$ 이하의 미세한 생물체의 총칭
② **분류**

  ㉠ **원핵생물** : 핵이 없고 세포의 구조가 간단하며 유사분열하지 않는다.
  ㉡ **진핵생물** : 핵이 있는 고도로 진화된 구조의 세포이며 유사분열한다.
③ **구성** : 세포벽, 세포막, 세포질, 핵, 아포(포자), 편모로 구성

3. 병원성 미생물

(1) 병원성 미생물

① **의미** : 인체 내에서 병적인 반응을 일으키며 증식하는 미생물
② **종류** : 세균, 바이러스, 리케차, 진균 등

(2) 비병원성 미생물

① **의미** : 인체 내에서 병적인 반응을 일으키지 않는 미생물
② **종류** : 발효균, 효모균, 곰팡이균, 유산균 등

(3) 병원성 미생물의 종류

① **세균** : 구균, 간균, 나선균
② **바이러스** : 가장 작은 크기의 미생물
③ **리케차** : 주로 진핵생물체의 세포 내에 기생
④ **진균** : 무좀, 백선 등의 피부병 유발
⑤ **미생물의 생장에 영향을 미치는 요인** : 온도, 산소, 수소이온농도(pH)

4. 소독방법

(1) 미용기구의 소독방법

① **시술용 테이블, 가위** : 70% 에탄올로 깨끗이 닦는다.

② **니퍼, 랩가위, 메탈 푸셔** : 70% 에탄올에 20분간 담갔다가 흐르는 물에 헹구고 마른 수건으로 닦은 후 자외선 소독기에 보관하면서 사용

③ **핑거볼, 타월** : 1회용을 사용하거나 소독 후 사용

④ **가운** : 사용 후 세탁 및 일광 소독 후 사용

⑤ 시술 전후 시술자와 고객의 손을 70% 알코올로 소독

⑥ 바닥에 떨어진 도구는 반드시 소독 후 사용한다.

5. 분야별 위생 · 소독

(1) 실내 위생 및 소독

① 샴푸대, 세탁장, 싱크대 등 따듯하고 습기 찬 장소에서는 그람음성균 박테리아의 오염원이 될 수 있다.

② 로션, 크림, 트리트먼트제 등이 색깔 변화, 냄새, 곰팡이 등으로 인해 안전하지 않으면 시간을 끌지 말고 즉시 버린다.

③ 냉 · 난방기기도 오염원이 될 수 있으므로 정기적으로 필터를 교환한다.

④ 가습기, 제습기도 오히려 오염원이 될 수 있으므로 물통 등을 깨끗하게 청소한다.

⑤ 문의 손잡이, 의자, 헤어 드라이어, 시술 침대 등 모두가 감염원이 될 수 있다.

3	공중위생관리법규(법, 시행령, 시행규칙)

1. 목적 및 정의

(1) 목적

공중이 이용하는 영업의 위생관리 등에 관한 사항을 규정함으로써 위생수준을 향상시켜 국민의 건강증진에 기여

(2) 정의

① **공중위생영업** : 다수인을 대상으로 위생관리서비스를 제공하는 영업으로서 숙박업 · 목욕장업 · 이용업 · 미용업 · 세탁업 · 건물위생관리업을 말한다.

② **공중이용시설** : 다수인이 이용함으로써 이용자의 건강 및 공중위생에 영향을 미칠 수 있는 건축물 또는 시설로서 대통령령이 정하는 것

③ **이용업** : 손님의 머리카락 또는 수염을 깎거나 다듬는 등의 방법으로 손님의 용모를 단정하게 하는 영업

④ **미용업** : 손님의 얼굴 · 머리 · 피부 및 손 · 발톱 등을 손질하여 손님의 외모를 아름답게 꾸미는 영업

⑤ **건물위생관리업** : 공중이 이용하는 건축물 · 시설물 등의 청결유지와 실내공기정화를 위한 청소 등을 대행하는 영업

2. 영업의 신고 및 폐업

(1) 영업신고

① 공중위생영업의 종류별로 보건복지부령이 정하는 시설 및 설비를 갖추고 시장 · 군수 · 구청장(자치구 구청장에 한함)에게 신고

② **첨부서류** : 영업시설 및 설비개요서, 교육필증, 면허증

(2) 폐업신고

폐업한 날부터 20일 이내에 시장 · 군수 · 구청장에게 신고

3. 영업자준수사항 · 면허 취소 사유

(1) 미용업 영업자의 준수사항(보건복지부령)

① 의료기구와 의약품을 사용하지 않는 순수한 화장 또는 피부미용을 할 것

② 미용기구는 소독을 한 기구와 소독을 하지 않은 기구로 분리하여 보관할 것

③ 면도기는 1회용 면도날만을 손님 1인에 한하여 사용할 것

④ 영업소 내부에 미용업 신고증 및 개설자의 면허증 원본을 게시할 것

⑤ 피부미용을 위해 의약품 또는 의료기기를 사용하지 말 것

⑥ 점빼기 · 귓볼뚫기 · 쌍꺼풀수술 · 문신 · 박피술 등의 의료행위를 하지 말 것

⑦ 영업장 안의 조명도는 75룩스 이상이 되도록 유지

⑧ 영업소 내부에 최종지불요금표를 게시 또는 부착

(2) 면허 취소 사유

① 공중위생관리법 또는 공중위생관리법의 규정에 의한 명령을 위반한 때

② 금치산자, 약물 중독자, 정신질환자(전문의가 미용사로서 적합하다고 인정하는 사람은 예외)

③ 공중의 위생에 영향을 미칠 수 있는 감염병환자로서 결핵 환자(비감염성 제외)

4. 공중위생관리법규

위반행위	행정처분기준			
	1차 위반	2차 위반	3차 위반	4차 이상 위반
영업신고를 하지 않은 경우	영업장 폐쇄명령			
시설 및 설비기준을 위반한 경우	개선명령	영업정지 15일	영업정지 1월	영업장 폐쇄명령
신고를 하지 않고 영업소의 명칭 및 상호, 미용업 업종간 변경을 하였거나 영업장 면적의 3분의 1 이상을 변경한 경우	경고 또는 개선명령	영업정지 15일	영업정지 1월	영업장 폐쇄명령
신고를 하지 않고 영업소의 소재지를 변경한 경우	영업정지 1월	영업정지 2월	영업장 폐쇄명령	
지위승계신고를 하지 않은 경우	경고	영업정지 10일	영업정지 1월	영업장 폐쇄명령
소독을 한 기구와 소독을 하지 않은 기구를 각각 다른 용기에 넣어 보관하지 않거나 1회용 면도날을 2인 이상의 손님에게 사용한 경우	경고	영업정지 5일	영업정지 10일	영업장 폐쇄명령
피부미용을 위하여 의약품 또는 의료기기를 사용한 경우	영업정지 2월	영업정지 3월	영업장 폐쇄명령	
점빼기·귓볼뚫기·쌍꺼풀수술·문신·박피술 그 밖에 이와 유사한 의료행위를 한 경우	영업정지 2월	영업정지 3월	영업장 폐쇄명령	
미용업 신고증 및 면허증 원본을 게시하지 않거나 업소 내 조명도를 준수하지 않은 경우	경고 또는 개선명령	영업정지 5일	영업정지 10일	영업장 폐쇄명령
개별 미용서비스의 최종 지급가격 및 전체 미용서비스의 총액에 관한 내역서를 이용자에게 미리 제공하지 않은 경우	경고	영업정지 5일	영업정지 10일	영업정지 1월
카메라나 기계장치를 설치한 경우	영업정지 1월	영업정지 2월	영업장 폐쇄명령	

면허증을 다른 사람에게 대여한 경우	면허정지 3월	면허정지 6월	면허취소	
영업소 외의 장소에서 미용 업무를 한 경우	영업정지 1월	영업정지 2월	영업장 폐쇄명령	
보고를 하지 않거나 거짓으로 보고한 경우 또는 관계 공무원의 출입, 검사 또는 공중위생영업 장부 또는 서류의 열람을 거부·방해하거나 기피한 경우	영업정지 10일	영업정지 20일	영업정지 1월	영업장 폐쇄명령
개선명령을 이행하지 않은 경우	경고	영업정지 10일	영업정지 1월	영업장 폐쇄명령
손님에게 성매매알선 등 행위 또는 음란행위를 하거나 이를 알선 또는 제공한 경우(영업소)	영업정지 3월	영업장 폐쇄명령		
손님에게 성매매알선 등 행위 또는 음란행위를 하거나 이를 알선 또는 제공한 경우(미용사)	면허정지 3월	면허취소		
손님에게 도박 그 밖에 사행행위를 하게 한 경우	영업정지 1월	영업정지 2월	영업장 폐쇄명령	
음란한 물건을 관람·열람하게 하거나 진열 또는 보관한 경우	경고	영업정지 15일	영업정지 1월	영업장 폐쇄명령
무자격안마사로 하여금 안마사의 업무에 관한 행위를 하게 한 경우	영업정지 1월	영업정지 2월	영업장 폐쇄명령	
영업정지처분을 받고도 그 영업정지 기간에 영업을 한 경우	영업장 폐쇄명령			
공중위생영업자가 정당한 사유 없이 6개월 이상 계속 휴업하는 경우	영업장 폐쇄명령			
공중위생영업자가 관할 세무서장에게 폐업신고를 하거나 관할 세무서장이 사업자 등록을 말소한 경우	영업장 폐쇄명령			

제 **2** 장

CBT
기출복원문제

HAIR
DRESSER

CBT 기출복원문제 　제1회

01 미용의 목적과 가장 거리가 먼 것은?

① 심리적 욕구를 만족시켜 준다.

② 인간의 생활 의욕을 높인다.

③ 영리의 추구를 도모한다.

④ 아름다움을 유지시켜 준다.

 정답 ③

미용을 통한 영리의 추구를 도모하는 것은 미용의 근본적 목적으로 보기 어렵다.

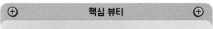

핵심 뷰티

미용의 목적

• 인간의 미적욕구를 충족시킨다.

• 삶의 의욕을 불러일으킨다.

• 노화 예방을 하며, 좋은 인상을 남긴다.

02 전체적인 머리모양을 종합적으로 관찰하여 수정 · 보완시켜 완전히 끝맺도록 하는 것은?

① 통칙　　　　② 제작

③ 보정　　　　④ 구상

 정답 ③

미용의 과정은 '소재의 확인 → 구상 → 제작 → 보정' 순으로, 보정의 단계에서 전체적인 머리모양을 종합적으로 관찰하여 수정 · 보완시켜 완전히 끝맺도록 한다.

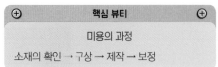

핵심 뷰티

미용의 과정

소재의 확인 → 구상 → 제작 → 보정

03 옛 여인들의 머리 모양 중 뒤통수를 낮게 머리를 땋아 틀어 올리고 비녀를 꽂은 머리 모양은?

① 민머리　　　　② 얹은 머리

③ 푼기명식 머리　④ 쪽진머리

 정답 ④

쪽진머리는 뒤통수를 낮게 머리를 땋아 틀어 올리고 비녀를 꽂은 머리 모양으로, 얹은 머리와 함께 조선시대 후반기에 일반 부녀자들의 대표적인 머리 형태이다.

04 다음 중 시대적으로 가장 늦게 발표된 미용술은?

① 찰스 네슬러의 퍼머넌트 웨이브

② 스피크먼의 콜드 웨이브

③ 조셉 메이어의 크로키놀식 퍼머넌트 웨이브

④ 마셀 그라또의 마셀 웨이브

 정답 ②

1936년 영국의 J.B 스피크먼이 콜드 웨이브를 창안해내었다.

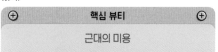

핵심 뷰티

근대의 미용

• 1875년 마셀 그라또우가 아이론의 열을 통해 웨이브를 만드는 마셀 웨이브를 창안해내었다.

• 1905년 찰스 네슬러가 스파이럴식 퍼머넌트 웨이브를 창안해내었다.

• 1925년 조셉 메이어가 크로키놀식 히트 퍼머넌트 웨이브를 창안해내었다.

• 1936년 스피크먼이 콜드 웨이브를 창안해내었다.

05 피부의 기능이 아닌 것은?

① 피부는 강력한 보호작용을 지니고 있다.

② 피부는 체온의 외부발산을 막고 외부온도 변화가 내부로 전해지는 작용을 한다.

③ 피부는 땀과 피지를 통해 노폐물을 분비, 배설한다.

④ 피부도 호흡한다.

정답 ②

피부 모세혈관의 수축 및 확장과 한선의 땀 분비는 이용해 인체의 체온을 조절한다. 몸 내 · 외부의 열을 차단하거나 발산하는 것을 막아 체온을 유지하고, 외부온도의 변화가 직접적으로 내부에 전달되지 않도록 막는다.

⊕ **핵심 뷰티** ⊕

피부의 기능

보호작용, 체온 조절작용, 분비 및 배설작용, 감각 (지각)작용, 흡수작용, 재생작용, 면역작용, 호흡작용, 저장작용

06 비늘모양의 죽은 피부세포가 연한 회백색 조각이 되어 떨어져 나가는 피부층은?

① 투명층 ② 유극층

③ 기저층 ④ 각질층

정답 ④

각질층은 외부 자극 및 이물질의 침투를 막아 피부를 보호한다. 비늘모양의 죽은 피부세포가 연한 회백색 조각이 되어 떨어져 나가게 하는 박리현상을 일으킨다.

⊕ **핵심 뷰티** ⊕

각질층

• 납작한 무핵의 죽은 세포층이다.

• 10~20% 정도의 수분이 함유되어 있다.

• 외부 자극 및 이물질의 침투를 막아 피부를 보호한다.

• 케라틴(58%), 천연보습인자(38%) 등이 존재한다.

• 비듬이나 때처럼 박리현상을 일으킨다.

07 한선(땀샘)에 대한 설명으로 올바르지 않은 것은?

① 체온을 조절한다.

② 땀은 피부의 피지막과 산성막을 형성한다.

③ 땀을 많이 흘리면 영양분과 미네랄 성분을 잃는다.

④ 땀샘은 손, 발바닥에는 없다.

정답 ④

한선(땀샘)은 에크린선(소한선)과 아포크린선(대한선)이 존재한다. 에크린선(소한선)은 손바닥, 발바닥, 이마 등에 집중적으로 존재하고, 아포크린선(대한선)은 겨드랑이, 성기, 유두 주변, 두피, 배꼽, 항문 주변 등 특정 부위에만 존재한다.

⊕ **핵심 뷰티** ⊕

한선의 기능

• 체온을 조절한다.

• 수분과 노폐물을 배출한다.

• 약산성의 지방막을 형성한다.

08 모발 손상의 원인으로만 짝지어진 것은?

① 드라이어의 장시간 이용, 크림 린스, 오버 프로세싱

② 두피마사지, 염색제, 백 코밍

③ 브러싱, 헤어 세팅, 헤어 팩

④ 자외선, 염색, 탈색

정답 ④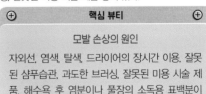

자외선, 염색, 탈색은 모발 손상의 원인이다. 이외에도 드라이어의 장시간 이용, 잘못된 샴푸습관, 과도한 브러싱, 잘못된 미용 시술 제품 등이 있다.

⊕ **핵심 뷰티** ⊕

모발 손상의 원인

자외선, 염색, 탈색, 드라이어의 장시간 이용, 잘못된 샴푸습관, 과도한 브러싱, 잘못된 미용 시술 제품, 해수욕 후 염분이나 풀장의 소독용 표백분이 두발에 남아있는 경우 등

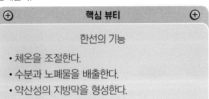

제 **2** 장

CBT 기출복원문제

09 피부가 두터워 보이고 모공이 크며, 화장이 쉽게 지워지는 피부 타입은?

① 건성피부   ② 중성피부

③ 지성피부   ④ 민감성피부

정답 ③

지성피부는 모공이 넓고 모공에 피지가 쌓여 피부가 도톨도톨하여 블랙헤드가 보인다. 화장이 잘 받지 않고 쉽게 지워지며 피부가 번질거리고, 여드름과 부스럼이 많이 생긴다.

> ⊕ **핵심 뷰티** ⊕
>
> **지성피부**
>
> • 피지선 기능이 활발하여, 피지가 과다하게 분비된다.
> • 피부가 두터워 보이고 모공이 크며, 피부 결이 거칠다.

10 상피조직의 신진대사에 관여하며 각화정상화 및 피부재생을 돕고 노화방지에 효과가 있는 비타민은?

① 비타민 C   ② 비타민 D

③ 비타민 A   ④ 비타민 K

정답 ③

비타민 A는 상피보호 비타민으로, 상피세포의 기능을 유지하며, 면역 기전의 조절작용, 한선과 피지선의 조절을 한다.

> ⊕ **핵심 뷰티** ⊕
>
> **비타민 A(상피보호 비타민)**
>
> • 기능 : 상피세포 기능 유지, 면역 기전의 조절작용, 한선과 피지선의 조절
> • 결핍 증세 : 야맹증, 감염에 대한 저항력 감소, 거친 피부, 모건조(과잉시 탈모)
> • 함유 식품 : 간유, 해조류, 달걀노른자, 우유, 치즈, 녹황색 채소 등

11 갑상선과 부신의 기능을 활발히 해주어 피부를 건강하게 해주며 모세혈관의 기능을 정상화시키는 것은?

① 나트륨

② 마그네슘

③ 철분

④ 요오드

정답 ④

요오드(I)는 갑상선 호르몬인 티록신의 구성 성분으로 모세혈관 기능을 정상화한다.

> ⊕ **핵심 뷰티** ⊕
>
> **요오드(I)**
>
> • 갑상선 호르몬인 티록신의 구성 성분이다.
> • 기초대사율 조절, 모세혈관 활동 촉진, 단백질 생성에 작용한다.

12 피부 색소침착에서 과색소침착 증상이 아닌 것은?

① 기미

② 백반증

③ 주근깨

④ 검버섯

정답 ②

백반증은 멜라닌 세포의 기능이 저하되거나 상실되어 멜라닌 색소의 생산이 저하되었을 때 나타나는 증상이다.

13 다음 중 자외선의 영향으로 인한 부정적인 효과는?

① 홍반작용　　　② 비타민 D 효과
③ 살균효과　　　④ 강장효과

정답 ①

자외선에 노출될 경우 피부의 홍반반응이나 일광화상, 색소침착 등 피부 장애를 일으킨다. 피부 지질의 세포막을 손상시키며, 피부 광노화 및 피부암을 유발한다.

> ⊕　　**핵심 뷰티**　　⊕
>
> **자외선의 부정적인 영향**
>
> • 주름, 기미, 주근깨 등을 발생시키며, 수포, 피부 암 등의 원인이 된다.
> • 피부의 홍반반응이나 일광화상, 색소침착 등 피 부 장애를 일으킨다.
> • 피부 지질의 세포막을 손상시킨다.
> • 피부 광노화 및 피부암을 유발한다.

14 다음 중 기초화장품의 주된 사용 목적에 속하지 않는 것은?

① 세안　　　② 피부정돈
③ 피부보호　　　④ 피부채색

정답 ④

기초화장품의 주된 사용 목적으로는 세안, 세정, 청결, 피부 정돈, 피부 보호 및 회복이 있다.

> ⊕　　**핵심 뷰티**　　⊕
>
> **기초 화장품**

사용 목적	주요 제품
세안, 세정, 청결	클렌징 크림, 클렌징 폼, 클렌징 오일 등의 클렌징 제품
피부 정돈	화장수, 팩, 마사지크림 류
피부 보호 및 회복	로션, 모이스처크림

15 빗을 선택하는 방법으로 옳지 않은 것은?

① 전체적으로 비뚤어지거나 휘지 않은 것이 좋다.
② 빗살 끝이 가늘고 빗살 전체가 균등하게 똑바로 나열된 것이 좋다.
③ 빗살 끝이 너무 뾰족하지 않고 되도록 무딘 것이 좋다.
④ 빗살 사이의 간격이 균등한 것이 좋다.

정답 ②

빗살의 끝이 가늘 경우 피부에 닿으면 두피를 손상시키는 원인이 될 수 있다. 빗살 끝이 너무 뾰족하지 않고 되도록 무딘 것이 좋다.

16 다음 명칭 중 가위에 속하는 것은?

① 핸들
② 피벗
③ 프롱
④ 그루브

정답 ②

가위의 피벗 나사는 양쪽 몸체를 하나로 고정시켜주는 나사이다.

17 다음 중 샴푸의 효과를 가장 바르게 설명한 것은?

① 모공과 모근의 신경을 자극하여 생리기능을 강화한다.

② 모발을 청결하게 하고 두피를 자극하여 혈액순환을 원활하게 한다.

③ 두통을 예방할 수 있다.

④ 모발의 수명을 연장시킨다.

 ②

샴푸를 통하여 모발을 청결하게 하여 상쾌함을 주며, 두피를 자극하여 혈액순환을 원활하게 한다.

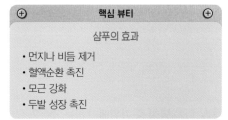

⊕ **핵심 뷰티** ⊕

샴푸의 효과

- 먼지나 비듬 제거
- 혈액순환 촉진
- 모근 강화
- 두발 성장 촉진

18 헤어 린스의 목적과 관계없는 것은?

① 두발의 엉킴 방지

② 두발의 윤기부여

③ 이물질 제거

④ 알칼리성의 약산성화

 ③

두발의 이물질을 제거하여 두발의 청결 유지 및 세정은 헤어 샴푸의 목적이다.

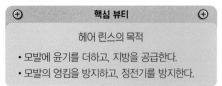

⊕ **핵심 뷰티** ⊕

헤어 린스의 목적

- 모발에 윤기를 더하고, 지방을 공급한다.
- 모발의 엉킴을 방지하고, 정전기를 방지한다.

19 두발 커트시, 두발 끝 1/3 정도로 테이퍼링하는 것은?

① 노멀 테이퍼링(normal tapering)

② 딥 테이퍼링(deep tapering)

③ 엔드 테이퍼링(end tapering)

④ 보스 사이드 테이퍼링(both-side tapering)

 ③

엔드 테이퍼링(end tapering)은 두발의 양이 적을 때나 표면을 정돈할 때 사용하는 테이퍼링으로, 두발 끝 1/3 정도를 테이퍼링 한다.

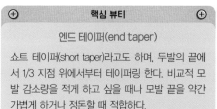

⊕ **핵심 뷰티** ⊕

엔드 테이퍼(end taper)

쇼트 테이퍼(short taper)라고도 하며, 두발의 끝에서 1/3 지점 위에서부터 테이퍼링 한다. 비교적 모발 감소량을 적게 하고 싶을 때나 모발 끝을 약간 가볍게 하거나 정돈할 때 적합하다.

20 완성된 두발선 위를 가볍게 다듬어 커트하는 방법은?

① 테이퍼링(tapering)

② 틴닝(thinning)

③ 트리밍(trimming)

④ 싱글링(singling)

 ③

손상모와 삐져나온 불필요한 두발을 잘라 내거나 정돈하는 작업을 트리밍(trimming)이라 한다.

21 콜드웨이브 퍼머넌트 시술 시 두발의 진단항목과 가장 거리가 먼 것은?

① 경모 혹은 연모 여부
② 발수성모 여부
③ 두발의 성장주기
④ 염색모 여부

 정답 ③

콜드웨이브 퍼머넌트 시술 시 두피와 두발의 상태, 두발의 질 등을 확인하여야 한다.

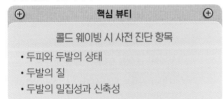

핵심 뷰티

콜드 웨이빙 시 사전 진단 항목
• 두피와 두발의 상태
• 두발의 질
• 두발의 밀집성과 신축성

22 정상적인 두발상태와 온도조건에서 콜드 웨이빙 시술 시 프로세싱(processing)의 가장 적당한 방치 시간은?

① 5분 정도
② 10~15분 정도
③ 20~30분 정도
④ 30~40분 정도

 정답 ②

콜드 웨이빙 시술 시 프로세싱은 정상적인 두발상태와 온도조건을 기준으로 10~15분 정도 방치하는 것이 가장 적당하다.

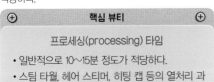

핵심 뷰티

프로세싱(processing) 타임
• 일반적으로 10~15분 정도가 적당하다.
• 스팀 타월, 헤어 스티머, 히팅 캡 등의 열처리 과정을 통하여 프로세싱 타임을 단축할 수 있다.

23 컬(curl)의 목적으로 가장 옳은 것은?

① 텐션, 루프, 스템을 만들기 위해
② 웨이브, 볼륨, 플러프를 만들기 위해
③ 슬라이싱, 스퀘어, 베이스를 만들기 위해
④ 세팅, 뱅을 만들기 위해

 정답 ②

헤어 컬링에서 컬의 목적은 웨이브 형성, 볼륨 형성, 플러프 형성, 머리 끝의 변화 등이 있다.

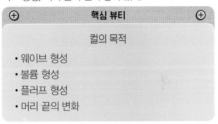

핵심 뷰티

컬의 목적
• 웨이브 형성
• 볼륨 형성
• 플러프 형성
• 머리 끝의 변화

24 컬 핀닝(curl pinning) 시 주의사항으로 틀린 것은?

① 두발이 젖은 상태이므로 두발에 핀이나 클립자국이 나지 않도록 주의한다.
② 루프의 형태가 일그러지지 않도록 주의한다.
③ 고정시키는 도구는 루프의 지름보다 지나치게 큰 것은 사용하지 않는다.
④ 컬을 고정시킬 때는 핀이나 클립을 깊숙이 넣어야만 잘 고정된다.

 정답 ④

컬을 고정시킬 때는 핀이나 클립을 깊숙이 넣으면 컬이 일그러질 수 있다.

25 헤어스타일에 다양한 변화를 줄 수 있는 뱅(bang)은 주로 두부의 어느 부위에 하게 되는가?

① 앞이마
② 네이프
③ 양 사이드
④ 크라운

 정답 ①

뱅(bang)은 앞이마의 장식머리이다.

핵심 뷰티
뱅(bang)
앞이마의 장식머리로, 애교머리라고도 한다. 웨이브 뱅, 롤 뱅, 플러프 뱅, 프린지 뱅, 프렌치 뱅 등의 다양한 종류가 있다.

26 헤어 블리치제의 산화제로서 오일 베이스제는 무엇에 유황유가 혼합된 것인가?

① 과붕산나트륨
② 탄산마그네슘
③ 라놀린
④ 과산화수소수

 정답 ④

헤어 블리치제의 제1제는 암모니아, 제2제는 과산화수소수가 사용된다.

27 비듬이 없고 두피가 정상적인 상태일 때 실시하는 트리트먼트는?

① 댄드러프 스캘프 트리트먼트
② 오일리 스캘프 트리트먼트
③ 플레인 스캘프 트리트먼트
④ 드라이 스캘프 트리트먼트

 정답 ③

비듬이 없고 두피가 정상적인 상태일 때에는 플레인 스캘프 트리트먼트를 실시한다.

핵심 뷰티	
스캘프 트리트먼트	
댄드러프 스캘프 트리트먼트	비듬 제거
오일리 스캘프 트리트먼트	과잉 피지 제거
플레인 스캘프 트리트먼트	정상적 두피
드라이 스캘프 트리트먼트	건조한 두피

28 땋거나 스타일링하기 쉽도록 3가닥 혹은 1가닥으로 만들어진 헤어 피스는?

① 웨프트   ② 스위치
③ 폴   ④ 위글렛

 정답 ②

스위치(switch)는 헤어 피스의 한 종류로, 땋거나 스타일링하기 쉽도록 1~3가닥으로 만들어져 있다.

핵심 뷰티	
헤어 피스(hair piece)	
위글렛(wiglet)	두상의 특정한 부분에 볼륨을 주기 원할 때 사용
웨프트(weft)	핑거 웨이브 연습시 사용
스위치(switch)	땋거나 스타일링하기 쉽도록 1~3가닥으로 만들어 짐
폴(fall)	긴 머리를 표현하고자 할 때 사용
위그(wig)	전체 가발

29 원랭스 커트(one-length cut)의 정의로 가장 적합한 설명은?

① 두발길이에 단차가 있는 상태의 커트
② 완성된 두발을 빗으로 빗어 내렸을 때 모든 두발이 동일 선상으로 떨어지도록 자르는 커트
③ 전체의 머리 길이가 똑같은 커트
④ 머릿결을 맞추지 않아도 되는 커트

 ②

원랭스 커트(one-length cut)는 완성된 두발을 빗으로 빗어 내렸을 때 모든 두발이 동일 선상으로 떨어지도록 자르는 커트이다.

> **핵심 뷰티**
>
> 원랭스 커트(one-length cut)
> • 일직선의 동일 선상에서 같은 길이가 되도록 커트하는 방법이다.
> • 네이프의 길이가 짧고 톱으로 갈수록 길어지면서 모발에 층이 없이 동일 선상으로 자르는 커트 스타일이다.

30 콜드 퍼머넌트 웨이브(cold permanent wave) 시 제1액의 주성분은?

① 과산화수소   ② 취소산나트륨
③ 티오글리콜산   ④ 과붕산나트륨

 ③

콜드 퍼머넌트 웨이브(cold permanent wave) 시 제1액의 주성분은 티오글리콜산이나 시스테인이다. 제2액은 브로민산염이나 과산화수소를 주성분으로 사용한다.

> **핵심 뷰티**
>
> 콜드 퍼머넌트 웨이브
> 1제 환원제의 작용으로 시스틴이 절단되어 시스테인이 된다. 2제 산화제의 작용으로 시스테인이 시스틴으로 재결합된다.

31 두상(두부)의 그림 중 (2)의 명칭은?

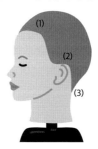

① 백 포인트(B.P)
② 탑 포인트(T.P)
③ 이어 포인트(E.P)
④ 이어 백 포인트(E.B.P)

 ③

주어진 그림의 (2)의 명칭은 이어 포인트이다.

32 다음 설명 중 틀린 것은?

① 센터 파트(Center Part) – 헤어라인 중심에서 두정부를 향한 직선 가르마
② 스퀘어 파트(Square Part) – 사이드 파트의 가르마를 대각선 뒤쪽 위로 올린 파트
③ 라운드 파트(Round Part) – 둥글게 가르마를 타는 파트
④ 백 센터 파트(Back Center Part) – 뒷머리 중심에서 똑바로 가르는 파트

 ②

스퀘어 파트는 양쪽 사이드 파트와 탑포인트 부분에서 이마의 헤어라인 부분과 수평이 되도록 가르마를 타는 정사각형 모양의 파트이다.

33 피부의 표피 세포는 대략 몇 주 정도의 교체 주기를 가지고 있는가?

① 1주
② 2주
③ 3주
④ 4주

 ④

성인의 경우 각화과정을 거쳐 각질층까지 올라가 떨어져 나가는 데까지 약 28일 정도가 소요된다.

34 여러 가지 꽃 향이 혼합된 세련되고 로맨틱한 향으로 아름다운 꽃다발을 안고 있는 듯, 화려하면서도 우아한 느낌을 주는 향수의 타입은?

① 싱글 플로럴(single floral)
② 플로럴 부케(floral bouquet)
③ 우디(woody)
④ 오리엔탈(oriental)

 ②

플로럴 부케(floral bouquet)는 여러 가지 꽃 향이 혼합된 세련되고 로맨틱한 향으로 아름다운 꽃다발을 안고 있는 듯, 화려하면서도 우아한 느낌을 주는 향수이다.

35 한 국가나 지역사회 간의 보건수준을 비교하는 데 사용되는 대표적인 3대 지표는?

① 영아사망률, 비례사망지수, 평균수명
② 영아사망률, 사인별 사망률, 평균수명
③ 유아사망률, 모성사망률, 비례사망지수
④ 유아사망률, 사인별 사망률, 영아사망률

 ①

한 국가나 지역사회 간의 보건수준을 비교하는 데 사용되는 대표적인 3대 지표는 영아사망률, 비례사망지수, 평균수명이다.

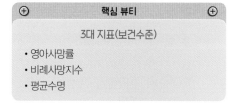

핵심 뷰티

3대 지표(보건수준)

- 영아사망률
- 비례사망지수
- 평균수명

36 보균자(carrier)는 감염병 관리상 어려운 대상이다. 그 이유와 관계가 가장 먼 것은?

① 색출이 어려우므로
② 활동영역이 넓기 때문에
③ 격리가 어려우므로
④ 치료가 되지 않으므로

 ④

보균자가 감염병 관리상 어려운 대상인 이유는 활동영역이 넓어 따로 격리가 어려울 뿐 아니라 색출에도 어려움이 있어서이다.

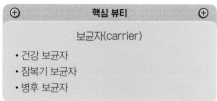

핵심 뷰티

보균자(carrier)

- 건강 보균자
- 잠복기 보균자
- 병후 보균자

37 감염병 예방법 중 제1급 감염병에 속하는 것은?

① 한센병   ② 폴리오

③ 일본뇌염   ④ 페스트

정답 ④

한센병과 폴리오는 제2급 감염병에, 일본뇌염은 제3급 감염병에 속한다.

핵심 뷰티

제1급 법정 감염병

남아메리카출혈열(바이러스성출혈열), 동물인플루엔자 인체감염증, 두창, 디프테리아, 라싸열(바이러스성출혈열), 리프트밸리열(바이러스성출혈열), 마버그열(바이러스성출혈열), 보툴리눔독소증, 신종감염병증후군, 신종인플루엔자, 야토병, 에볼라바이러스병(바이러스성출혈열), 중동호흡기증후군(MERS), 중증급성호흡기증후군, 크리미안콩고출혈열(바이러스성출혈열), 탄저, 페스트

38 위생해충인 파리에 의하여 전염될 수 있는 감염병이 아닌 것은?

① 장티푸스   ② 발진열

③ 콜레라   ④ 세균성 이질

정답 ②

파리가 옮기는 병으로는 장티푸스, 파라티푸스, 세균성 이질, 아메바성 이질, 콜레라 등이 있다. 발진열은 벼룩에 의하여 전염된다.

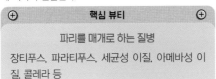

핵심 뷰티

파리를 매개로 하는 질병

장티푸스, 파라티푸스, 세균성 이질, 아메바성 이질, 콜레라 등

39 다음 중 폐흡충증(폐디스토마)의 제1중간숙주는?

① 다슬기

② 왜우렁

③ 게

④ 가재

정답 ①

폐흡충증(폐디스토마)의 제1중간숙주는 다슬기이다.

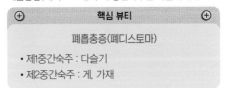

핵심 뷰티

폐흡충증(폐디스토마)

• 제1중간숙주 : 다슬기
• 제2중간숙주 : 게, 가재

40 감각온도의 3대 요소에 속하지 않는 것은?

① 기온

② 기습

③ 기압

④ 기류

정답 ③

감각온도의 3대 요소는 기온, 기습, 기류이다.

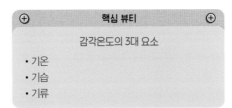

핵심 뷰티

감각온도의 3대 요소

• 기온
• 기습
• 기류

41 환경오염의 발생요인인 산성비의 가장 주요한 원인과 산도는?

① 일산화탄소, pH 5.6 이하
② 아황산가스, pH 5.6 이하
③ 염화불화탄소, pH 6.6 이하
④ 탄화수소, pH 6.6 이하

 ②

산성비란 pH 5.6 이하의 비를 말하며, 주요한 원인은 아황산가스, 질산화물 등이 있다.

42 산업보건에서 작업조건의 합리화를 위한 노력으로 옳은 것은?

① 작업강도를 강화시켜 단시간에 끝낸다.
② 작업속도를 최대한 빠르게 한다.
③ 운반방법을 가능한 범위에서 개선한다.
④ 가능하면 근무시간을 전일제로 한다.

 ③

작업조건의 합리화를 위해서는 작업강도를 적정가능한 강도로 기준을 잡고 적절한 작업속도로 진행한다. 정해진 근무시간에 최선의 운반방법을 통해 작업한다.

43 납중독과 가장 거리가 먼 증상은?

① 빈혈
② 신경마비
③ 뇌중독증상
④ 과다행동장애

 ④

납중독으로 나타날 수 있는 증상은 빈혈, 신경마비, 뇌중독현상 등이 있다. 과다행동장애는 주의력 부족으로 인한 산만한 상태를 유지하는 장애로 납중독과 거리가 멀다.

44 현재 우리나라 근로기준법상에서 보건상 유해하거나 위험한 사업에 종사하지 못하도록 규정되어 있는 대상은?

① 임신 중인 여자와 18세 미만인 자
② 산후 1년 6개월이 지나지 아니한 여성
③ 여자와 18세 미만인 자
④ 13세 미만인 어린이

 ①

임신 중이거나 산후 1년이 지나지 아니한 여성과 18세 미만자를 도덕상 또는 보건상 유해·위험한 사업에 종사하지 못한다.

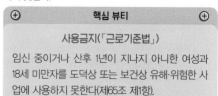

⊕ **핵심 뷰티** ⊕

사용금지(「근로기준법」)

임신 중이거나 산후 1년이 지나지 아니한 여성과 18세 미만자를 도덕상 또는 보건상 유해·위험한 사업에 사용하지 못한다(제65조 제1항).

45 소독에 영향을 미치는 인자가 아닌 것은?

① 온도　　　　　② 수분
③ 시간　　　　　④ 풍속

 ④

소독에 영향을 미치는 인자는 온도, 수분, 시간, 열, 농도, 자외선 등이다.

46 다음 중 이·미용업소에서 손님으로부터 나온 객담이 묻은 휴지 등을 소독하는 방법으로 가장 적합한 것은?

① 소각소독법　　　② 자비소독법
③ 고압증기멸균법　　④ 저온소독법

 ①

소각소독법은 불에 태워 처리하는 방법으로 오염된 물질을 담았던 통, 쓰레기 소독에 적합하다.

47 AIDS나 B형간염 등과 같은 질환의 전파를 예방하기 위한 이·미용기구의 가장 좋은 소독방법은?

① 고압증기멸균기
② 자외선소독기
③ 음이온계면활성제
④ 알코올

 ①

고압증기멸균기를 이용하면 가장 빠르게 완전 멸균을 할 수 있다.

48 소독액의 농도를 표시할 때 사용하는 단위로, 용액 100ml 속에 용질의 함량을 표시하는 수치는?

① 푼　　　　　② 퍼센트
③ 퍼밀리　　　④ 피피엠

 ②

소독액의 농도를 표시할 때 사용하는 단위는 퍼센트(%)이다.

49 다음 소독제 중 상처가 있는 피부에 가장 적합하지 않은 것은?

① 승홍수　　　　② 과산화수소
③ 포비돈　　　　④ 아크리놀

 ①

승홍수는 독성이 강해 상처가 있는 피부에는 적합하지 않다.

50 미용용품이나 기구 등을 일차적으로 청결하게 세척하는 것은 다음의 소독 방법 중 어디에 해당되는가?

① 희석　　　　　② 방부
③ 정균　　　　　④ 여과

 ①

미용용품이나 기구 등을 일차적으로 청결하게 세척하는 것은 희석이다.

제**2**장

CBT 기출복원문제

51 산소가 있어야만 잘 성장할 수 있는 균은?

① 호기성균
② 혐기성균
③ 통성혐기성균
④ 호혐기성균

정답 ①

호기성균이란 산소가 있어야만 잘 성장할 수 있는 균이다.

> **핵심 뷰티**
>
> 세균
> • 호기성균 : 산소가 있어야만 잘 성장할 수 있는 균
> • 혐기성균 : 산소가 없어야만 잘 성장할 수 있는 균
> • 통성혐기성균 : 산소가 있으면 잘 성장할 수 있는 균

52 다음 중 이·미용업을 개설할 수 있는 경우는?

① 이·미용사 면허를 받은 자
② 이·미용사의 감독을 받아 이·미용을 행하는 자
③ 이·미용사의 자문을 받아서 이·미용을 행하는 자
④ 위생관리 용역업 허가를 받은 자로서 이·미용에 관심이 있는 자

정답 ①

이·미용사 면허를 받은 자만이 이·미용업을 개설할 수 있다.

53 이용사 또는 미용사의 면허를 받을 수 없는 자는?

① 전문대학 또는 이와 동등 이상의 학력이 있다고 교육부장관이 인정하는 학교에서 이용 또는 미용에 관한 학과를 졸업한 자
② 고등학교 또는 이와 동등의 학력이 있다고 교육부장관이 인정하는 학교에서 이용 또는 미용에 관한 학과를 졸업한 자
③ 교육부장관이 인정하는 고등기술학교에서 6월 이상 이용 또는 미용에 관한 소정의 과정을 이수한 자
④ 국가기술자격법에 의한 이용사 또는 미용사(일반, 피부)의 자격을 취득한 자

정답 ③

특성화고등학교, 고등기술학교나 고등학교 또는 고등기술학교에 준하는 각종학교에서 1년 이상 이용 또는 미용에 관한 소정의 과정을 이수한 자는 이용사 또는 미용사의 면허를 받을 수 있다.

> **핵심 뷰티**
>
> 이·미용사의 면허를 받을 수 있는 자
> • 전문대학 또는 이와 같은 수준 이상의 학력이 있다고 교육부장관이 인정하는 학교에서 이용 또는 미용에 관한 학과를 졸업한 자
> • 대학 또는 전문대학을 졸업한 자와 같은 수준 이상의 학력이 있는 것으로 인정되어 이용 또는 미용에 관한 학위를 취득한 자
> • 고등학교 또는 이와 같은 수준의 학력이 있다고 교육부장관이 인정하는 학교에서 이용 또는 미용에 관한 학과를 졸업한 자
> • 특성화고등학교, 고등기술학교나 고등학교 또는 고등기술학교에 준하는 각종학교에서 1년 이상 이용 또는 미용에 관한 소정의 과정을 이수한 자
> • 국가기술자격법에 의한 이용사 또는 미용사의 자격을 취득한 자

54 이 · 미용업소 내에 게시하지 않아도 되는 것은?

① 이 · 미용업 신고증
② 개설자의 면허증 원본
③ 근무자의 면허증 원본
④ 이 · 미용 최종지불요금표

 ③

이 · 미용업소 내에 이 · 미용업 신고증, 면허증 원본, 최종지불요금표를 반드시 게시하여야 한다.

55 공중위생영업단체의 설립 목적으로 가장 적합한 것은?

① 공중위생과 국민보건의 향상을 기하고 영업종류별 조직을 확대하기 위하여
② 국민보건의 향상을 기하고 공중위생영업자의 정치적 · 경제적 목적을 향상시키기 위하여
③ 영업의 건전한 발전을 도모하고 공중위생영업의 종류별 단체의 이익을 옹호하기 위하여
④ 공중위생과 국민보건의 향상을 기하고 영업의 건전한 발전을 도모하기 위하여

 ④

공중위생영업단체의 설립 목적은 공중위생과 국민보건의 향상을 기하고 영업의 건전한 발전을 도모하기 위함이다.

56 영업소 외의 장소에서 이용 및 미용의 업무를 할 수 있는 경우가 아닌 것은?

① 질병으로 영업소에 나올 수 없는 경우
② 혼례 직전에 이용 또는 미용을 하는 경우
③ 야외에서 단체로 이용 또는 미용을 하는 경우
④ 사회복지시설에서 봉사활동으로 이용 또는 미용을 하는 경우

 ③

야외에서 단체로 이용 또는 미용을 하는 경우는 영업소 외의 장소에서 이 · 미용 업무를 행할 수 있는 경우가 아니다.

⊕ **핵심 뷰티** ⊕

영업소 외에서의 이용 및 미용 업무

• 질병·고령·장애나 그 밖의 사유로 영업소에 나올 수 없는 자에 대하여 이용 또는 미용을 하는 경우
• 혼례나 그 밖의 의식에 참여하는 자에 대하여 그 의식 직전에 이용 또는 미용을 하는 경우
• 사회복지시설에서 봉사활동으로 이용 또는 미용을 하는 경우
• 방송 등의 촬영에 참여하는 사람에 대하여 그 촬영 직전에 이용 또는 미용을 하는 경우
• 특별한 사정이 있다고 시장·군수·구청장이 인정하는 경우

제 **2** 장

CBT 기출복원문제

57 위생교육에 대한 설명으로 틀린 것은?

① 위생교육 시간은 연간 3시간으로 한다.
② 공중위생 영업자는 매년 위생 교육을 받아야 한다.
③ 위생교육에 관한 기록을 1년 이상 보관 · 관리하여야 한다.
④ 위생교육을 받지 아니한 자는 200만 원 이하의 과태료에 처한다.

  정답 ③

위생교육에 관한 기록을 2년 이상 보관 · 관리하여야 한다.

58 신고를 하지 않고 영업소 명칭(상호)을 바꾼 경우에 대한 1차 위반 시의 행정처분기준은?

① 주의
② 경고 또는 개선명령
③ 영업정지 10일
④ 영업정지 1월

  정답 ②

신고를 하지 않고 영업소 명칭(상호)을 바꾼 경우에 대한 1차 위반 시의 행정처분은 경고 또는 개선명령이다.

> ⊕ **핵심 뷰티** ⊕
>
> 신고를 하지 않고 영업소 명칭(상호)을 바꾼 경우
> • 1차 위반 : 경고 또는 개선명령
> • 2차 위반 : 영업정지 15일
> • 3차 위반 : 영업정지 1월
> • 4차 위반 : 영업장 폐쇄명령

59 이 · 미용업 영업소에서 영업정지처분을 받고 그 영업정지 기간 중 영업을 한 때에 대한 1차 위반시의 행정처분기준은?

① 영업정지 1월
② 영업정지 3월
③ 영업장 폐쇄명령
④ 면허취소

  정답 ③

이 · 미용업 영업소에서 영업정지처분을 받고 그 영업정지 기간 중 영업을 한 때에 대한 1차 위반시의 행정처분은 영업장 폐쇄명령이다.

> ⊕ **핵심 뷰티**
>
> 영업정지처분
> 이·미용업 영업소에서 영업정지처분을 받고 그 영업정지 기간 중 영업을 한 때에 대한 1차 위반시의 행정처분은 영업장 폐쇄명령이다.

60 이 · 미용업자에게 과태료를 부과 · 징수할 수 있는 처분권자에 해당되지 않는 자는?

① 보건소장
② 시장
③ 군수
④ 보건복지부장관

  정답 ①

과태료는 대통령령으로 정하는 바에 따라 보건복지부장관 또는 시장 · 군수 · 구청장이 부과 · 징수한다.

CBT 기출복원문제　제2회

01 미용의 특수성과 가장 거리가 먼 것은?

① 손님의 요구가 반영된다.
② 시간적 제한을 받는다.
③ 정적 예술로서 미적 변화가 나타난다.
④ 유행을 창조하는 자유예술이다.

 정답 ④

미용은 독립적인 의사결정으로 진행할 수 없고, 의사표현, 시간, 소재 등의 제약을 받는 부용예술이다. 부용예술은 사치적이고 고급스러운 예술을 지칭하는 용어로 자유예술의 반대 개념이다

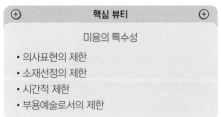
핵심 뷰티

미용의 특수성

• 의사표현의 제한
• 소재선정의 제한
• 시간적 제한
• 부용예술로서의 제한

02 우리나라 옛 여인의 머리모양 중 앞머리 양쪽에 틀어 얹은 모양의 머리는?

① 낭자머리　② 쪽진머리
③ 푼기명식머리　④ 쌍상투머리

 정답 ④

쌍상투 머리란 앞머리에 양쪽으로 틀어 얹은 모양의 머리를 말한다.

03 삼한시대의 머리형에 관한 설명으로 옳지 않은 것은?

① 포로나 노비는 머리를 깎아서 표시했다.
② 수장급은 모자를 썼다.
③ 일반인은 상투를 틀게 했다.
④ 귀천의 차이가 없이 자유롭게 했다.

 정답 ④

우리나라 고대의 머리모양은 계급과 신분을 나타내는 표시의 역할을 하였다.

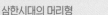
핵심 뷰티

삼한시대의 머리형

• 포로나 노예는 머리를 깎아 표시하였다.
• 남자는 상투를 틀고, 수장급은 관모를 썼다.
• 글씨를 새기는 문신이 성행하였다.

04 중국 현종(서기 713~755년) 때의 십미도(十眉圖)에 대한 설명으로 옳은 것은?

① 열 명의 아름다운 여인
② 열 가지의 아름다운 산수화
③ 열 가지의 화장방법
④ 열 종류의 눈썹모양

 정답 ④

당나라 현종은 눈썹화장을 중요시하였으며, 십미도(10가지 눈썹 모양을 소개할 정도로 눈썹 화장이 유행하였으며, 붉은 입술이 미인으로 평가되는 기준이 되어 입술 화장을 붉게 하였다.

05 액취증의 원인이 되는 아포크린 한선이 분포되어 있지 않은 곳은?

① 배꼽 주변
② 겨드랑이
③ 사타구니
④ 발바닥

 ④

아포크린선(대한선)은 겨드랑이, 성기, 유두 주변, 두피, 배꼽 주변, 사타구니, 항문 주변 등 특정 부위에만 존재한다.

06 천연보습인자(NMF)에 속하지 않는 것은?

① 아미노산   ② 암모니아
③ 젖산염   ④ 글리세린

 ④

천연보습인자(NMF)란 각질층에서 수분을 붙잡아 두는 역할을 한다. 주로 아미노산과 아미노산의 산물로 구성되어 있으며, 미네랄, 유기산, 젖산염, 암모니아, 요소 등을 포함한다.

> ⊕ **핵심 뷰티** ⊕
>
> **천연보습인자(NMF)**
>
> • 각질층에 있는 세포들 내부에서만 발견된다.
> • 수용성 화학구조로 되어 있어 방대한 양의 수분을 보유할 수 있다.
> • 각질층에서 수분을 붙잡아 두는 역할을 한다.
> • 주로 아미노산과 아미노산의 산물로 구성되어 있으며, 미네랄, 유기산, 젖산염 등을 포함한다.

07 한선의 활동을 증가시키는 요인으로 가장 거리가 먼 것은?

① 열
② 운동
③ 내분비선의 자극
④ 정신적 흥분

 ③

한선은 땀을 만들어 피부 표면의 한관을 통해 분비하는 기능을 한다. 따라서 내분비선의 자극이 땀 분비와 연관이 가장 적다.

08 두발의 측쇄 결합으로 볼 수 없는 것은?

① 시스틴 결합(cystine bond)
② 염 결합(salt bond)
③ 수소 결합(hydrogen bond)
④ 폴리펩티드 결합(polypeptide bond)

 ④

두발의 결합에는 가로방향의 측쇄 결합과 세로방향의 주쇄 결합이 있다. 시스틴 결합, 염 결합, 수소 결합은 측쇄 결합이고, 폴리펩티드 결합은 주쇄 결합이다.

> ⊕ **핵심 뷰티** ⊕
>
> **두발의 결합**
>
> | 측쇄 결합 | 주쇄 결합 |
> |---|---|
> | • 시스틴 결합
• 염 결합
• 수소 결합 | 폴리펩티드 결합 |

09 민감성 피부에 대한 설명으로 가장 적합한 것은?

① 피지의 분비가 적어서 거친 피부
② 어떤 물질에 큰 반응을 일으키는 피부
③ 땀이 많이 나는 피부
④ 멜라닌 색소가 많은 피부

 정답 ②

민감성 피부는 어떤 물질에 큰 반응을 일으키거나 붉어지는 피부로, 각질층이 얇다.

> **핵심 뷰티** ⊕ ⊕
>
> **민감성피부**
> • 피부가 붉어지거나 민감한 반응을 보이며, 각질층이 얇다.
> • 과도한 자외선 노출이나 칼슘 부족에 의하여 생길 수 있다.
> • 모공이 작고, 피부의 수분부족으로 피부당김현상이 나타나고 발열감이 있다.

10 기미를 악화시키는 주원인이 아닌 것은?

① 경구 피임약의 복용
② 임신
③ 자외선 차단
④ 내분비이상

 정답 ③

자외선에 과다하게 노출될 경우 기미를 악화시킬 수 있다.

> **핵심 뷰티** ⊕ ⊕
>
> **기미**
> • 후천성 피부 변화로 자외선 과다 노출이나, 임신 (임산부의 약 70%에서 발생) 등으로 발생한다.
> • 에스트로겐 과다, 프로게스테론 과다, 갑상선기능 저하 시에 나타난다.

11 피부의 변화 중 결절(nodule)에 대한 설명으로 틀린 것은?

① 표피 내부에 직경 1cm 미만의 묽은 액체를 포함한 융기이다.
② 여드름 피부의 4단계에 나타난다.
③ 구진이 서로 엉켜서 큰 형태를 이룬 것이다.
④ 구진과 종양의 중간 염증이다.

 정답 ①

국한성의 융기된 표재성 공동으로 직경이 1cm 미만은 소수포라 한다.

> **핵심 뷰티** ⊕ ⊕
>
> **원발진의 종류**
> • 소수포(대수포) : 국한성의 융기된 표재성 공동으로 직경이 1cm 미만은 소수포, 직경 1cm 이상은 대수포라 한다.
> • 결절 : 구진과 종양 사이의 중간 형태로 단단하게 만져지는 원형 또는 타원형의 융기이다.

12 다음 중 결핍 시 피부표면이 경화되어 거칠어지는 주된 영양물질은?

① 단백질과 비타민 A
② 비타민 D
③ 탄수화물
④ 무기질

 정답 ①

단백질은 표피 각질의 주된 성분이고, 비타민 A는 상피 보호 비타민으로, 상피세포 기능을 유지한다. 단백질과 비타민 A 결핍 시 피부표면이 경화되어 거칠어진다.

제 **2** 장

CBT 기출복원문제

13 즉시 색소 침착 작용을 하는 광선으로 인공 선탠(suntan)에 사용되는 것은?

① UV A   ② UV B

③ UV C   ④ UV D

 ①

장파장 자외선 A(UV A)는 피부 탄력성 감소, 조기 노화, 주름 형성의 원인이 되며, 백내장 유발의 원인이 된다. 색소 침착작용과 선탠 작용을 하여, 인공선탠에 이용된다.

핵심 뷰티

장파장 자외선 A(UV A)

• 320~400nm의 장파장으로, 피부 진피층까지 도달한다.

• 피부 탄력성 감소, 조기 노화, 주름 형성의 원인이 되며, 백내장 유발의 원인이 된다.

• 선탠 작용을 하여, 인공선탠에 이용된다.

14 다음 중 식물성 오일이 아닌 것은?

① 아보카도 오일

② 피마자 오일

③ 올리브 오일

④ 실리콘 오일

 ④

식물성 오일에는 아보카도 오일, 올리브 오일, 피마자 오일, 호호바 오일, 동백유, 살구씨 오일, 월견초유가 있다. 실리콘 오일은 광합성 오일이다.

핵심 뷰티

실리콘 오일

• 무기물인 실리카에 화학반응을 일으켜 얻어진다.

• 무색, 투명, 무미, 무취의 비휘발성이다.

• 안정성과 내수성이 높고, 끈적임이 없어 사용감이 좋다.

15 헤어 세트용 빗의 사용과 취급방법에 대한 설명으로 올바르지 않은 것은?

① 두발의 흐름은 아름답게 매만질 때는 빗살이 고운살로 된 세트빗을 사용한다.

② 엉킨 두발을 빗을 때는 빗살이 얼레살로 된 얼레빗을 사용한다.

③ 빗은 사용 후 브러시로 털거나 비눗물에 담가 브러시로 닦은 후 소독한다.

④ 빗의 소독은 손님 약 5인에게 사용했을 때 1회씩 하는 것이 적합하다.

 ④

빗의 소독은 손님 1인에게 사용했을 때 1회씩 하는 것이 적합하다.

16 브러싱에 대한 내용 중 틀린 것은?

① 두발에 윤기를 더해주며 빠진 두발이나 헝클어진 두발을 고르는 작용을 한다.

② 두피의 근육과 신경을 자극하여 피지선과 혈액순환을 촉진시키고 두피조직에 영양을 공급하는 효과가 있다.

③ 여러 가지 효과를 주므로 브러싱은 어떤 상태에서든 많이 할수록 좋다.

④ 샴푸 전 브러싱은 두발이나 두피에 부착된 먼지나 노폐물, 비듬을 제거한다.

 ③

과도한 브러싱은 두피를 손상시키는 요인이 될 수 있으므로 두피 상태에 따라 적절하게 브러싱한다.

17 가위에 대한 설명으로 틀린 것은?

① 양날의 견고함이 동일해야 한다.
② 가위의 길이나 무게가 미용사의 손에 맞아야 한다.
③ 가위 날이 반듯하고 두꺼운 것이 좋다.
④ 협신에서 날 끝으로 갈수록 약간 내곡선인 것이 좋다.

정답 ③

가위는 날이 얇고, 양 다리가 견고한 것이 좋다. 협신에서 날 끝으로 갈수록 약간 내곡선인 것이 좋다.

18 헤어 샴푸의 목적으로 가장 거리가 먼 것은?

① 두피, 두발의 세정
② 두발 시술의 용이
③ 두발의 건전한 발육 촉진
④ 두피질환 치료

정답 ④

치료 · 의약 헤어 샴푸의 경우 두피질환 치료의 용이를 목적을 가지지만 일반적인 헤어 샴푸의 목적이라고 하기엔 어렵다. 일반적으로 헤어 샴푸의 목적은 두피와 모발의 청결상태유지 및 세정, 두발의 건전한 발육 촉진, 두발의 시술 용이성 등이 있다.

19 다음 중 산성 린스가 아닌 것은?

① 레몬 린스(lemon rinse)
② 비니거린스(vinegar rinse)
③ 오일 린스(oil rinse)
④ 구연산 린스(citric acid rinse)

정답 ③

산성 린스(Acid rinse)의 종류에는 레몬 린스(lemon rinse), 비니거린스(vinegar rinse), 구연산 린스(citric acid rinse)가 있다. 오일 린스(oil rinse)는 지방성 린스이다.

⊕ **핵심 뷰티** ⊕

산성 린스

시트르산, 비니거, 레몬 등을 사용하여 두발에 남아 있는 알칼리 성분을 중화시켜 등전점을 회복시켜 주는 목적으로 사용되며, 주로 파마나 염색 시술 후에 사용한다.

20 다음 중 블런트 커트(blunt cut)와 같은 의미인 것은?

① 클럽 커트(club cut)
② 싱글링(shingling)
③ 클리핑(clipping)
④ 트리밍(trimming)

정답 ①

블런트 커트(blunt cut)는 직선적으로 커트를 하고, 잘린 부분이 명확하다. 블런트 커트(blunt cut)는 클럽 커트(club cut)라고도 한다.

⊕ **핵심 뷰티** ⊕

블런트 커트(blunt cut)

직선적으로 커트를 하고, 잘린 부분이 명확하다. 두발의 손상이 적으며, 입체감을 내기 쉽다. 클럽 커트라고도 한다.

제 **2** 장

CBT 기출복원문제

21 빗을 천천히 위쪽으로 이동시키면서 가위의 개폐를 재빨리 하여 빗에 끼어있는 두발을 잘라내는 커팅기법은?

① 싱글링(shingling)
② 틴닝 시저스(thinning scissors)
③ 레이저 커트(razor cut)
④ 슬리더링(slithering)

 정답 ①

싱글링은 빗으로 잡은 45도 각을 이용하여 빗을 천천히 위쪽으로 이동시키면서 가위의 개폐를 재빨리 하여 빗에 끼어있는 두발을 잘라내는 커팅기법이다.

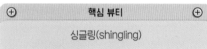

핵심 뷰티
싱글링(shingling)
총 길이 6인치 이상의 장가위를 사용하여 네이프와 사이드 부분의 모발을 짧게 자르고, 위쪽으로 올라갈수록 길어지게 커트한다.

22 다음 내용 중 컬의 목적이 아닌 것은?

① 플러프(fluff)를 만들기 위해서
② 웨이브(wave)를 만들기 위해서
③ 컬러의 표현을 원활하게 하기 위해서
④ 볼륨(volume)을 만들기 위해서

 정답 ③

헤어 컬링에서 컬의 목적은 웨이브 형성, 볼륨 형성, 플러프 형성, 머리 끝의 변화 등이 있다. 컬러 표현의 원활은 컬의 목적으로 보기 어렵다.

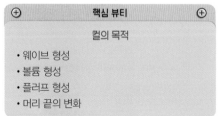

핵심 뷰티
컬의 목적

• 웨이브 형성
• 볼륨 형성
• 플러프 형성
• 머리 끝의 변화

23 다공성 두발에 대한 설명 중 올바르지 않은 것은?

① 다공성모란 두발의 간충물질이 소실되어 두발 조직 중에 모공이 많고 보습작용이 적어져서 두발이 건조해지기 쉬운 손상모를 말한다.
② 다공성모는 두발이 얼마나 빨리 유액을 흡수하느냐에 따라 그 정도가 결정된다.
③ 다공성의 정도에 따라서 콜드 웨이빙의 프로세싱 타임과 웨이빙 용액의 강도가 좌우된다.
④ 다공성 정도가 클수록 두발에 탄력이 적으므로 프로세싱 타임을 길게 한다.

 정답 ④

두발의 다공성 정도가 클수록 수분 함량은 많아지며, 탄력성은 낮아진다. 프로세싱 타임을 짧게 하고, 보다 순한 용액을 사용하도록 해야 한다.

핵심 뷰티
두발의 다공성

모발의 화학적 시술, 물리적 자극, 자외선 등에 의한 손상으로 모피질 내 간충물질이 소실되어 모발 내부에 구멍이 생기는 현상으로 다공성이 높을수록 수분 함량은 많아지며, 탄력성은 낮아진다. 프로세싱 타임을 짧게 하고, 보다 순한 용액을 사용하도록 해야 한다.

24 두발에 도포한 약액이 쉽게 침투되게 하여 시술시간을 단축하고자 할 때에 필요하지 않은 것은?

① 스팀 타월   ② 헤어 스티머
③ 신징   ④ 히팅 캡

 정답 ③

스팀 타월, 헤어 스티머, 히팅 캡 등의 열처리 과정을 통하여 프로세싱 타임을 단축할 수 있다. 열처리는 일반적으로 5~15분 정도가 적당하다.

25 두발을 롤러에 와인딩할 때 스트랜드를 베이스에 대하여 수직으로 잡아 올려서 와인딩한 롤러 컬은?

① 롱 스템 롤러 컬 ② 하프 스템 롤러 컬
③ 논 스템 롤러 컬 ④ 쇼트 스템 롤러 컬

 ②

두발을 롤러에 와인딩할 때 패널을 90°로 빗어 올려 와인딩하면 하프 오프 베이스가 된다. 중간 정도의 볼륨을 만들고자 할 때 사용하며 하프 스템(half stem)이라 한다.

> **핵심 뷰티**
>
> **스템(stem)**
>
> 높은 볼륨을 만들고자 할 때는 패널을 120°~135°로 빗어 올려 와인딩하면 온 더 베이스가 된다. 이것을 논 스템이라고도 한다. 중간 정도의 볼륨을 만들고자 할 때에는 패널을 90°로 빗어 올려 와인딩하면 하프 오프 베이스가 된다. 이것을 하프 스템이라고도 한다. 볼륨을 원하지 않을 때는 패널을 45°로 빗어서 와인딩하면 오프 베이스가 된다. 이것을 롱 스템이라고도 한다.

26 컬을 깃털과 같이 일정한 모양을 갖추지 않고 부풀려서 볼륨을 준 뱅은?

① 플러프 뱅(fluff bang)
② 롤 뱅(roll bang)
③ 프렌치 뱅(french bang)
④ 프린지 뱅(fringe bang)

 ①

플러프 뱅이란 컬을 깃털과 같이 일정한 모양을 갖추지 않고 부풀려서 볼륨을 준 뱅을 말한다.

27 다음 중 헤어 블리치에 대한 설명으로 올바르지 않은 것은?

① 과산화수소는 산화제이고 암모니아수는 알칼리제이다.
② 헤어 블리치는 산화제의 작용으로 두발의 색소를 옅게 한다.
③ 헤어 블리치제는 산화수소에 암모니아수 소량을 더하여 사용한다.
④ 과산화수소에서 방출된 수소가 멜라닌 색소를 파괴시킨다.

 ④

과산화수소에서 방출된 산소가 멜라닌 색소를 파괴시켜 탈색을 일으킨다.

28 두피에 지방이 부족하여 건조한 경우에 하는 스캘프 트리트먼트는?

① 플레인 스캘프 트리트먼트
② 오일리 스캘프 트리트먼트
③ 드라이 스캘프 트리트먼트
④ 댄디러프 스캘프 트리트먼트

 ③

두피에 지방이 부족하여 건조한 두피는 드라이 스캘프 트리트먼트를 실시한다.

> **핵심 뷰티**
>
> **스캘프 트리트먼트**
>
> | | |
> |---|---|
> | 댄드러프 스캘프 트리트먼트 | 비듬 제거 |
> | 오일리 스캘프 트리트먼트 | 과잉 피지 제거 |
> | 플레인 스캘프 트리트먼트 | 정상적 두피 |
> | 드라이 스캘프 트리트먼트 | 건조한 두피 |

29 두상의 특정한 부분에 볼륨을 주기 원할 때, 사용되는 헤어 피스(hair piece)는?

① 위글렛(wiglet) ② 스위치(switch)
③ 폴(fall) ④ 위그(wig)

정답 ①

위글렛(wiglet)는 헤어 피스의 한 종류로, 두상의 특정한 부분에 볼륨을 주기 원할 때 사용한다.

 핵심 뷰티

헤어 피스(hair piece)

위글렛(wiglet)	두상의 특정한 부분에 볼륨을 주기 원할 때 사용
웨프트(weft)	핑거 웨이브 연습시 사용
스위치(switch)	땋거나 스타일링하기 쉽도록 1~3가닥으로 만들어 짐
폴(fall)	긴 머리를 표현하고자 할 때 사용
위그(wig)	전체 가발

30 우리나라에서 현대 미용의 시초라고 볼 수 있는 시기는?

① 조선 중엽
② 경술국치 이후
③ 해방 이후
④ 6.25 이후

 정답 ②

경술국치 이후 현대 미용에 대한 관심이 생기면서, 신여성을 중심으로 헤어, 메이크업 등이 유행하였다.

31 두상(두부)의 그림 중 (3)의 명칭은?

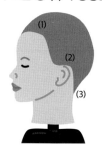

① 사이드 포인트(S.P)
② 프론트 포인트(F.P)
③ 네이프 포인트(N.P)
④ 네이프 사이드 포인트(N.S.P)

 정답 ③

주어진 그림에서 (3)의 명칭은 네이프 포인트(N.P)이다.

32 컬(curl)의 구성요소에 해당되지 않은 것은?

① 크레스트(crest)
② 베이스(base)
③ 루프(loop)
④ 스템(stem)

 정답 ①

크레스트(crest)는 핑거웨이브의 3대 요소이다.

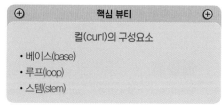

핵심 뷰티

컬(curl)의 구성요소

• 베이스(base)
• 루프(loop)
• 스템(stem)

33 다음 중 피부의 진피층을 구성하고 있는 주요 단백질은?

① 알부민
② 콜라겐
③ 글로블린
④ 시스틴

 정답 ②

진피는 교원섬유(콜라겐섬유), 탄력섬유(엘라스틴섬유)의 두 가지 섬유와 섬유아세포, 비만세포, 대식세포 등으로 구성되어 있다.

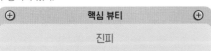
핵심 뷰티

진피

• 표피와 피하지방층 사이에 위치하고, 피부의 90% 이상을 차지한다.
• 표피의 약 10~40배 정도로 실질적인 피부를 의미한다.
• 진피는 교원섬유, 탄력섬유(엘라스틴섬유)의 두 가지 섬유와 섬유아세포, 비만세포, 대식세포 등으로 구성되어 있다.
• 많은 혈관과 신경이 존재한다.

34 다음 중 손톱의 상조피를 자르는 가위는?

① 폴리시 리무버
② 큐티클 니퍼즈
③ 큐티클 푸셔
④ 네일 래커

 정답 ②

손톱의 상조피를 자르는 가위는 큐티클 니퍼즈이다.

35 한 나라의 건강수준을 나타내며, 다른 나라들과의 보건수준을 비교할 수 있는 세계보건기구가 제시한 지표는?

① 비례사망지수
② 국민소득
③ 질병이환율
④ 인구증가율

 정답 ①

비례사망지수란 한 나라의 건강수준을 나타내며, 영아사망률, 평균수명과 더불어 다른 나라들과의 보건수준을 비교할 수 있는 세계보건기구가 제시한 지표이다.

핵심 뷰티

비례사망지수

한 나라의 건강수준을 나타내며, 인구 전체 사망자 수에 대한 50세 이상의 사망자 수를 나타낸 구성 비율을 의미한다. 영아사망률, 평균수명과 더불어 다른 나라들과의 보건수준을 비교할 수 있는 세계보건기구가 제시한 지표이다.

36 콜레라 예방접종은 어떤 면역방법에 해당하는가?

① 인공수동면역 ② 인공능동면역
③ 자연수동면역 ④ 자연능동면역

 정답 ②

콜레라 예방접종을 통하여 획득되는 면역은 인공능동면역이다.

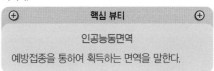
핵심 뷰티

인공능동면역

예방접종을 통하여 획득하는 면역을 말한다.

37 다음 중 제1급 감염병에 대해 잘못 설명한 것은?

① 생물테러감염병 또는 치명률이 높거나 집단 발생의 우려가 크다.

② 페스트, 탄저, 디프테리아 등이 속한다.

③ 전파가능성을 고려하여 발생 시 24시간 내에 신고하여야 하나 격리는 필요없다.

④ 즉시 신고하여야 하며 음압격리와 같은 높은 수준의 격리가 필요하다.

 정답 ③

제1급 감염병은 가장 위험도가 높은 급으로 집단 발생 우려와 치명률이 높아 발생 즉시 신고하고 음압격리가 필요하다.

38 모기가 매개하는 감염병이 아닌 것은?

① 말라리아

② 뇌염

③ 사상충

④ 발진열

 정답 ④

발진열은 벼룩에 의하여 전염된다.

39 다음 중 간흡충증(간디스토마)의 제1중간숙주는?

① 다슬기

② 쇠우렁

③ 피라미

④ 게

 정답 ②

간흡충증(간디스토마)의 제1중간숙주는 쇠우렁(왜우렁)이다.

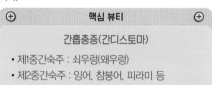

핵심 뷰티

간흡충증(간디스토마)

• 제1중간숙주 : 쇠우렁(왜우렁)
• 제2중간숙주 : 잉어, 참붕어, 피라미 등

40 다음 중 특별한 장치를 설치하지 않은 일반적인 경우에 실내의 자연적 환기에 가장 큰 비중을 차지하는 요소는?

① 실내외 공기 중 CO_2의 함량 차이

② 실내외 공기의 습도 차이

③ 실내외 공기의 기온 차이 및 기류

④ 실내외 공기의 불쾌지수 차이

 정답 ③

실내외 공기의 기온 차이 및 기류를 통해 자연적 환기가 일어난다.

41 다음 중 환경보건에 영향을 미치는 공해 발생 원인으로 관계가 먼 것은?

① 실내의 흡연
② 산업장 폐수방류
③ 공사장의 분진발생
④ 공사장의 굴착작업

 정답 ①

공해란 산업이나 교통의 발달에 따라 사람이나 생물이 입게 되는 여러 가지 피해를 의미한다. 자동차의 매연, 공장의 폐수, 공사장의 분진발생, 굴착작업 따위로 인하여 공기와 물이 더럽혀지고 자연환경이 파괴되는 것을 말한다.

42 식중독에 관한 설명으로 옳은 것은?

① 음식 섭취 후 장시간 뒤에 증상이 나타난다.
② 근육통 호소가 가장 빈번하다.
③ 병원성 미생물에 오염된 식품 섭취 후 발병한다.
④ 독성을 나타내는 화학 물질과는 무관하다.

 정답 ③

식중독이란 일반적으로 음식물을 통하여 인체에 들어간 병원 미생물이나 유독·유해한 물질에 의하여 일어나는 것으로 급성의 위장염 증상을 주로 하는 건강 장애이다.

⊕ **핵심 뷰티** ⊕

식중독

일반적으로 음식물을 통하여 인체에 들어간 병원 미생물이나 유독·유해한 물질에 의하여 72시간 이내에 일어나는 것으로 급성의 위장염 증상(구토, 설사, 복통 등)을 주로 하는 건강 장애이다.

43 산업피로의 본질과 가장 관계가 먼 것은?

① 생체의 생리적 변화
② 피로감각
③ 산업구조의 변화
④ 작업량 변화

 정답 ③

산업구조의 변화는 산업피로의 본질과 직접적 관계가 있다고 할 수 없다.

44 소독과 멸균에 관련된 용어에 대한 설명으로 올바르지 않은 것은?

① 살균 : 생활력을 가지고 있는 미생물을 여러 가지 물리적·화학적 작용에 의해 급속히 죽이는 것을 말한다.
② 방부 : 병원성 미생물의 발육과 그 작용을 제거하거나 정지시켜서 음식물의 부패나 발효를 방지하는 것은 말한다.
③ 소독 : 사람에게 유해한 미생물을 파괴시켜 감염의 위험성을 제거하는 비교적 강한 살균작용으로 세균의 포자까지 사멸하는 것을 말한다.
④ 멸균 : 병원성 또는 비병원성 미생물 및 포자를 가진 것을 전부 사멸 또는 제거하는 것을 말한다.

 정답 ③

소독은 감염병의 감염을 방지할 목적으로 병원성 미생물(병원체)을 죽이거나 병원성을 약화시키는 것을 말한다.

45 석탄산, 알코올, 포르말린 등의 소독제가 가지는 소독의 주된 원리는?

① 균체 원형질 중의 탄수화물 변성
② 균체 원형질 중의 지방질 변성
③ 균체 원형질 중의 단백질 변성
④ 균체 원형질 중의 수분 변성

 ③

석탄산, 알코올, 포르말린 등의 소독제는 균체 원형질 중의 단백질 변성에 의한 소독 방법이다.

46 금속성 식기, 면 종류의 의류, 도자기의 소독에 적합한 소독 방법은?

① 화염멸균법　　② 건열멸균법
③ 소각소독법　　④ 자비소독법

 ④

자비소독법은 100℃ 이상에서 20분 이상 끓이는 방법으로 크레졸비누액 3% 첨가 시 세척효과를 높일 수 있다. 금속성 식기, 면 종류의 의류, 도자기의 소독에 적합하다.

47 다음 중 일광 소독은 주로 무엇을 이용한 것인가?

① 열선　　　　② 적외선
③ 가시광선　　④ 자외선

 ④

일광소독법은 살균 및 소독효과가 있는 자외선을 이용한 소독법으로, 260～280nm의 파장에서 살균력이 가장 강하다.

48 3%의 크레졸 비누액 900ml를 만드는 방법으로 옳은 것은?

① 크레졸 원액 270ml에 물 630ml를 가한다.
② 크레졸 원액 27ml에 물 873ml를 가한다.
③ 크레졸 원액 300ml에 물 600ml를 가한다.
④ 크레졸 원액 200ml에 물 700ml를 가한다.

 ②

900ml의 3%는 '900×0.03=27'이므로, 27ml의 크레졸 원액과 물은 '900-27=873', 즉 873ml를 가한다.

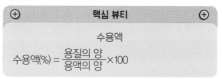

핵심 뷰티

수용액

$$수용액(\%) = \frac{용질의\ 양}{용액의\ 양} \times 100$$

49 승홍수에 대한 설명으로 옳지 않은 것은?

① 금속을 부식시키는 성질이 있다.
② 피부소독에는 0.1%의 수용액을 사용한다.
③ 염화칼륨을 첨가하면 자극성이 완화된다.
④ 살균력이 일반적으로 약한 편이다.

 ④

승홍수는 강한 살균력을 가진다.

50 다음 중 플라스틱 브러시의 소독방법으로 가장 알맞은 것은?

① 0.5%의 역성비누에 1분 정도 담근 후 물로 씻는다.
② 100℃의 끓는 물에 20분 정도 자비소독을 행한다.
③ 세척 후 자외선소독기를 사용한다.
④ 고압증기멸균기를 이용한다.

 정답 ③

브러시가 플라스틱으로 되어 있으므로, 세척 후 자외선소독기를 사용하여 소독한다.

51 다음 중 이·미용실에서 사용하는 수건을 철저하게 소독하지 않았을 때 주로 발생할 수 있는 감염병은?

① 장티푸스　② 트라코마
③ 페스트　　④ 일본뇌염

 정답 ②

트라코마는 환자의 눈곱으로 감염되므로 환자가 사용한 수건·세면기·침구 등은 다른 고객들의 것과 엄격하게 구별하여 사용하여야 한다.

52 이·미용사가 되고자 하는 자는 누구에게 면허를 받아야 하는가?

① 보건복지부장관
② 시·도지사
③ 시장·군수·구청장
④ 대통령

 정답 ③

이용사 또는 미용사가 되고자 하는 자는 시장·군수·구청장에게 면허를 받아야 한다.

53 이·미용업소의 시설 및 설비 기준으로 적합한 것은?

① 소독을 한 기구와 소독을 하지 아니한 기구를 구분하여 보관할 수 있는 용기를 비치하여야 한다.
② 소독기, 적외선 살균기 등 기구를 소독하는 장비를 갖추어야 한다.
③ 미용업(피부)의 경우 작업 장소 내 베드와 베드 사이에는 칸막이를 설치할 수 없다.
④ 작업장소와 응접장소, 상담실, 탈의실 등을 분리하여 칸막이를 설치하려는 때에는 각각 전체의 벽면적의 2분의 1 이상은 투명하게 하여야 한다.

  정답 ①

소독기, 자외선 살균기 등 기구를 소독하는 장비를 갖추어야 한다. 미용업(피부)의 경우 작업 장소 내 베드와 베드 사이에는 칸막이를 설치할 수 있다. 작업장소와 응접장소, 상담실, 탈의실 등을 분리하여 칸막이를 설치하려는 때에는 출입문의 3분의 1 이상은 투명하게 하여야한다.

제 **2** 장

CBT 기출복원문제

54 다음 중 이·미용사의 면허를 받을 수 없는 자는?

① 전문대학에서 이용 또는 미용에 관한 학과를 졸업한 자

② 교육부장관이 인정하는 이·미용고등학교를 졸업한 자

③ 교육부장관이 인정하는 고등기술학교에서 6개월 수학한 자

④ 국가기술자격법에 의한 이·미용사 자격 취득자

정답 ③

특성화고등학교, 고등기술학교나 고등학교 또는 고등기술학교에 준하는 각종학교에서 1년 이상 이용 또는 미용에 관한 소정의 과정을 이수한 자는 이용사 또는 미용사의 면허를 받을 수 있다.

⊕ **핵심 뷰티** ⊕

이·미용사의 면허를 받을 수 있는 자

• 전문대학 또는 이와 같은 수준 이상의 학력이 있다고 교육부장관이 인정하는 학교에서 이용 또는 미용에 관한 학과를 졸업한 자

• 대학 또는 전문대학을 졸업한 자와 같은 수준 이상의 학력이 있는 것으로 인정되어 이용 또는 미용에 관한 학위를 취득한 자

• 고등학교 또는 이와 같은 수준의 학력이 있다고 교육부장관이 인정하는 학교에서 이용 또는 미용에 관한 학과를 졸업한 자

• 특성화고등학교, 고등기술학교나 고등학교 또는 고등기술학교에 준하는 각종학교에서 1년 이상 이용 또는 미용에 관한 소정의 과정을 이수한 자

• 국가기술자격법에 의한 이용사 또는 미용사의 자격을 취득한 자

---

55 공익상 또는 선량한 풍속유지를 위하여 필요하다고 인정하는 경우에 이·미용의 영업시간 및 영업행위에 관한 필요한 제한을 할 수 있는 자는?

① 관련 전문기관 및 단체장

② 보건복지부장관

③ 시·도지사

④ 시장·군수·구청장

정답 ③

시·도지사는 공익상 또는 선량한 풍속을 유지하기 위하여 필요하다고 인정하는 때에는 공중위생영업자 및 종사원에 대하여 영업시간 및 영업행위에 관한 필요한 제한을 할 수 있다.

⊕ **핵심 뷰티** ⊕

영업의 제한

시·도지사는 공익상 또는 선량한 풍속을 유지하기 위하여 필요하다고 인정하는 때에는 공중위생영업자 및 종사원에 대하여 영업시간 및 영업행위에 관한 필요한 제한을 할 수 있다.

---

56 다음 중 공중위생감시원의 직무사항이 아닌 것은?

① 시설 및 설비의 확인에 관한 사항

② 영업자의 준수사항 이행 여부에 관한 사항

③ 위생지도 및 개선명령 이행 여부에 관한 사항

④ 세금납부의 적정 여부에 관한 사항

정답 ④

세금납부의 적정 여부에 관한 사항은 공중위생감시원의 직무와 관련이 없다.

57 다음 중 위생교육에 대한 내용으로 옳지 않은 것은?

① 위생교육을 받은 자가 위생교육을 받은 날부터 1년 이내에 위생교육을 받은 업종과 같은 업종의 변경을 하려는 경우에는 해당 영업에 대한 위생교육을 받은 것으로 본다.

② 위생교육의 내용은 「공중위생관리법」 및 관련 법규, 소양교육, 기술교육, 그 밖에 공중위생에 관하여 필요한 내용으로 한다.

③ 영업신고 전에 위생교육을 받아야 하는 자 중 천재지변, 본인의 질병, 사고, 업무상 국외출장 등의 사유로 교육을 받을 수 없는 경우에는 영업신고를 한 후 6개월 이내에 위생교육을 받을 수 있다.

④ 위생교육실시 단체는 교육교재를 편찬하여 교육대상자에게 제공하여야 한다.

 ①

위생교육을 받은 자가 위생교육을 받은 날부터 2년 이내에 위생교육을 받은 업종과 같은 업종의 영업을 하려는 경우에는 해당 영업에 대한 위생교육을 받은 것으로 본다.

58 이·미용영업소 안에 면허증 원본을 게시하지 않은 경우의 1차 위반시 행정처분기준은?

① 개선명령 또는 경고
② 영업정지 5일
③ 영업정지 10일
④ 영업정지 15일

 ①

이·미용영업소 안에 면허증 원본을 게시하지 않은 경우에 대한 1차 위반 시의 행정처분은 경고 또는 개선명령이다.

59 건전한 영업질서를 위하여 공중위생영업자가 준수해야 할 사항을 준수하지 아니한 자에 대한 벌칙기준은?

① 1년 이하의 징역 또는 1천만 원 이하의 벌금
② 6월 이하의 징역 또는 500만 원 이하의 벌금
③ 3월 이하의 징역 또는 300만 원 이하의 벌금
④ 300만 원 과태료

 ②

건전한 영업질서를 위하여 공중위생영업자가 준수해야 할 사항을 준수하지 아니한 자는 6월 이하의 징역 또는 500만 원 이하의 벌금에 처한다.

60 이·미용 영업과 관련된 청문을 실시해야 하는 경우에 해당되는 것은?

① 폐쇄명령을 받은 후 재개업을 하려 할 때
② 공중위생영업의 일부 시설의 사용중지 처분을 하고자 할 때
③ 과태료를 부과하려 할 때
④ 영업소의 간판 및 기타 영업표지물을 제거, 처분하려 할 때

 ②

이·미용 영업과 관련된 청문을 실시해야 하는 경우는 미용사의 면허취소 또는 면허정지, 영업정지명령, 일부 시설의 사용중지명령 또는 영업소 폐쇄명령이 있다.

> ⊕ **핵심 뷰티** ⊕
>
> **청문**
> • 미용사의 면허취소 또는 면허정지
> • 영업정지명령, 일부 시설의 사용중지명령 또는 영업소 폐쇄명령

CBT 기출복원문제　제3회

01 미용사가 미용을 시술하기 전 구상을 할 때 가장 우선적으로 고려해야 할 것은?

① 유행의 흐름 파악
② 고객의 얼굴형 파악
③ 고객의 희망사항 파악
④ 고객의 개성 파악

 ③

미용사는 고객의 니즈와 희망사항을 가장 우선적으로 고려하여 미용을 구상하여야 한다.

02 우리나라 고대 미용사에 대한 설명으로 옳지 않은 것은?

① 고구려시대 여인의 두발 형태는 여러 가지였다.
② 신라시대 부인들은 금은주옥으로 꾸민 가체를 사용하였다.
③ 백제시대 기혼녀는 머리를 틀어 올리고 처녀는 땋아 내렸다.
④ 계급에 상관없이 부인들은 모두 머리모양이 같았다.

 ④

우리나라 고대의 머리모양은 계급과 신분을 나타내는 표시의 역할을 하였다.

03 현대 미용에 있어 1920년대에 최초로 단발 머리를 하여 우리나라 여성들의 머리형에 혁신적인 변화를 일으키는 계기가 된 사람은?

① 이숙종
② 김활란
③ 김상진
④ 오엽주

 ②

1920년대 김활란 여사가 최초로 단발머리를 하여 우리나라 여성들의 머리형에 혁신적인 변화를 일으켰다.

04 흑색과 녹색의 두 가지 색으로 윗눈꺼풀에 악센트를 넣었으며, 붉은 찰흙에 샤프란을 조금씩 섞어 볼에 붉게 칠하고 입술 연지로도 사용한 시대는?

① 고대 그리스
② 고대 로마
③ 고대 이집트
④ 중국 당나라

 ③

고대 이집트는 서양 최초로 화장을 하였으며, 녹색과 검은색으로 눈꺼풀에 칠하고(아이섀도), 눈가에는 콜(Kohl)을 바르는(아이라인) 눈화장을 하였으며, 붉은 찰흙에 샤프란을 섞어 뺨에 칠하거나 입술 연지로 사용하였다.

05 신체부위 중 피부 두께가 가장 얇은 곳은?

① 손등 부위

② 볼 부위

③ 눈꺼풀 부위

④ 둔부

 ③

신체부위 중 피부 두께가 가장 얇은 곳은 눈꺼풀 부위의 피부이다.

06 피부 감각기관 중 피부에 가장 많이 분포되어 있는 것은?

① 온각점

② 통각점

③ 촉각점

④ 냉각점

 ②

피부에 가장 많이 분포되어 있는 감각 기관은 통각점이다.

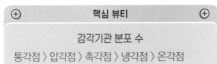

핵심 뷰티

감각기관 분포 수

통각점 > 압각점 > 촉각점 > 냉각점 > 온각점

07 두발의 결합 중 수분에 의해 일시적으로 변형되며, 드라이어의 열을 가하면 다시 재결합되어 형태가 만들어지는 결합은?

① s-s 결합

② 펩티드 결합

③ 수소 결합

④ 염 결합

 ③

수소 결합은 측쇄 결합으로, 수분에 의하여 일시적으로 변형되었다가 열에 의하여 다시 형태가 만들어지는 결합이다.

08 다음 중 알레르기에 의한 피부의 반응이 아닌 것은?

① 화장품에 의한 피부염

② 가구나 의복에 의한 피부질환

③ 비타민 과다에 의한 피부질환

④ 내복한 약에 의한 피부질환

 ③

식물, 금속, 화장품, 방부제, 약제, 고무, 합성수지, 가구나 의복 등 많은 원인 물질에 의해 나타나는 증상으로 식물로는 옻나무가 대표적이며, 금속으로는 니켈, 크롬, 코발트 및 수은 등이 있다.

제**2**장

CBT 기출복원문제

09 산과 합쳐지면 레티놀산이 되고, 피부의 각화작용을 정상화시키며, 피지 분비를 억제시켜 각질연화제로 많이 사용되는 비타민은?

① 비타민 A
② 비타민 B 복합제
③ 비타민 C
④ 비타민 D

 정답 ①

레티놀은 비타민 A의 한 종류로, 산과 합쳐지면 레티놀산이 된다. 비타민 A는 피부의 각화작용을 정상화시키며, 피지 분비를 억제시켜 각질연화제로 많이 사용된다.

10 다음 중 세포 재생이 더 이상 되지 않으며 기름샘과 땀샘이 없는 것은?

① 흉터
② 티눈
③ 두드러기
④ 습진

 정답 ①

흉터는 피부가 손상된 것으로 더 이상 세포가 재생되지 않는다. 따라서 흉터에는 기름샘과 땀샘이 없다.

11 기미, 주근깨의 관리 방법에 대한 설명으로 잘못된 것은?

① 외출시에는 화장을 하지 않고 기초손질만 한다.
② 자외선차단제가 함유되어 있는 일소방지용 화장품을 사용한다.
③ 비타민 C가 함유된 식품을 다량 섭취한다.
④ 미백 효과가 있는 팩을 자주 한다.

 정답 ①

기미, 주근깨를 관리하기 위해서는 외출시에는 자외선차단제가 함유되어 있는 일소방지용 화장품을 사용하고, 자외선에 과다하게 노출되지 않아야 한다.

12 파장이 가장 길고 인공선탠 시 활용하는 광선은?

① UV A
② UV B
③ UV C
④ γ선

 정답 ①

장파장 자외선 A(UV A)는 피부 탄력성 감소, 조기 노화, 주름 형성의 원인이 되며, 백내장 유발의 원인이 된다. 색소 침착작용과 선탠 작용을 하여, 인공선탠에 이용된다.

⊕ **핵심 뷰티** ⊕

장파장 자외선 A(UV A)

• 320~400nm의 장파장으로, 피부 진피층까지 도달한다.
• 피부 탄력성 감소, 조기 노화, 주름 형성의 원인이 되며, 백내장 유발의 원인이 된다.
• 선탠 작용을 하여, 인공선탠에 이용된다.

13 천연보습인자 성분 중 가장 많이 차지하는 것은?

① 아미노산
② 피롤리돈 카르복시산
③ 젖산염
④ 포름산염

 정답 ①

천연보습인자(NMF)란 각질층에서 수분을 붙잡아 두는 역할을 한다. 주로 아미노산(40%)과 아미노산의 산물로 구성되어 있으며, 미네랄, 유기산, 젖산염, 암모니아, 요소 등을 포함한다.

14 빗(comb)의 손질법에 대한 설명으로 옳지 않은 것은?(단, 금속 빗은 제외)

① 빗살 사이의 때는 솔로 제거하거나 심한 경우는 비눗물에 담근 후 브러시로 닦고 나서 소독한다.
② 증기 소독과 자비 소독 등 열에 의한 소독과 알코올 소독을 해준다.
③ 빗을 소독할 때는 크레졸수, 역성비누액 등이 이용되며, 세정이 바람직하지 않은 재질은 자외선으로 소독한다.
④ 소독용액에 오랫동안 담가두면 빗이 휘어지는 경우가 있어 주의하고 끄집어낸 후 물로 헹구고 물기를 제거한다.

 정답 ②

증기 소독과 자비 소독 등 열에 의한 소독을 통해 빗을 소독할 경우, 금속 빗 이외의 빗은 변형이 될 가능성이 크다.

15 브러시의 종류에 따른 사용목적에 대한 설명으로 옳지 않은 것은?

① 덴멘 브러시는 열에 강하여 두발에 텐션과 볼륨감을 주는 데 사용한다.
② 롤 브러시는 롤의 크기가 다양하고 웨이브를 만들기에 적합하다.
③ 스켈톤 브러시는 여성 헤어스타일이나 긴 머리를 정돈하는 데 주로 사용된다.
④ S형 브러시는 바람머리 같은 방향성을 살린 헤어스타일 정돈에 적합하다.

 정답 ③

스켈톤 브러시는 롤 브러시를 세로로 쪼개 놓은 듯 한 형태의 빗으로, 주로 남성용 헤어스타일이나 쇼트 헤어스타일에 많이 사용된다.

> ⊕ **핵심 뷰티** ⊕
>
> **스켈톤 브러시**
>
> 롤 브러시를 세로로 쪼개 놓은 듯 한 형태의 빗으로, 빗살의 간격이 넓다. 머리를 자연스러운 형태로 만드는데 적합하며, 주로 남성용 헤어스타일이나 쇼트 헤어 스타일에 많이 사용된다.

16 커트용 가위 선택 시 유의사항으로 옳은 것은?

① 일반적으로 협신에서 날 끝으로 갈수록 만곡도가 큰 것이 좋다.
② 양날의 견고함이 동일한 것이 좋다.
③ 일반적으로 도금된 것은 강철의 질이 좋다.
④ 잠금나사는 느슨한 것이 좋다.

 정답 ②

가위는 날이 얇고, 양 다리가 견고한 것이 좋으며 양날의 견고함이 동일한 것이 좋다. 협신에서 날 끝으로 갈수록 약간 내곡선인 것이 좋다.

17 다음 샴푸 시술 시 주의 사항이 아닌 것은?

① 손님의 의상이 젖지 않게 신경을 쓴다.
② 두발을 적시기 전에 물의 온도를 점검한다.
③ 손톱으로 두피를 문지르며 비빈다.
④ 다른 손님에게 사용한 타올은 쓰지 않는다.

정답

샴푸 시술 시 손톱을 이용하여 두피를 문지를 경우 두피의 손상 위험이 있으므로, 손톱을 주의하며 시술해야 한다.

<table><tr><td>⊕   핵심 뷰티   ⊕</td></tr></table>

샴푸 시술 시 주의 사항
- 두발을 적시기 전에 물의 온도를 점검한다 (36~38℃의 연수가 적당).
- 고객의 눈과 귀에 샴푸제가 들어가지 않도록 하며, 의상이 젖지 않게 한다.
- 다른 손님에게 사용한 타올은 쓰지 않는다.

18 알칼리성 비누로 샴푸한 두발에 가장 적당한 린스 방법은?

① 레몬 린스
② 플레인 린스
③ 컬러 린스
④ 알칼리성 린스

정답

알칼리성 비누로 샴푸한 두발에 가장 적당한 린스 방법은 산성 린스인 레몬 린스를 사용하여 두발에 남아 있는 알칼리 성분을 중화시켜 등전점을 회복시키는 것이다.

19 원랭스 커트(one-length cut)의 정의로 가장 적합한 설명은?

① 두발길이에 단차가 있는 상태의 커트
② 완성된 두발을 빗으로 빗어 내렸을 때 모든 두발이 동일 선상으로 떨어지도록 자르는 커트
③ 전체의 머리 길이가 똑같은 커트
④ 머릿결을 맞추지 않아도 되는 커트

정답

원랭스 커트(one-length cut)는 완성된 두발을 빗으로 빗어 내렸을 때 모든 두발이 동일 선상으로 떨어지도록 자르는 커트이다.

<table><tr><td>⊕   핵심 뷰티   ⊕</td></tr></table>

원랭스 커트(one-length cut)
- 일직선의 동일 선상에서 같은 길이가 되도록 커트하는 방법이다.
- 네이프의 길이가 짧고 톱으로 갈수록 길어지면서 모발에 층이 없이 동일 선상으로 자르는 커트 스타일이다.
- 자연 시술 각도 0°를 적용하여 커트하며, 면을 강조하는 스타일로 무게감이 최대에 이르고 질감이 매끄럽다.

20 1905년 찰스 네슬러가 퍼머넌트 웨이브를 어느 나라에서 발표했는가?

① 독일
② 영국
③ 미국
④ 프랑스

정답

1905년 찰스 네슬러가 영국 런던에서 스파이럴식 퍼머넌트 웨이브를 창안해 내었다.

21 다음 설명 중 두발의 다공성에 관한 사항으로 옳지 않은 것은?

① 다공성모(多孔性毛)란 두발의 간충물질(間充物質)이 소실되어 보습작용이 적어져서 두발이 건조해지기 쉬운 손상모를 말한다.

② 다공성은 두발이 얼마나 빨리 유액(乳液)을 흡수하느냐에 따라 그 정도가 결정된다.

③ 두발의 다공성 정도가 클수록 프로세싱 타임을 짧게 하고, 보다 순한 용액을 사용하도록 해야 한다.

④ 두발의 다공성을 알아보기 위한 진단은 샴푸 후에 해야 하는 데 이것은 물에 의해서 두발의 질이 다소 변할 수 있기 때문이다.

 ④

다공성모는 수분 흡수가 빠르므로, 두발의 다공성을 알아보기 위한 진단은 샴푸 전에 해야 한다.

> **핵심 뷰티**
>
> **두발의 다공성**
>
> 모발의 화학적 시술, 물리적 자극, 자외선 등에 의한 손상으로 모피질 내 간충물질이 소실되어 모발 내부에 구멍이 생기는 현상으로 다공성이 높을수록 수분 함량은 많아지며, 탄력성은 낮아진다. 프로세싱 타임을 짧게 하고, 보다 순한 용액을 사용하도록 해야 한다.

22 퍼머 제1액 처리에 따른 프로세싱 중 언더 프로세싱(under processing)의 설명으로 옳지 않은 것은?

① 언더 프로세싱은 프로세싱 타임 이상으로 제1액을 두발에 방치한 것을 말한다.

② 언더 프로세싱일 때에는 두발의 웨이브가 거의 나오지 않는다.

③ 언더 프로세싱일 때에는 처음에 사용한 솔루션보다 약한 제1액을 다시 사용한다.

④ 제1액의 처리 후 두발의 테스트를 컬로 언더 프로세싱 여부가 판명된다.

 ①

언더 프로세싱은 적정한 프로세싱 타임 이하로 제1액을 두발에 방치한 것을 말한다. 적정한 프로세싱 타임 이상으로 제1액을 두발에 방치한 것은 오버 프로세싱(over processing)이다.

> **핵심 뷰티**
>
> **프로세싱(processing) 타임**
>
> • 오버 프로세싱은 적정한 프로세싱 타임 이상으로 제1액을 두발에 방치한 것으로 지나친 컬이 나온다.
> • 언더 프로세싱은 적정한 프로세싱 타임 이하로 제1액을 두발에 방치한 것으로 컬이 잘 나오지 않는다.

제2장 CBT 기출복원문제

23 컬의 줄기 부분으로서 베이스(base)에서 피벗(pivot)까지의 부분을 무엇이라 하는가?

① 엔드
② 스템
③ 루프
④ 융기점

 ②

컬의 줄기 부분으로 베이스(base)에서 피벗(pivot)까지의 부분을 스템(stem)이라 한다.

24 물결상이 극단적으로 많은 웨이브로 곱슬곱슬하게 된 퍼머넌트의 두발에서 주로 볼 수 있는 것은?

① 와이드 웨이브
② 섀도 웨이브
③ 내로우 웨이브
④ 마셀 웨이브

 ③

내로우 웨이브(narrow wave)는 릿지와 릿지의 폭이 좁거나 커브가 급한 웨이브로, 파장이 많아 곱슬곱슬한 머리가 된다.

25 다음 중 플러프 뱅(fluff bang)을 설명한 것은?

① 가르마 가까이에 작게 낸 뱅
② 컬을 깃털과 같이 일정한 모양을 갖추지 않고 부풀려서 볼륨을 준 뱅
③ 두발을 위로 빗고 두발 끝을 플러프해서 내려뜨린 뱅
④ 풀 웨이브 또는 하프 웨이브로 형성한 뱅

 ②

플러프 뱅(fluff bang)은 컬을 깃털과 같이 일정한 모양을 갖추지 않고 부풀려서 볼륨을 준 뱅이다.

핵심 뷰티	
뱅의 종류	
웨이브 뱅	풀 웨이브 또는 하프 웨이브로 형성한 뱅
플러프 뱅	컬을 깃털과 같이 일정한 모양을 갖추지 않고 부풀려서 볼륨을 준 뱅
프린지 뱅	가르마 가까이에 작게 낸 뱅
프렌치 뱅	두발을 위로 빗고 두발 끝을 플러프해서 내려뜨린 뱅

26 마셀 웨이브에서 건강모인 경우에 아이론의 적정온도는?

① 80~100℃   ② 100~120℃
③ 120~140℃   ④ 140~160℃

 ③

마셀 웨이브에서 건강모인 경우에 아이론의 적정온도는 120~140℃이다.

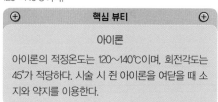

핵심 뷰티

아이론

아이론의 적정온도는 120~140℃이며, 회전각도는 45°가 적당하다. 시술 시 쥔 아이론을 여닫을 때 소지와 약지를 이용한다.

27 두피 타입에 알맞은 스캘프 트리트먼트 (scalp treatment) 시술방법의 연결이 올바르지 않은 것은?

① 건성 두피 – 드라이 스캘프 트리트먼트
② 지성 두피 – 오일리 스캘프 트리트먼트
③ 비듬성 두피 – 핫오일 스캘프 트리트먼트
④ 정상두피 – 플레인 스캘프 트리트먼트

 정답 ③

두피에 비듬이 많은 비듬성 두피는 댄드러프 스캘프 트리트먼트를 실시한다.

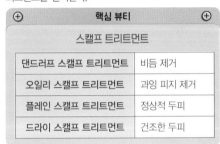

핵심 뷰티	
스캘프 트리트먼트	
댄드러프 스캘프 트리트먼트	비듬 제거
오일리 스캘프 트리트먼트	과잉 피지 제거
플레인 스캘프 트리트먼트	정상적 두피
드라이 스캘프 트리트먼트	건조한 두피

28 헤어스타일의 다양한 변화를 위해 사용되는 헤어 피스가 아닌 것은?

① 폴(fall)　　　　　② 위글렛(wiglet)
③ 웨프트(waft)　　　④ 위그(wig)

 정답 ④

위그(wig)는 전체 가발로 다양한 변화를 위해 사용되는 헤어 피스는 아니다.

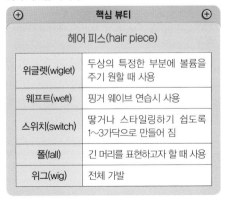

핵심 뷰티	
헤어 피스(hair piece)	
위글렛(wiglet)	두상의 특정한 부분에 볼륨을 주기 원할 때 사용
웨프트(weft)	핑거 웨이브 연습시 사용
스위치(switch)	땋거나 스타일링하기 쉽도록 1~3가닥으로 만들어 짐
폴(fall)	긴 머리를 표현하고자 할 때 사용
위그(wig)	전체 가발

29 미용의 과정이 바른 순서로 나열된 것은?

① 소재의 확인→구상→제작→보정
② 소재의 확인→보정→구상→제작
③ 구상→소재의 확인→제작→보정
④ 구상→제작→보정→소재의 확인

 정답 ①

미용의 과정은 '소재의 확인 → 구상 → 제작 → 보정' 순이다.

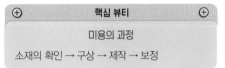

핵심 뷰티
미용의 과정
소재의 확인 → 구상 → 제작 → 보정

30 일상생활에서 여드름 치료 시 주의해야 할 사항에 해당하지 않는 것은?

① 과로를 피한다.
② 배변이 잘 이루어지도록 한다.
③ 식사 시 버터, 치즈 등을 가급적 많이 먹도록 한다.
④ 적당한 일광을 쪼일 수 없는 경우 자외선을 가볍게 조사받도록 한다.

 정답 ③

일상생활에서 여드름 치료 시 유지방(버터나 치즈)을 가급적 피해야 한다. 유지방은 피지의 분비를 촉진시킨다.

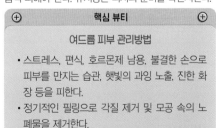

핵심 뷰티

여드름 피부 관리방법

• 스트레스, 편식, 호르몬제 남용, 불결한 손으로 피부를 만지는 습관, 햇빛의 과잉 노출, 진한 화장 등을 피한다.
• 정기적인 필링으로 각질 제거 및 모공 속의 노폐물을 제거한다.
• 알칼리성인 일반 비누의 사용을 피하고 피부의 피지막에 자극이 덜한 약산성 비누를 사용한다.

31 다음 중 컬을 구성하는 요소로 가장 거리가 먼 것은?

① 헤어 셰이핑(hair shaping)
② 헤어 파팅(hair parting)
③ 슬라이싱(slicing)
④ 스템(stem)의 방향

 ③

컬을 구성하는 요소로는 베이스, 루프, 스템, 스템의 방향, 헤어 셰이핑, 헤어 파팅 등이 있다.

32 일반적으로 아포크린샘(대한선)의 분포가 없는 곳은?

① 유두
② 겨드랑이
③ 배꼽 주변
④ 입술

 ④

아포크린선(대한선)은 겨드랑이, 성기, 유두 주변, 두피, 배꼽 주변, 사타구니, 항문 주변 등 특정 부위에만 존재한다.

33 세포분열을 통해 새롭게 손·발톱을 생산하는 곳은?

① 조체
② 조모
③ 조스피
④ 조하막

 ②

조모는 세포분열을 통하여 새롭게 손톱, 발톱을 생산하는 곳으로 임파관과 혈관, 신경이 존재한다.

34 일명 도시형, 유입형이라고도 하며 생산층 인구가 전체 인구의 50% 이상이 되는 인구 구성형은 무엇인가?

① 별형
② 항아리형
③ 농촌형
④ 종형

 ①

인구구성 중 별형은 일명 도시형, 인구 유입형이라고도 하며 생산층 인구가 전체 인구의 50% 이상이 되는 인구 구성형이다.

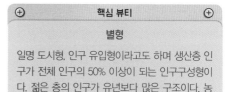

핵심 뷰티

별형

일명 도시형, 인구 유입형이라고도 하며 생산층 인구가 전체 인구의 50% 이상이 되는 인구구성형이다. 젊은 층의 인구가 유년보다 많은 구조이다. 농촌의 젊은이들이 도시에 유입되는 구조이다.

35 예방접종에 있어 생균백신을 사용하는 것은?

① 파상풍
② 결핵
③ 디프테리아
④ 백일해

 ②

예방접종시 결핵, 홍역, 폴리오, 탄저 등은 생균백신을 사용한다.

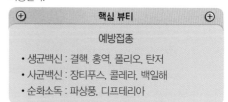

핵심 뷰티

예방접종

• 생균백신 : 결핵, 홍역, 폴리오, 탄저
• 사균백신 : 장티푸스, 콜레라, 백일해
• 순화소독 : 파상풍, 디프테리아

36 감염병 예방법 중 제3급 감염병이 아닌 것은?

① 유행성이하선염
② 파상풍
③ 일본뇌염
④ 말라리아

 ①

유행성이하선염은 제2급 감염병이다.

핵심 뷰티

제3급 법정 감염병

B형간염, C형간염, 뎅기열, CJD/vCJD, 공수병, 라임병, 레지오넬라증, 말라리아, 발진티푸스, 렙토스피라증, 발진열, 브루셀라증, 비브리오패혈증, 웨스트나일열, 일본뇌염, 신증후군출혈열, 유비저, 중증열성혈소판감소증후군, 지카바이러스감염증, 쯔쯔가무시증, 큐열, 진드기매개뇌염, 치쿤구니야열, 파상풍, 황열, 후천성면역결핍증(AIDS)

37 인수공통 감염병에 해당되지 않는 것은?

① 결핵
② 일본뇌염
③ 말라리아
④ 탄저병

 ③

인수공통감염병에는 장출혈성대장균감염증(O−157), 일본뇌염, 브루셀라증, 탄저병, 공수병, 동물인플루엔자 인체감염증, 중증급성호흡기증후군(SARS), 변종 크로이츠펠드−야콥병(vCJD), 큐열, 결핵, 중증열성혈소판감소증후군(SFTS) 등이 있다.

38 간흡충(간디스토마)에 관한 설명으로 틀린 것은?

① 인체 감염형은 피낭유충이다.
② 제1중간 숙주는 왜우렁이이다.
③ 인체 주요 기생부위는 간의 담도이다.
④ 경피감염한다.

 ④

간흡충(간디스토마)은 경구감염된다.

39 기온 및 기온측정 등에 관한 설명으로 적합하지 않은 것은?

① 실내에서는 통풍이 잘되는 직사광선을 받지 않는 곳에 매달아 놓고 측정하는 것이 좋다.
② 평균기온은 높이에 비례하여 하강하는데, 고도 11,000m 이하에서는 보통 100m당 0.5~0.7℃ 정도이다.
③ 측정할 때 수은주 높이와 측정자 눈의 높이가 같아야 한다.
④ 정상적인 날 하루 중 기온이 가장 낮을 때는 밤 12시경이고, 가장 높을 때는 오후 2시경이 일반적이다.

 ④

정상적인 날 하루 중 기온이 가장 낮을 때는 동트기 전인 새벽 4~5시이고, 가장 높을 때는 오후 2시경이 일반적이다.

40 환경오염 방지대책과 거리가 가장 먼 것은?

① 환경오염의 실태 파악
② 환경오염의 원인 규명
③ 행정대책과 법적 규제
④ 경제개발 억제 정책

  정답 ④

경제개발을 억제하는 정책은 환경오염을 방지하는 대책으로 적절하지 않다. 경제개발 자체가 환경오염의 원인으로 보기엔 어렵다.

41 일반적으로 식품의 부패란 무엇이 변질된 것인가?

① 비타민
② 탄수화물
③ 지방
④ 단백질

 정답 ④

일반적으로 식품의 부패란 주로 단백질이 변질되는 것을 의미한다.

42 산업피로의 대책으로 가장 거리가 먼 것은?

① 작업과정 중 적절한 휴식시간을 배분한다.
② 에너지 소모를 효율적으로 한다.
③ 개인차를 고려하여 작업량을 할당한다.
④ 휴직과 부서 이동을 권고한다.

  정답 ④

적절한 휴직 권고는 산업피로의 임시방편이 될 수 있으나 근본적인 대책이 될 수 없고, 부서 이동은 산업피로를 오히려 증가시킬 수 있다.

43 다음 내용 중 소독의 정의로 옳은 것은?

① 모든 미생물 일체를 사멸하는 것
② 모든 미생물을 열과 약품으로 완전히 죽이거나 또는 제거하는 것
③ 병원성 미생물의 생활력을 파괴하여 죽이거나 또는 제거하여 감염력을 없애는 것
④ 균을 적극적으로 죽이지 못하더라고 발육을 저지하고 목적하는 것을 변화시키지 않고 보존하는 것

  정답 ③

소독은 감염병의 감염을 방지할 목적으로 병원성 미생물(병원체)을 죽이거나 병원성을 약화시키는 것을 말한다.

> ⊕ **핵심 뷰티** ⊕
>
> **멸균과 방부**
> • 멸균 : 모든 병원성 미생물에 강한 살균력을 작용시켜 병원균, 비병원균, 아포 등을 완전 사멸시켜 무균 상태로 만드는 것을 말한다.
> • 방부 : 병원 미생물의 발육과 작용을 제거 또는 정지시켜 부패나 발효를 방지하는 것이다.

44 다음 중 세균의 단백질 변성과 응고작용에 의한 기전을 이용하여 살균하고자 할 때 주로 이용되는 방법은?

① 가열
② 희석
③ 냉각
④ 여과

정답 ①

단백질은 열을 가하거나 응고작용에 의하여 응고되면 세균의 기능이 상실된다.

45 이 · 미용업소에서 일반적 상황에서의 수건 소독법으로 가장 적합한 것은?

① 석탄산소독
② 크레졸소독
③ 자비소독
④ 적외선소독

정답 ③

자비소독법은 100℃ 이상에서 20분 이상 끓이는 방법으로 크레졸비누액 3% 첨가 시 세척효과를 높일 수 있다. 금속성 식기, 면 종류의 의류, 도자기의 소독에 적합하다.

46 자외선의 파장 중 살균력 가장 강한 범위는?

① 200~220nm
② 260~280nm
③ 300~320nm
④ 360~380nm

정답 ②

일광소독법은 살균 및 소독효과가 있는 자외선을 이용한 소독법으로, 260~280nm의 파장에서 살균력이 가장 강하다.

47 객담 등의 배설물 소독을 위한 크레졸 비누액의 가장 적합한 농도는?

① 0.1%
② 1%
③ 3%
④ 10%

정답 ③

배설물 소독을 위한 크레졸 비누액의 가장 적합한 농도 3%이다.

⊕ **핵심 뷰티** ⊕

크레졸

3%의 수용액을 주로 사용한다. 크레졸은 변소, 하수도, 진개 등의 오물 소독, 손 소독에 사용되며, 이·미용실 바닥의 소독용으로 사용된다.

제 **2** 장

CBT 기출복원문제

48 음용수 소독에 사용할 수 있는 소독제는?

① 요오드 ② 페놀
③ 염소 ④ 승홍수

 ③

염소는 살균력이 강할 뿐 아니라 자극성과 부식성이 강해서 상수 또는 하수 소독, 음용수 소독에 사용된다.

49 레이저(razor) 사용 시 헤어살롱에서 교차 감염을 예방하기 위해 주의할 점이 아닌 것은?

① 매 고객마다 새로 소독된 면도날을 사용해야 한다.
② 면도날을 매번 고객마다 갈아 끼우기 어렵지만, 하루에 한번은 반드시 새것으로 교체해야 한다.
③ 레이저 날이 한몸채로 분리가 안 되는 경우 70% 알코올을 적신 솜으로 반드시 소독 후 사용한다.
④ 면도날을 재사용해서는 안된다.

 ②

면도날을 매번 고객마다 갈아 끼워야 교차 감염을 막을 수 있다.

50 다음 중 이·미용업소에서 시술 과정을 통하여 감염될 수 있는 가능성이 가장 큰 질병 두 가지는?

① 뇌염, 소아마비 ② 피부병, 발진티푸스
③ 결핵, 트라코마 ④ 결핵, 장티푸스

 ③

결핵은 호흡기를 통하여, 트라코마는 수건을 통하여 이·미용업소 시술 과정 중 감염될 수 있다.

51 다음 중 이·미용사의 면허를 발급하는 기관이 아닌 것은?

① 서울시 마포구청장
② 제주도 서귀포시장
③ 인천시 부평구청장
④ 경기도지사

 ④

이·미용사의 면허 발급은 시장·군수·구청장이 한다.

52 다음 중 이용사 또는 미용사의 면허를 취소할 수 있는 대상에 해당되지 않는 자는?

① 정신질환자 ② 감염병환자
③ 금치산자 ④ 당뇨병환자

 ④

당뇨병환자는 이용사 또는 미용사의 면허 취소 대상이 아니다.

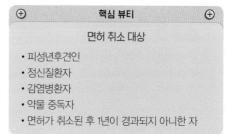

핵심 뷰티

면허 취소 대상

• 피성년후견인
• 정신질환자
• 감염병환자
• 약물 중독자
• 면허가 취소된 후 1년이 경과되지 아니한 자

53 대통령령이 정하는 바에 의하여 관계 전문기관 등에 공중위생관리 임무의 일부를 위탁할 수 있는 자는?

① 시 · 도지사
② 시장 · 군수 · 구청장
③ 보건복지부장관
④ 보건소장

 정답 ③

보건복지부장관은 대통령령이 정하는 바에 의하여 관계 전문기관에 그 업무의 일부를 위탁할 수 있다.

> ⊕ **핵심 뷰티** ⊕
>
> **위임 및 위탁**
> • 보건복지부장관은 공중위생관리법에 의한 권한의 일부를 대통령령이 정하는 바에 의하여 시 · 도지사 또는 시장 · 군수 · 구청장에게 위임할 수 있다.
> • 보건복지부장관은 대통령령이 정하는 바에 의하여 관계 전문기관에 그 업무의 일부를 위탁할 수 있다.

54 공중위생업소가 의료법을 위반하여 폐쇄명령을 받았다. 최소한 어느 정도의 기간이 경과되어야 같은 장소에서 동일영업이 가능한가?

① 3개월 ② 6개월
③ 9개월 ④ 12개월

 정답 ②

의료법을 위반하여 폐쇄명령을 받은 공중위생업소는 최소 6개월이 경과되어야 같은 장소에서 동일영업이 가능하다.

55 위생관리등급 공표사항으로 옳지 않은 것은?

① 시장 · 군수 · 구청장은 위생서비스평가결과에 따른 위생관리등급을 공중위생영업자에게 통보하고 공표한다.
② 공중위생영업자는 통보받은 위생관리등급의 표시를 영업소 출입구에 부착할 수 있다.
③ 시장 · 군수 · 구청정은 위생서비스평가결과에 따른 위생관리등급 우수업소에는 위생감시를 면제할 수 있다.
④ 시장 · 군수 · 구청장은 위생서비스평가의 결과에 따른 위생관리등급별로 영업소에 대한 위생감시를 실시하여야 한다.

 정답 ③

시 · 도지사 또는 시장 · 군수 · 구청장은 위생서비스평가의 결과 위생서비스의 수준이 우수하다고 인정되는 영업소에 대하여 포상을 실시할 수 있다.

56 이 · 미용사 면허가 일정기간 정지되거나 취소되는 경우는?

① 영업하지 아니할 때
② 해외에 장기 체류 중일 때
③ 다른 사람에게 대여해주었을 때
④ 교육을 받지 아니할 때

정답 ③

다른 사람에게 대여해주었을 때에는 이 · 미용사 면허가 일정기간 정지되거나 취소될 수 있다.

> ⊕ **핵심 뷰티** ⊕
>
> **면허증을 다른 사람에게 대여한 경우**
> • 1차 위반 : 면허정지 3월
> • 2차 위반 : 면허정지 6월
> • 3차 위반 : 면허취소

57 지위승계 신고를 하지 아니한 때에 대한 1차 위반 시 행정처분기준은?

① 경고
② 개선명령
③ 영업정지 5일
④ 영업정지 10일

 ①

지위승계 신고를 하지 아니한 경우에 대한 1차 위반 시의 행정처분은 경고이다.

> **핵심 뷰티**
>
> 지위승계 신고를 하지 아니한 경우
> • 1차 위반 : 경고
> • 2차 위반 : 영업정지 10일
> • 3차 위반 : 영업정지 1월
> • 4차 위반 : 영업장 폐쇄명령

58 영업소의 폐쇄명령을 받고도 영업을 하였을 시에 대한 벌칙은?

① 2년 이하의 징역 또는 3천만 원 이하의 벌금
② 1년 이하의 징역 또는 1천만 원 이하의 벌금
③ 200만 원 이하의 벌금
④ 100만 원 이하의 벌금

정답 ②

영업정지명령 또는 일부 시설의 사용중지명령을 받고도 그 기간 중에 영업을 하거나 그 시설을 사용한 자 또는 영업소 폐쇄명령을 받고도 계속하여 영업을 한 자는 1년 이하의 징역 또는 1천만 원 이하의 벌금에 처한다.

59 이 · 미용업소에 있어 청문을 실시해야 하는 경우가 아닌 것은?

① 면허취소 처분을 하고자 하는 경우
② 면허정지 처분을 하고자 하는 경우
③ 일부시설의 사용중지 처분을 하고자 하는 경우
④ 위생교육을 받지 아니하여 1차 위반한 경우

 ④

이 · 미용 영업과 관련된 청문을 실시해야 하는 경우는 미용사의 면허취소 또는 면허정지, 영업정지명령, 일부 시설의 사용중지명령 또는 영업소 폐쇄명령이 있다.

> **핵심 뷰티**
>
> 청문
> • 미용사의 면허취소 또는 면허정지
> • 영업정지명령, 일부 시설의 사용중지명령 또는 영업소 폐쇄명령

60 시장 · 군수 · 구청장이 영업정지가 이용자에게 심한 불편을 주거나 그 밖에 공익을 해할 우려가 있는 경우에 영업정지 처분에 갈음한 과징금을 부과할 수 있는 금액기준은?

① 1천만 원 이하
② 2천만 원 이하
③ 1억 원 이하
④ 4천만 원 이하

 ③

시장 · 군수 · 구청장은 영업정지가 이용자에게 심한 불편을 주거나 그 밖에 공익을 해할 우려가 있는 경우에는 영업정지 처분에 갈음하여 1억 원 이하의 과징금을 부과할 수 있다.

CBT 기출복원문제　제4회

01 미용술을 행할 때 제일 먼저 해야 하는 것은?

① 전체적인 조화로움을 검토하는 일
② 구체적으로 표현하는 과정
③ 작업계획의 수립과 구상
④ 소재 특징의 관찰 및 분석

 정답 ④

미용의 첫 단계는 소재의 확인이다.

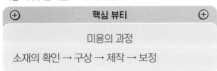

핵심 뷰티
미용의 과정
소재의 확인 → 구상 → 제작 → 보정

02 우리나라 고대 미용사에 대한 설명으로 옳지 않은 것은?

① 고구려시대 여인의 두발 형태는 여러 가지였다.
② 신라시대 부인들은 금은주옥으로 꾸민 가체를 사용하였다.
③ 백제시대 기혼녀는 머리를 틀어 올리고 처녀는 땋아 내렸다.
④ 계급에 상관없이 부인들은 모두 머리모양이 같았다.

 정답 ④

우리나라 고대의 머리모양은 계급과 신분을 나타내는 표시의 역할을 하였다.

03 한국 현대 미용사에 대한 설명 중 옳은 것은?

① 경술국치 이후 일본인들에 의해 미용이 발달했다.
② 1933년 일본인이 우리나라에 처음으로 미용원을 열었다.
③ 해방 전 우리나라 최초의 미용교육기관은 정화고등기술학교이다.
④ 오엽주씨가 화신 백화점 내에 미용원을 열었다.

정답 ④

경술국치 이후 현대 미용에 대한 관심이 생기면서, 신여성을 중심으로 헤어, 메이크업 등이 유행하였다. 1933년 우리나라 최초로 오엽주 여사가 서울 종로 화신백화점 안에 화신미용원을 개원하였다. 해방 전 우리나라 최초의 미용교육기관은 일본인이 설립한 다나까 미용학교이다.

핵심 뷰티	
한국 현대 미용사	
1920년대	이숙종 여사의 높은머리(일명 다까 머리)와 김활란 여사의 단발머리가 유행
1930년대	• 오엽주 여사가 서울 종로 화신백화점 안에 화신미용원을 개원(우리나라 최초, 1933) • 다나까 미용학교(일본인이 설립한 우리나라 최초 미용학교)

04 고대 중국 미용의 설명으로 옳지 않은 것은?

① 하(夏)나라 시대에는 분을 은(殷)나라의 주왕 때에는 연지화장이 사용되었다.
② 아방궁 3천명의 미희들에게 백분과 연지를 바르게 하고 눈썹을 그리게 했다.
③ 액황이라고 하여 이마에 발라 약간의 입체감을 주었으며 홍장이라 하여 백분을 바른 후 다시 연지를 덧발랐다.
④ 두발을 짧게 깎거나 밀어내고 그 위에 일광을 막을 수 있는 대용물로써 가발을 즐겨 썼다.

 ④

고대 미용의 발상지인 이집트는 기후에 의하여 머리를 짧게 깎거나 인모나 종려나무 잎 섬유로 된 가발을 사용하였다.

05 피부의 생리작용 중 지각 작용은?

① 피부 표면에 수증기를 발산한다.
② 피부의 땀샘, 피지선 모근에서 생리작용을 한다.
③ 피부 전체에 퍼져 있는 신경에 의해 촉각, 온각, 냉각, 통각 등을 느낀다.
④ 피부의 생리작용에 의해 생기는 노폐물을 운반한다.

 ③

피부의 지각(감각) 작용이란 피부에는 많은 종류의 감각 수용기가 있어 촉각, 통각, 압각, 냉각, 온각 등의 감각을 느낄 수 있다는 것이다.

06 피부의 기능이 아닌 것은?

① 피부는 강력한 보호작용을 지니고 있다.
② 피부는 체온의 외부발산을 막고 외부온도 변화가 내부로 전해지는 작용을 한다.
③ 피부는 땀과 피지를 통해 노폐물을 분비, 배설한다.
④ 피부도 호흡한다.

 ②

피부 모세혈관의 수축 및 확장과 한선의 땀 분비는 이용해 인체의 체온을 조절한다. 몸 내·외부의 열을 차단하거나 발산하는 것을 막아 체온을 유지하고, 외부온도의 변화가 직접적으로 내부에 전달되지 않도록 막는다.

> ⊕ **핵심 뷰티** ⊕
>
> **피부의 기능**
>
> 보호작용, 체온 조절작용, 분비 및 배설작용, 감각(지각)작용, 흡수작용, 재생작용, 면역작용, 호흡작용, 저장작용

07 피부에 있는 한선(땀샘) 중 대한선은 어느 부위에서 볼 수 있는가?

① 얼굴과 손·발
② 배와 등
③ 겨드랑이와 유두주변
④ 팔과 다리

 ③

대한선(아포크린선)은 겨드랑이, 성기, 유두 주변, 두피, 배꼽 주변, 사타구니, 항문 주변 등 특정 부위에만 존재한다.

08 두발의 색은 흑색, 적색, 갈색, 금발색, 백색 등 여러 가지 색이 있다. 다음 중 주로 검은 두발의 색을 나타나게 하는 멜라닌은?

① 유멜라닌(Eumelanin)
② 페오멜라닌(Pheomelanin)
③ 티로신(Tyrosine)
④ 멜라노사이트(Melanocyte)

정답 ①

유멜라닌은 갈색과 검은색을 나타내는 멜라닌이고, 페오멜라닌은 적색과 갈색을 나타내는 멜라닌이다.

09 쿠퍼로즈(couperose)라는 용어는 어떤 피부 상태를 표현하는 데 사용하는가?

① 거친 피부
② 매우 건조한 피부
③ 모세혈관이 확장된 피부
④ 피부의 pH 밸런스가 불균형인 피부

정답 ③

쿠퍼로즈란 모세혈관이 확장된 피부로 피부가 붉은 상태를 의미한다.

10 풋고추, 당근, 시금치, 달걀 노른자에 많이 들어 있는 비타민으로 피부각화작용을 정상적으로 유지시켜 주는 것은?

① 비타민 C ② 비타민 A
③ 비타민 K ④ 비타민 D

정답 ②

비타민 A는 상피보호 비타민으로, 상피세포 기능 유지, 면역 기전의 조절작용, 한선과 피지선의 조절을 한다.

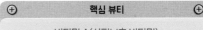
핵심 뷰티
비타민 A(상피보호 비타민)
• 기능 : 상피세포 기능 유지, 면역 기전의 조절작용, 한선과 피지선의 조절
• 결핍 증세 : 야맹증, 감염에 대한 저항력 감소, 거친 피부, 모건조(과잉시 탈모)
• 함유 식품 : 간유, 해조류, 달걀노른자, 우유, 치즈, 녹황색 채소 등

11 표피로부터 가볍게 흩어지고, 지속적이며 무의식적으로 생기는 죽은 각질세포를 무엇이라 하는가?

① 비듬 ② 농포
③ 두드러기 ④ 종양

정답 ①

비듬이란 두피로부터 가볍게 흩어지고, 지속적이며 무의식적으로 생기는 죽은 각질세포를 말한다.

핵심 뷰티
원발진의 종류
• 농포 : 표피 내에 백색, 황색, 녹황색 또는 출혈성 화농성 삼출물을 가지고 있는 표재성 피부공동이다.
• 종양 : 직경 2cm 이상의 피부의 증식물로 양성과 악성이 있다.

12 백반증에 관한 설명 중 옳지 않은 것은?

① 멜라닌 세포의 과다한 증식으로 일어난다.
② 백색반점이 피부에 나타난다.
③ 후천적 탈색소 질환이다.
④ 원형, 타원형 또는 부정형의 흰색 반점이 나타난다.

정답 ①

백반증은 멜라닌 세포의 기능이 저하되거나 상실되어 멜라닌 색소의 생산이 저하되었을 때 나타나는 증상이다.

13 자외선 B는 자외선 A보다 홍반 발생 능력이 몇 배 정도인가?

① 10배
② 100배
③ 1,000배
④ 10,000배

정답 ③

자외선 B는 홍반, 수포, 일광화상(급성화상)을 일으키며, DNA 손상으로 피부암을 유발한다. 중파장인 자외선 B는 장파장인 자외선 A에 비하여 1,000배 정도의 홍반 발생 능력을 가진다.

⊕ **핵심 뷰티** ⊕

중파장 자외선 B(UV B)

• 290~320nm의 중파장으로, 비타민 D 합성을 촉진한다.
• 진피의 상층부까지 도달하며, 피부 색소침착을 가속화한다.
• 홍반, 수포, 일광화상(급성화상)을 일으키며, DNA 손상으로 피부암을 유발한다.

14 다음 중 글리세린의 가장 중요한 작용은?

① 소독작용
② 수분유지작용
③ 탈수작용
④ 금속염 제거작용

정답   ②

글리세린의 가장 중요한 작용은 피부의 건조를 막아 피부를 부드럽고 촉촉하게 하는 것이다.

15 빗의 보관 및 관리에 관한 설명 중 옳은 것은?

① 빗은 사용 후 소독액에 계속 담가 보관한다.
② 소독액에서 빗을 꺼낸 후 물로 닦지 않고 그대로 사용해야 한다.
③ 증기 소독은 자주 해주는 것이 좋다.
④ 소독액은 석탄산수, 크레졸 비누액 등이 좋다.

정답   ④

빗은 사용 후 석탄산수, 크레졸 비누액 등의 소독액에 담갔다가 꺼내 물로 헹군 후 마른 수건을 통하여 물기를 닦아낸다.

16 브러시의 손질법으로 적절하지 않은 것은?

① 보통 비눗물이나 탄산소다수에 담그고 부드러운 털은 손으로 가볍게 비벼 빤다.
② 털이 빳빳한 것은 세정 브러시로 닦아낸다.
③ 털이 위로 가도록 하여 햇볕에 말린다.
④ 소독방법으로 석탄산수를 사용해도 된다.

 ③

브러시는 세정 후 털이 아래로 가도록 하여 그늘에 말린다.

17 강철을 연결시켜 만든 것으로 협신부(鋏身部)는 연강으로 되어 있고, 날 부분은 특수강으로 되어 있는 것은?

① 착강가위
② 전강가위
③ 틴닝가위
④ 레이저

 ①

착강가위(용접형)는 강철을 연결시켜 만든 것으로 협신부(鋏身部)는 연강으로 되어 있고, 날 부분은 특수강으로 되어 있다.

18 핫오일 샴푸에 대한 설명 중 잘못된 것은?

① 플레인 샴푸하기 전에 실시한다.
② 오일을 따뜻하게 해서 바르고 마사지한다.
③ 핫오일 샴푸 후 퍼머를 시술한다.
④ 올리브유 등의 식물성 오일이 좋다.

 ③

핫오일 샴푸 후 플레인 샴푸를 실시한다. 핫오일 샴푸는 식물성 오일이 좋다.

⊕ **핵심 뷰티** ⊕

핫오일 샴푸

염색, 퍼머넌트 등의 시술로 인하여 두피나 두발이 건조해 졌을 때 플레인 샴푸 전 따뜻한 올리브 유, 아몬드유 등의 식물성 오일을 사용한다.

19 퍼머넌트 직후의 처리로 옳은 것은?

① 플레인 린스
② 샴푸
③ 테스트 컬
④ 테이퍼링

 ①

퍼머넌트 직후 미지근한 물로 두발을 헹구는 플레인 린스를 한다.

⊕ **핵심 뷰티** ⊕

플레인 린스

가장 일반적인 방법으로, 린스제의 사용 없이 미지근한 물로 헹구는 방법을 말한다.

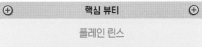

20 원랭스 커트의 방법에 대한 설명으로 옳지 않은 것은?

① 동일선상에서 자른다.
② 커트라인에 따라 이사도라, 스파니엘, 패러럴 등의 유형이 있다.
③ 짧은 단발의 경우 손님의 머리를 숙이게 하고 정리한다.
④ 짧은 머리에만 주로 적용된다.

 정답 ④

원랭스 커트는 네이프의 길이가 짧고 톱으로 갈수록 길어지면서 모발에 층이 없이 동일 선상으로 자르는 커트 스타일이다. 짧은 머리, 긴 머리 모두에 적용된다.

┌─────────────────────────┐
⊕ **핵심 뷰티** ⊕

원랭스 커트(one-length cut)

• 일직선의 동일 선상에서 같은 길이가 되도록 커트하는 방법이다.
• 네이프의 길이가 짧고 톱으로 갈수록 길어지면서 모발에 층이 없이 동일 선상으로 자르는 커트 스타일이다.
• 자연 시술 각도 0°를 적용하여 커트하며, 면을 강조하는 스타일로 무게감이 최대에 이르고 질감이 매끄럽다.
└─────────────────────────┘

21 화학약품의 작용만을 이용하여 콜드 웨이브를 처음으로 성공시킨 사람은?

① 마셀 그라또
② 죠셉 메이어
③ J.B 스피크먼
④ 챨스 네슬러

 정답 ③

화학약품의 작용만을 이용하여 콜드 웨이브를 처음으로 성공시킨 사람은 J.B 스피크먼이다.

22 퍼머넌트 웨이브를 하기 전의 조치사항으로 옳지 않은 것은?

① 필요시 샴푸를 한다.
② 정확한 헤어 디자인을 한다.
③ 린스 또는 오일을 바른다.
④ 두발의 상태를 파악한다.

 정답 ③

퍼머넌트 웨이브를 하기 전 정확한 헤어 디자인을 하고, 두발의 상태를 파악한다. 필요시에는 샴푸하거나, 린스 또는 오일을 바른다.

23 퍼머넌트 웨이브 시술 중 테스트 컬(test curl)을 하는 목적으로 가장 적합한 것은?

① 2액의 작용여부를 확인하기 위해서이다.
② 굵은 두발, 혹은 가는 두발에 로드가 제대로 선택되었는지 확인하기 위해서이다.
③ 산화제의 작용이 미묘하기 때문에 확인하기 위해서이다.
④ 정확한 프로세싱 시간을 결정하고 웨이브 형성 정도를 조사하기 위해서이다.

 정답 ④

테스트 컬(test curl)은 헤어펌의 웨이브 형성 정도를 확인하기 위한 과정으로 중간 테스트라고도 한다. 테스트 컬을 통하여 정확한 프로세싱 시간을 결정하고 웨이브 형성 정도를 파악할 수 있다.

┌─────────────────────────┐
⊕ **핵심 뷰티**

테스트 컬(test curl)

헤어펌의 웨이브 형성 정도를 확인하기 위한 과정으로 중간 테스트라고도 한다. 퍼머넌트 웨이브 시술 뒤 두발에 제1액의 작용 정도를 판단하여 정확한 프로세싱 타임을 결정하고 웨이브의 형성 정도를 조사한다.
└─────────────────────────┘

24 다음 중 헤어 컬링(hair curling)의 목적과 관계가 가장 적은 것은?

① 플랩
② 웨이브
③ 볼륨
④ 셰이빙

 ④

헤어 컬링에서 컬의 목적은 웨이브 형성, 볼륨 형성, 플러프 형성, 머리 끝의 변화 등이 있다.

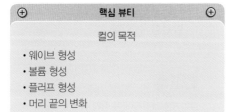

핵심 뷰티

컬의 목적

• 웨이브 형성
• 볼륨 형성
• 플러프 형성
• 머리 끝의 변화

25 웨이브 형상에 따른 분류 중 크레스트(crest)가 뚜렷하고 자연스럽게 되어 있는 것은?

① 내로우 웨이브
② 섀도 웨이브
③ 와이드 웨이브
④ 버티컬 웨이브

 ③

와이드 웨이브는 릿지와 릿지의 폭이 적당한 웨이브로 크레스트가 뚜렷하고 자연스럽다.

26 플러프 뱅(fluff bang)에 관한 설명으로 옳은 것은?

① 포워드 롤을 뱅에 적용시킨 것이다.
② 컬이 부드럽고 자연스럽게 모이도록 볼륨을 주는 것이다.
③ 가르마 가까이에 작게 낸 뱅이다.
④ 뱅으로 하는 부분의 두발을 업콤하여 두발 끝을 플러프해서 내린 것이다.

 ②

플러프 뱅(fluff bang)은 컬을 깃털과 같이 일정한 모양을 갖추지 않고 부풀려서 볼륨을 준 뱅으로, 컬이 부드럽고 자연스럽게 모이도록 볼륨을 주는 것이다.

27 헤어 블리치 시 밝기가 너무 어두운 경우의 원인과 가장 거리가 먼 것은?

① 블리치제가 마른 경우
② 프로세싱 기간을 짧게 잡았을 경우
③ 블리치제에 물을 희석해 사용하는 경우
④ 과산화수소수의 볼륨이 높을 경우

 ④

헤어 블리치 시 과산화수소수의 볼륨이 높을 경우 멜라닌 색소가 많이 파괴되어 탈색이 많이 일어난다. 따라서 밝기가 밝아지게 된다.

제 **2** 장

CBT 기출복원문제

28 비듬 제거를 위한 두피 손질 기술은?

① 플레인 스캘프 트리트먼트
② 오일리 스캘프 트리트먼트
③ 세보리아 스캘프 트리트먼트
④ 댄드러프 스캘프 트리트먼트

 정답 ④

두피에 비듬이 많은 비듬성 두피는 댄드러프 스캘프 트리트먼트를 실시한다.

29 위그 치수 측정 시 이마의 헤어라인에서 정중선을 따라 네이프의 움푹 들어간 지점까지를 무엇이라 하는가?

① 머리 길이
② 머리 둘레
③ 이마 폭
④ 머리 높이

 정답 ①

위그 치수 측정 시 이마의 헤어라인에서 정중선을 따라 네이프의 움푹 들어간 지점까지를 머리 길이라 하며, 평균적으로 30.5~32cm이다.

30 피서 후에 나타나는 피부증상으로 틀린 것은?

① 화상의 증상으로 붉게 달아올라 따끔따끔한 증상을 보일 수 있다.
② 많은 땀의 배출로 각질층의 수분이 부족해져 거칠어지고 푸석푸석한 느낌을 가지기도 한다.
③ 강한 햇살과 바닷바람 등에 의하여 각질층이 얇아져 피부자체 방어반응이 어려워지기도 한다.
④ 멜라닌 색소가 자극을 받아 색소병변이 발전할 수 있다.

 정답 ③

강한 햇살과 바닷바람 등에 의하여 광노화가 일어나 각질층이 두꺼워진다.

31 라이트 백 스템 포워드 컬(right back stem forward curl)에 해당하는 것은?

 정답 ③

라이트 백 스템 포워드 컬은 오른쪽 귀의 귀바퀴방향의 컬이다.

32 컬(curl)의 방향이나 웨이브의 흐름을 좌우하는 것은?

① 베이스(base)
② 스템(stem)
③ 루우프(loop)
④ 엔드오프컬(end of curl)

 ②

스템은 컬의 방향이나 웨이브의 흐름을 좌우하는 중요한 컬의 구성 요소이다.

핵심 뷰티

스템(stem)

높은 볼륨을 만들고자 할 때는 패널을 120°~135°로 빗어 올려 와인딩하면 온 더 베이스가 된다. 이것을 논 스템이라고도 한다. 중간 정도의 볼륨을 만들고자 할 때에는 패널을 90°로 빗어 올려 와인딩하면 하프 오프 베이스가 된다. 이것을 하프 스템이라고도 한다. 볼륨을 원하지 않을 때는 패널을 45°로 빗어서 와인딩하면 오프 베이스가 된다. 이것을 롱 스템이라고도 한다.

33 모발의 성분은 주로 무엇으로 이루어졌는가?

① 탄수화물
② 지방
③ 단백질
④ 칼슘

 ③

모발의 주성분은 단백질(케라틴)이다.

34 공중보건학의 목적으로 적절하지 않은 것은?

① 질병예방
② 수명연장
③ 육체적, 정신적 건강 및 효율의 증진
④ 물질적 풍요

 ④

공중보건학이란 조직적인 지역사회의 노력에 의하여 질병을 예방하고, 수명을 연장하며, 신체적·정신적 효율을 증진시키는 기술이며 과학이다.

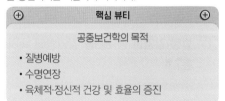

핵심 뷰티

공중보건학의 목적
· 질병예방
· 수명연장
· 육체적·정신적 건강 및 효율의 증진

35 한 나라의 보건수준을 측정하는 지표로서 가장 적절한 것은?

① 의과대학 설치수
② 국민소득
③ 감염병 발생률
④ 영아사망률

 ④

한 국가나 지역사회 간의 보건수준을 비교하는 데 사용되는 대표적인 3대 지표는 영아사망률, 비례사망지수, 평균수명이다.

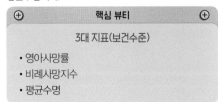

핵심 뷰티

3대 지표(보건수준)
· 영아사망률
· 비례사망지수
· 평균수명

36 호흡기계 감염병에 해당하지 않는 것은?

① 인플루엔자

② 유행성이하선염

③ 파라티푸스

④ 홍역

 ③

파라티푸스는 소화기계 감염병이다.

37 법정 감염병 중 제3급 감염병에 속하는 것은?

① 후천성면역결핍증

② 장티푸스

③ 탄저

④ 파라티푸스

 ①

장티푸스와 파라티푸스는 제2급 감염병이고, 탄저는 제1급 감염병이다.

> ⊕ **핵심 뷰티** ⊕
>
> **제3급 법정 감염병**
>
> B형간염, C형간염, 뎅기열, CJD/vCJD, 공수병, 라임병, 레지오넬라증, 말라리아, 발진티푸스, 렙토스피라증, 발진열, 브루셀라증, 비브리오패혈증, 웨스트나일열, 일본뇌염, 신증후군출혈열, 유비저, 중증열성혈소판감소증후군, 지카바이러스감염증, 쯔쯔가무시증, 큐열, 진드기매개뇌염, 치쿤구니아열, 파상풍, 황열, 후천성면역결핍증(AIDS)

38 오염된 주사기, 면도날 등으로 인해 감염이 잘 되는 만성 감염병은?

① 렙토스피라증　② 트라코마

③ B형간염　　　④ 파라티푸스

 ③

B형간염은 B형간염 바이러스에 감염된 혈액 등 체액에 의해 감염된다. 수직감염, 성적인 접촉이나 수혈, 오염된 주사기, 면도날 등에 의해서도 감염될 수 있다.

39 폐흡충증의 제2중간 숙주에 해당되는 것은?

① 잉어　　　　② 다슬기

③ 모래무지　　④ 가재

 ④

폐흡충증(폐디스토마)의 제2중간숙주는 게, 가재이다.

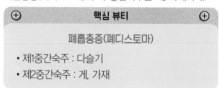

> ⊕ **핵심 뷰티** ⊕
>
> **폐흡충증(폐디스토마)**
>
> • 제1중간숙주 : 다슬기
> • 제2중간숙주 : 게, 가재

40 불쾌지수를 산출하는 데 고려해야 하는 요소들은?

① 기류와 복사열　② 기온과 기습

③ 기압과 복사열　④ 기온과 기압

 ②

불쾌지수를 산출하는 데 고려해야 하는 요소는 기온, 기습이다. 기온과 기습을 통해 사람이 느끼는 불쾌감을 수치화한 것을 불쾌지수라 한다.

41 수질오염의 지표로 사용하는 "생화학적 산소 요구량"을 나타내는 용어는?

① BOD
② DO
③ COD
④ SS

 정답 ①

BOD란 Biochemical Oxygen Demand의 약자로, 생화학적 산소요구량을 의미한다. 호기성 미생물이 일정 기간 동안 물 속에 있는 유기물을 분해할 때 사용하는 산소의 양을 말한다.

> ⊕ **핵심 뷰티** ⊕
>
> **BOD**
>
> Biochemical Oxygen Demand의 약자로, 생화학적 산소요구량을 의미한다. 호기성 미생물이 일정 기간 동안 물 속에 있는 유기물을 분해할 때 사용하는 산소의 양을 말한다. 수질오염의 지표로 사용하며, 수질오염이 심할 경우 생화학적 산소요구량(BOD)의 수치는 높아진다.

42 산업재해 방지를 위한 산업장 안전관리대책을 모두 고른 것은?

> ㄱ. 정기적인 예방접종
> ㄴ. 작업환경 개선
> ㄷ. 보호구 착용 금지
> ㄹ. 재해방지 목표 설정

① ㄱ, ㄴ, ㄷ
② ㄱ, ㄷ
③ ㄴ, ㄹ
④ ㄱ, ㄴ, ㄷ, ㄹ

 정답 ③

산업재해 방지를 위한 산업장 안전관리대책으로는 작업환경 개선, 보호구 착용, 재해방지 목표 설정 등이 있다.

43 독소형 식중독을 일으키는 세균이 아닌 것은?

① 포도상구균
② 보툴리누스균
③ 살모넬라균
④ 웰치균

 정답 ③

독소형 식중독을 일으키는 세균으로는 포도상구균, 보툴리누스균, 웰치균 등이 있으며 살모넬라균은 감염형 식중독을 일으킨다.

> ⊕ **핵심 뷰티** ⊕
>
> **세균성 식중독**
>
> • 독소형 식중독 : 포도상구균, 보툴리누스균, 웰치균
> • 감염형 식중독 : 살모넬라균, 장염 비브리오, 병원성 대장균

44 소독의 정의로 옳은 것은?

① 모든 미생물 일체를 사멸하는 것
② 모든 미생물을 열과 약품으로 완전히 죽이거나 또는 제거하는 것
③ 병원성 미생물의 생활력을 파괴하여 죽이거나 또는 제거하여 감염력을 없애는 것
④ 균을 적극적으로 죽이지 못하더라고 발육을 저지하고 목적하는 것을 변화시키지 않고 보존하는 것

 정답 ③

소독은 감염병의 감염을 방지할 목적으로 병원성 미생물(병원체)을 죽이거나 병원성을 약화시키는 것을 말한다.

45 다음 중 물리적 소독법에 속하지 않는 것은?

① 건열멸균법
② 고압증기멸균법
③ 크레졸소독법
④ 자비소독법

 정답 ③

크레졸소독법은 화학적 소독법에 속한다.

46 금속 기구를 자비소독할 때 탄산나트륨 (Na₂CO₃)을 넣으면 살균력도 강해지고 녹이 슬지 않는다. 이때의 가장 적정한 농도는?

① 0.1~0.5%
② 1~2%
③ 5~10%
④ 10~15%

 정답 ②

금속 기구를 자비소독할 때 1~2%의 탄산나트륨(Na₂CO₃) 을 넣으면 살균력도 강해지고 녹이 슬지 않는다.

47 코발트나 세슘 등을 이용한 방사선 멸균법의 단점이라 할 수 있는 것은?

① 시설설비에 소요되는 비용이 비싸다.
② 투과력이 약해 포장된 물품에 소독효과가 없다.
③ 소독에 소요되는 시간이 길다.
④ 고온에서 적용되기 때문에 열에 약한 기 구소독은 어렵다.

 정답 ①

방사선 멸균법은 대상물에 방사선을 방출하는 코발트, 세슘 등의 물질을 조사시켜 균을 죽이는 방법으로 시설 설비 비용이 비싸다는 단점이 있다.

48 객담 등의 배설물 소독을 위한 크레졸 비누 액의 가장 적합한 농도는?

① 0.1%
② 1%
③ 3%
④ 10%

 정답 ③

배설물 소독을 위한 크레졸 비누액의 가장 적합한 농도 3%이다.

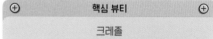

핵심 뷰티

크레졸

3%의 수용액을 주로 사용한다. 크레졸은 변소, 하수도, 진개 등의 오물 소독, 손 소독에 사용되며, 이 · 미용실 바닥의 소독용으로 사용된다.

49 살균력은 강하지만 자극성과 부식성이 강해서 상수 또는 하수 소독에 주로 이용되는 것은?

① 알코올
② 질산은
③ 승홍수
④ 염소

 ④

염소는 살균력이 강할 뿐 아니라 자극성과 부식성이 강해서 상수 또는 하수 소독, 음용수 소독에 사용된다.

50 다음 중 올바른 도구 사용법이 아닌 것은?

① 시술 도중 바닥에 떨어뜨린 빗을 다시 사용하지 않고 소독한다.
② 더러워진 빗과 브러시는 소독해서 사용해야 한다.
③ 에머리 보드는 한 고객에게만 사용한다.
④ 일회용 소모품은 경제성을 고려하여 재사용한다.

 ④

일회용 소모품은 사용 후 바로 버린다.

51 다음 중 여드름 짜는 기계를 소독하지 않고 사용했을 때 감염 위험이 큰 질병은?

① 후천성면역결핍증
② 결핵
③ 장티푸스
④ 이질

 ①

후천성면역결핍증은 환자의 체액이나 혈액을 통해 감염될 수 있다.

52 공중위생영업의 신고를 위하여 제출하는 서류에 해당하지 않는 것은?

① 영업시설 및 설비개요서
② 교육필증
③ 국유재산사용허가(국유철도 외의 철도 정거장 시설에서 영업하는 경우)
④ 재산세 납부 영수증

 ④

공중위생영업의 신고를 위하여 제출하는 서류는 영업시설 및 설비개요서, 교육필증, 면허증 원본, 국유재산사용허가(국유철도 외의 철도 정거장 시설에서 영업하는 경우) 등이다.

> **핵심 뷰티**
>
> **공중위생영업의 신고 제출서류**
>
> 영업시설 및 설비개요서, 교육수료증(미리 교육을 받은 경우), 면허증 원본, 국유재산 사용허가서(국유철도 정거장 시설 또는 군사시설에서 영업하려는 경우), 철도사업자(도시철도사업자를 포함)와 체결한 철도시설 사용계약에 관한 서류(국유철도 외의 철도 정거장 시설에서 영업하려고 하는 경우)

53 이·미용사 면허증을 분실하였을 때 누구에게 재교부 신청을 하여야 하는가?

① 보건복지부장관

② 시·도지사

③ 시장·군수·구청장

④ 협회장

 정답 ③

이·미용사 면허증을 분실하였을 때 시장·군수·구청장에게 재교부 신청을 하여야 한다.

54 이·미용업소에서의 면도기 사용에 대한 설명으로 가장 옳은 것은?

① 1회용 면도날만을 손님 1인에 한하여 사용

② 정비용 면도기를 손님 1인에 한하여 사용

③ 정비용 면도기를 소독 후 계속 사용

④ 매 손님마다 소독한 정비용 면도기 교체 사용

 정답 ①

이·미용업소에서의 면도기는 1회용 면도날만을 손님 1인에 한하여 사용한다.

55 다음 ( ) 안에 알맞은 내용은?

> 이·미용업 영업자가 공중위생관리법을 위반하여 관계해당기관 장의 요청이 있는 때에는 ( ) 이내의 기간을 정하여 영업의 정지 또는 일부 시설의 사용중지 혹은 영업소 폐쇄 등을 명할 수 있다.

① 3개월　　② 6개월

③ 1년　　④ 2년

 정답 ②

이·미용업 영업자가 공중위생관리법을 위반하여 관계해당기관 장의 요청이 있는 때에는 6개월 이내의 기간을 정하여 영업의 정지 또는 일부 시설의 사용중지 혹은 영업소 폐쇄 등을 명할 수 있다.

56 이용사 또는 미용사의 면허를 받지 아니한 자 중 이용사 또는 미용사 업무에 종사할 수 있는 자는?

① 이·미용 업무에 숙달된 자로서 이·미용사 자격증이 없는 자

② 이·미용사로서 업무정지 처분 중에 있는 자

③ 이·미용업소에서 이·미용사의 감독을 받아 이·미용업무를 보조하고 있는 자

④ 학원 설립, 운영에 관한 법률에 의하여 설립된 학원에서 3월 이상 이·미용에 관한 강습을 받은 자

 정답 ③

이·미용업소에서 이·미용사의 감독을 받아 이·미용업무를 보조하고 있는 자는 이용사 또는 미용사의 면허를 받지 아니한 자 중 이용사 또는 미용사 업무에 종사할 수 있는 자이다.

57 이 · 미용업소에서 이 · 미용 최종지불요금표를 게시하지 아니한 때의 1차 위반 행정처분 기준은?

① 경고 ② 영업정지 5일
③ 영업허가 취소 ④ 영업장 폐쇄명령

 정답 ①

이 · 미용업소에서 이 · 미용 최종지불요금표를 게시하지 아니한 때의 1차 위반 행정처분은 경고이다.

핵심 뷰티

이·미용업소에서 이·미용 최종지불요금표를 게시하지 아니한 경우

• 1차 위반 : 경고
• 2차 위반 : 영업정지 5일
• 3차 위반 : 영업정지 10일
• 4차 위반 : 영업정지 1월

58 음란한 물건을 손님에게 관람하게 하거나 진열 또는 보관한 때 1차 위반시 행정처분기준은?

① 경고 ② 영업정지 15일
③ 영업정지 20일 ④ 영업정지 30일

 정답 ①

음란한 물건을 손님에게 관람하게 하거나 진열 또는 보관한 때에 대한 1차 위반 시 행정처분은 경고이다.

핵심 뷰티

음란한 물건을 손님에게 관람하게 하거나 진열 또는 보관한 경우

• 1차 위반 : 경고
• 2차 위반 : 영업정지 15일
• 3차 위반 : 영업정지 1월
• 4차 위반 : 영업장 폐쇄명령

59 영업자의 지위를 승계한 자로서 신고를 하지 아니하였을 경우 해당하는 처벌기준은?

① 1년 이하의 징역 또는 1천만 원 이하의 벌금
② 6월 이하의 징역 또는 500만 원 이하의 벌금
③ 200만 원 이하의 벌금
④ 100만 원 이하의 벌금

 정답 ②

영업자의 지위를 승계한 자로서 신고를 하지 아니하였을 경우 해당하는 처벌기준은 6월 이하의 징역 또는 500만 원 이하의 벌금에 처한다.

60 다음 (   ) 안에 알맞은 것은?

시장·군수·구청장은 공중위생영업의 정지 또는 일부 시설의 사용중지 등의 처분을 하고자 하는 때에는 (   )을/를 실시하여야 한다.

① 위생서비스 수준의 평가
② 공중위생감사
③ 청문
④ 열람

 정답 ③

이 · 미용 영업과 관련된 청문을 실시해야 하는 경우는 미용사의 면허취소 또는 면허정지, 영업정지명령, 일부 시설의 사용중지명령 또는 영업소 폐쇄명령이 있다.

핵심 뷰티

청문

• 미용사의 면허취소 또는 면허정지
• 영업정지명령, 일부 시설의 사용중지명령 또는 영업소 폐쇄명령

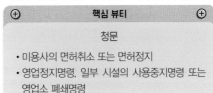

CBT 기출복원문제 제5회

01 헤어스타일 또는 화장술에서 개성미를 발휘하기 위한 첫 단계는?

① 소재의 확인 ② 제작
③ 구상 ④ 보정

 정답 ①

미용의 첫 단계는 소재의 확인이다.

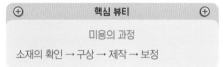

⊕ **핵심 뷰티** ⊕

미용의 과정

소재의 확인 → 구상 → 제작 → 보정

02 우리나라 미용사에서 면약(일종의 안면용 화장품)의 사용과 두발 염색이 최초로 행해졌던 시대는?

① 삼한 ② 삼국
③ 고려 ④ 조선

 정답 ③

고려시대에는 두발을 염색하고, 얼굴용 화장품(면약)을 사용하였다.

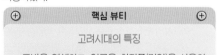

⊕ **핵심 뷰티** ⊕

고려시대의 특징

• 두발을 염색하고, 얼굴용 화장품(면약)을 사용하였다.
• 두발의 중간을 틀어 심홍색 갑사댕기로 머리를 묶었다.
• 일부의 남자는 개체변발을 하였다.
• 신분에 따른 화장법(분대화장)이 존재하였다.

03 염모제로 헤나(henna)를 진흙에 혼합하여 두발에 바르고 태양광선에 건조시켜 사용했던 최초의 나라는?

① 그리스
② 이집트
③ 로마
④ 중국

 정답 ②

이집트는 헤나(henna)를 진흙에 혼합하여 두발에 바르고 태양광선에 건조시켜 사용하여 두발 색상의 변화를 주었다.

04 피부 본래의 표면에 알칼리성의 용액을 pH 환원시키는 표피의 능력을 무엇이라 하는가?

① 환원작용
② 알칼리 중화능(中和能)
③ 산화작용
④ 산성 중화능

 정답 ②

피부의 산성도를 복구·환원 시키는 능력을 피부 중화능 또는 알칼리 중화능이라 한다.

05 피부가 느낄 수 있는 감각 중에서 가장 예민한 감각은?

① 통각
② 냉각
③ 촉각
④ 압각

 정답 ①

피부가 느낄 수 있는 감각 중에서 가장 예민한 감각은 통각이고, 가장 둔한 감각은 온각이다.

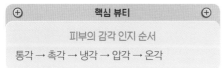

⊕ **핵심 뷰티** ⊕

피부의 감각 인지 순서

통각 → 촉각 → 냉각 → 압각 → 온각

06 피부의 기능이 아닌 것은?

① 피부는 강력한 보호작용을 지니고 있다.
② 피부는 체온의 외부발산을 막고 외부온도 변화가 내부로 전해지는 작용을 한다.
③ 피부는 땀과 피지를 통해 노폐물을 분비, 배설한다.
④ 피부도 호흡한다.

 정답 ②

피부 모세혈관의 수축 및 확장과 한선의 땀 분비는 이용해 인체의 체온을 조절한다. 몸 내·외부의 열을 차단하거나 발산하는 것을 막아 체온을 유지하고, 외부온도의 변화가 직접적으로 내부에 전달되지 않도록 막는다.

⊕ **핵심 뷰티** ⊕

피부의 기능

보호작용, 체온 조절작용, 분비 및 배설작용, 감각(지각)작용, 흡수작용, 재생작용, 면역작용, 호흡작용, 저장작용

07 피부색소의 멜라닌을 만드는 색소형성세포는 어느 층에 위치하는가?

① 과립층　　② 유극층
③ 각질층　　④ 기저층

 정답 ④

멜라닌색소를 만들어 내는 멜라닌세포는 주로 기저층에 존재한다.

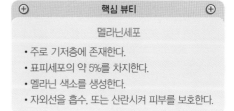

⊕ **핵심 뷰티** ⊕

멜라닌세포

• 주로 기저층에 존재한다.
• 표피세포의 약 5%를 차지한다.
• 멜라닌 색소를 생성한다.
• 자외선을 흡수, 또는 산란시켜 피부를 보호한다.

08 피지선에 대한 설명으로 틀린 것은?

① 피지를 분비하는 선으로 진피층에 위치한다.
② 피지선은 손바닥에 전혀 없다.
③ 피지의 1일 분비량은 10~20g 정도이다.
④ 피지선이 너무 많은 부위는 코 주위이다.

 정답 ③

피지선은 진피의 망상층에 위치하며, 모낭선에 연결되어 있다. 피부 표면의 모공을 통해 피지를 배출하는데 성인은 하루 1~2g 정도의 피지를 분비한다.

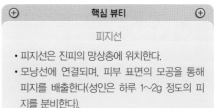

⊕ **핵심 뷰티** ⊕

피지선

• 피지선은 진피의 망상층에 위치한다.
• 모낭선에 연결되며, 피부 표면의 모공을 통해 피지를 배출한다(성인은 하루 1~2g 정도의 피지를 분비한다).
• 손·발바닥을 제외한 전선에 존재한다.

09 두발의 구성요소 중 피부 밖으로 나와 있는 부분은 어디인가?

① 피지선
② 모표피
③ 모구
④ 모유두

정답

두발의 구성요소 중 피부 밖으로 나와 있는 부분을 모간이라 하고, 모간은 모표피, 모피질, 모수질로 구성되어있다. 모표피는 최외표피, 외표피, 내표피로 구성되어있다.

> **핵심 뷰티**
>
> **두발의 구성요소**
> • 모근 : 모낭, 모유두, 모구, 모기질 세포, 색소 생성 세포, 입모근, 피지샘
> • 모간 : 모표피(cuticle), 모피질(cortex), 모수질(medulla)

10 다음 중 탄수화물, 지방, 단백질을 총칭하는 명칭은?

① 구성 영양소
② 열량 영양소
③ 조절 영양소
④ 구조 영양소

정답

탄수화물, 지방, 단백질은 3대 영양소로, 열량 영양소라고도 한다.

11 표피에서 자외선에 의해 합성되며, 칼슘과 인의 대사를 도와주고 발육을 촉진시키는 비타민은?

① 비타민 A   ② 비타민 C
③ 비타민 E   ④ 비타민 D

정답

비타민 D는 자외선을 받으면 피부에서 합성이 가능하고, 칼슘과 인의 대사를 도와주고 세포분열을 촉진시켜 발육을 촉진시킨다.

> **핵심 뷰티**
>
> **비타민 D(항구루병 비타민)**
> • 기능 : 자외선을 받으면 피부에서 합성 가능, 자외선으로부터 피부 보호, 세포분열 촉진
> • 결핍 증세 : 골다공증, 구루병, 습진, 건선, 경화증
> • 함유 식품 : 효모, 버섯, 어간유, 버터, 달걀

12 다음 중 태선화에 대한 설명으로 옳은 것은?

① 표피가 얇아지는 것으로 표피세포수의 감소와 관련이 있으며 종종 진피의 변화와 동반된다.
② 둥글거나 불규칙한 모양의 굴착으로 점진적인 괴사에 의해서 표피와 함께 진피의 소실이 오는 것이다.
③ 질병이나 손상에 의해 진피와 심부에 생긴 결손을 메우는 새로운 결체조직의 생성으로 생기며 정상치유 과정의 하나이다.
④ 표피 전체와 진피의 일부가 가죽처럼 두꺼워지는 현상이다.

정답

태선화란 표피 전체와 진피의 일부가 건조화되고 가죽처럼 두터워지고 유연성이 없어지며 딱딱해 지는 상태이다.

13 기계적 손상에 의한 피부질환이 아닌 것은?

① 굳은 살

② 티눈

③ 종양

④ 욕창

 ③

굳은 살, 티눈, 욕창은 기계적 손상에 의한 피부질환에 속하며, 종양은 원발진에 속한다.

14 사각형 얼굴에 잘 어울리는 헤어스타일의 설명으로 가장 거리가 먼 것은?

① 헤어파트는 얼굴의 각진 느낌에 변화를 줄 라운드사이드 파트를 한다.

② 두발형을 낮게 하여 옆선이 강조되도록 한다.

③ 이마의 직선적인 느낌을 감추기 위해 변화 있는 뱅을 한다.

④ 딱딱한 느낌을 피하고 곡선적인 느낌을 갖는 헤어스타일을 구상한다.

 ②

두발형을 낮게 하여 옆선이 강조되도록 헤어스타일을 하면 좋은 것은 장방형 얼굴이다.

> ⊕ **핵심 뷰티** ⊕
>
> 사각형 얼굴의 헤어스타일
>
> • 헤어파트는 얼굴의 각진 느낌에 변화를 줄 라운드사이드 파트를 한다.
> • 이마의 직선적인 느낌을 감추기 위해 변화 있는 뱅을 한다.
> • 딱딱한 느낌을 피하고 곡선적인 느낌을 갖는 헤어스타일을 구상한다.

15 보습제가 갖추어야 할 조건이 아닌 것은?

① 다른 성분과의 혼용성이 좋을 것

② 휘발성이 있을 것

③ 적절한 보습능력이 있을 것

④ 응고점이 낮을 것

 ②

보습제는 휘발성이 없어야 한다.

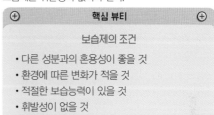

> ⊕ **핵심 뷰티** ⊕
>
> 보습제의 조건
>
> • 다른 성분과의 혼용성이 좋을 것
> • 환경에 따른 변화가 적을 것
> • 적절한 보습능력이 있을 것
> • 휘발성이 없을 것
> • 응고점이 낮을 것

16 다음 중 헤어 브러시로 가장 적합한 것은?

① 부드러운 나일론, 비닐계의 제품

② 탄력 있고 털이 촘촘히 박힌 강모로 된 것

③ 털이 촘촘한 것보다 듬성듬성 박힌 것

④ 부드럽고 매끄러운 연모로 된 것

 ②

헤어 브러시는 재질이 뻣뻣하고, 탄력 있고 촘촘히 박힌 강모로 된 것이 좋다.

제**2**장

CBT 기출복원문제

17 브러시 세정법으로 옳은 것은?

① 세정 후 털을 아래로 하여 양지에서 말린다.
② 세정 후 털을 아래로 하여 음지에서 말린다.
③ 세정 후 털을 위로 하여 양지에서 말린다.
④ 세정 후 털을 위로 하여 음지에서 말린다.

 정답 ②

브러시는 세정 후 털이 아래로 가도록 하여 그늘에 말린다.

18 커트용 가위 선택 시 유의사항으로 옳은 것은?

① 일반적으로 협신에서 날 끝으로 갈수록 만곡도가 큰 것이 좋다.
② 양날의 견고함이 동일한 것이 좋다.
③ 일반적으로 도금된 것은 강철의 질이 좋다.
④ 잠금나사는 느슨한 것이 좋다.

 정답 ②

가위는 날이 얇고, 양 다리가 견고한 것이 좋으며 양날의 견고함이 동일한 것이 좋다. 협신에서 날 끝으로 갈수록 약간 내곡선인 것이 좋다.

19 두발이 지나치게 건조해 있을 때나 두발의 염색에 실패했을 때 가장 적합한 샴푸 방법은?

① 플레인 샴푸　② 에그 샴푸
③ 약산성 샴푸　④ 토닉 샴푸

 정답 ②

에그 샴푸는 두발이 건조해 있을 때나 염색에 실패했을 때, 민감성 피부에 날달걀을 이용하는 샴푸 방법이다.

> **핵심 뷰티**
> 에그 샴푸
> 두발이 건조해 있을 때, 염색에 실패했을 때, 탈색 모발, 민감성 피부에 날달걀을 이용하는 샴푸 방법이다. 흰자는 세정에 효과적이고, 노른자는 영양공급에 효과적이다.

20 다음 중 커트를 하기 위한 순서로 올바르게 연결된 것은?

① 위그→수분→빗질→블로킹→슬라이스→스트랜드
② 위그→수분→빗질→블로킹→스트랜드→슬라이스
③ 위그→수분→슬라이스→빗질→블로킹→스트랜드
④ 위그→수분→스트랜드→빗질→블로킹→슬라이스

 정답 ①

커트를 하는 순서는 위그나 고객의 두발에 수분을 뿌려 빗질하고, 두상을 블로킹한다. 이후 슬라이스를 뜨고 스트랜드를 잡아 커트한다.

> **핵심 뷰티**
> 커트를 하기 위한 순서
> 위그 → 수분 분무 → 빗질 → 블로킹 → 슬라이스 → 스트랜드

21 다음 중 원랭스(one-length) 커트형에 해당되지 않는 것은?

① 평행보브형(parallel bob)
② 이사도라형(isadora bob)
③ 스파니엘형(spaniel bob)
④ 레이어형

 ④

원랭스(one-length) 커트형에는 평행보브(parallel bob), 스패니얼 보브(spaniel bob), 이사도라 보브(Isadora bob), 머시룸 커트(mushroom cut)가 있다.

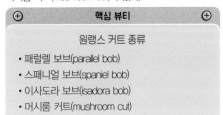
원랭스 커트 종류
- 패럴렐 보브(parallel bob)
- 스패니얼 보브(spaniel bob)
- 이사도라 보브(isadora bob)
- 머시룸 커트(mushroom cut)

22 두발에서 퍼머넌트 웨이브의 형성과 직접 관련이 있는 아미노산은?

① 시스틴(cystine)　② 알라닌(alanine)
③ 멜라닌(melanin)　④ 티로신(tyrosin)

 ①

퍼머넌트 웨이브는 모발의 측쇄 결합 중 황결합으로 만들어진 시스틴의 환원과 산화에 의해 가능하다.

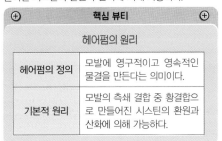

헤어펌의 정의	모발에 영구적이고 영속적인 물결을 만든다는 의미이다.
기본적 원리	모발의 측쇄 결합 중 황결합으로 만들어진 시스틴의 환원과 산화에 의해 가능하다.

23 다음 중 퍼머넌트 웨이브가 잘 나올 수 있는 경우는?

① 오버 프로세싱으로 시스틴이 지나치게 파괴된 경우
② 사전 샴푸 시 비누와 경수로 샴푸하여 두발에 금속염이 형성된 경우
③ 두발이 저항성모이거나 발수성모로서 경모인 경우
④ 와인딩 시 텐션(tension)을 적당히 준 경우

 ④

와인딩 시 텐션(tension)을 강하게 주면 두피와 두발을 손상시킬 수 있고, 약하면 컬이 처질 수 있으므로, 텐션을 적당히 주어야 퍼머넌트 웨이브가 잘 나올 수 있다.

24 퍼머넌트 웨이브(permanent wave) 시술 뒤 두발에 제1액의 작용 정도를 판단하여 정확한 프로세싱 타임을 결정하고 웨이브의 형성 정도를 조사하는 것은?

① 패치 테스트　② 스트랜드 테스트
③ 테스트 컬　④ 컬러 테스트

 ③

테스트 컬이란 퍼머넌트 웨이브 시술 뒤 두발에 제1액의 작용 정도를 판단하여 정확한 프로세싱 타임을 결정하고 웨이브의 형성 정도를 조사하는 것이다.

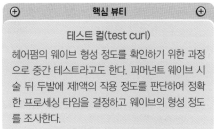
테스트 컬(test curl)
헤어펌의 웨이브 형성 정도를 확인하기 위한 과정으로 중간 테스트라고도 한다. 퍼머넌트 웨이브 시술 뒤 두발에 제1액의 작용 정도를 판단하여 정확한 프로세싱 타임을 결정하고 웨이브의 형성 정도를 조사한다.

25 베이스(base)는 컬 스트랜드의 근원에 해당한다. 다음 중 오블롱(oblong) 베이스는 어느 것인가?

① 오형 베이스
② 정방형 베이스
③ 장방형 베이스
④ 아크 베이스

 정답 ③

베이스(base)는 모양에 따라 오블롱, 스퀘어, 아크, 트라이앵귤러로 나누어 지고, 오블롱 베이스는 장방형 베이스이다.

핵심 뷰티	
베이스(base)	
스퀘어 베이스	정방형 베이스
오블롱 베이스	장방형 베이스
아크 베이스	호형 베이스
트라이앵귤러 베이스	삼각형 베이스

26 다음 용어의 설명으로 옳지 않은 것은?

① 버티컬 웨이브(vertical wave) : 웨이브 흐름이 수평인 것
② 리세트(re-set) : 세트를 다시 마는 것
③ 호리존탈 웨이브(horizontal wave) : 웨이브 흐름이 가로 방향인 것
④ 오리지널 세트(original set) : 기초가 되는 최초의 세트

 정답 ①

버티컬 웨이브(vertical wave)는 웨이브 흐름이 수직인 웨이브를 말한다.

27 뱅(bang)의 설명 중 잘못된 것은?

① 플러프 뱅 – 부드럽게 꾸밈없이 볼륨을 준 앞머리
② 포워드 롤 뱅 – 포워드 방향으로 롤을 이용하여 만든 뱅
③ 프린지 뱅 – 가르마 가까이에 작게 낸 뱅
④ 프렌치 뱅 – 풀 혹은 하프웨이브로 만든 뱅

 정답 ④

프렌치 뱅은 두발을 위로 빗고(업콤) 두발 끝을 플러프해서 내려뜨린 뱅이다.

28 헤어 블리치 시술상의 주의사항에 해당되지 않는 것은?

① 미용사의 손을 보호하기 위하여 장갑을 반드시 낀다.
② 시술 전 샴푸를 할 경우 브러싱을 하지 않는다.
③ 두피에 질환이 있는 경우 시술하지 않는다.
④ 사후 손질로서 헤어 리컨디셔너 사용은 가급적 피하도록 한다.

 정답 ④

사후 손질로서 헤어 리컨디셔닝을 하는 것이 좋다.

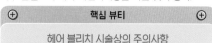

핵심 뷰티

헤어 블리치 시술상의 주의사항
• 미용사의 손을 보호하기 위하여 장갑을 반드시 낀다.
• 시술 전 샴푸를 할 경우 브러싱을 하지 않는다.
• 두피에 질환이 있는 경우 시술하지 않는다.
• 사후 손질로서 헤어 리컨디셔닝을 하는 것이 좋다.

29 두피 타입에 알맞은 스캘프 트리트먼트 (scalp treatment) 시술방법의 연결이 올바르지 않은 것은?

① 건성 두피 – 드라이 스캘프 트리트먼트
② 지성 두피 – 오일리 스캘프 트리트먼트
③ 비듬성 두피 – 핫오일 스캘프 트리트먼트
④ 정상두피 – 플레인 스캘프 트리트먼트

 ③

두피에 비듬이 많은 비듬성 두피는 댄드러프 스캘프 트리트먼트를 실시한다.

핵심 뷰티	
스캘프 트리트먼트	
댄드러프 스캘프 트리트먼트	비듬 제거
오일리 스캘프 트리트먼트	과잉 피지 제거
플레인 스캘프 트리트먼트	정상적 두피
드라이 스캘프 트리트먼트	건조한 두피

30 가발 손질법에 대한 설명으로 틀린 것은?

① 스프레이가 없으면 얼레빗을 사용하여 컨디셔너를 골고루 바른다.
② 두발이 빠지지 않도록 차분하게 모근 쪽에서 두발 끝 쪽으로 서서히 빗질을 해 나간다.
③ 두발에만 컨디셔너를 바르고 파운데이션에는 바르지 않는다.
④ 열을 가하면 두발의 결이 변형되거나 윤기가 없어지기 쉽다.

 ②

가발을 손질할 때에는 두발이 빠지지 않도록 차분하게 두발 끝 쪽에서 모근 쪽으로 서서히 빗질을 해 나간다.

31 스컬프처 컬(Sculpture curl)과 반대되는 컬은?

① 플래트 컬(Flat curl)
② 메이폴 컬(Maypole curl)
③ 리프트 컬(Lift curl)
④ 스탠드업 컬(Stand-up curl)

 ②

스컬프처 컬은 두발의 끝이 컬 루프의 중심이 되는 컬이고, 메이폴 컬은 두발의 끝이 컬 루프의 바깥이 되는 컬이다.

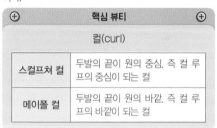

핵심 뷰티	
컬(curl)	
스컬프처 컬	두발의 끝이 원의 중심, 즉 컬 루프의 중심이 되는 컬
메이폴 컬	두발의 끝이 원의 바깥, 즉 컬 루프의 바깥이 되는 컬

32 피지분비가 많아 모공이 잘 막히고 노화된 각질이 두껍게 쌓여 있어 여드름이나 뾰루지가 잘 생기는 피부는?

① 건성피부 ② 민감성 피부
③ 복합성 피부 ④ 지성피부

 ④

지성피부는 모공이 넓고 모공에 피지가 쌓여 피부가 도톨도톨하여 블랙헤드가 보인다. 화장이 잘 받지 않고 쉽게 지워지며 피부가 번질거리고, 여드름과 부스럼이 많이 생긴다.

핵심 뷰티
지성피부
• 피지선 기능이 활발하여, 피지가 과다하게 분비된다. • 피부가 두터워 보이고 모공이 크며, 피부 결이 거칠다.

33 공중보건학의 목적과 거리가 먼 것은?

① 질병치료
② 수명 연장
③ 신체적 · 정신적 건강증진
④ 질병예방

 정답 ①

공중보건학이란 조직적인 지역사회의 노력에 의하여 질병을 예방하고, 수명을 연장하며, 신체적 · 정신적 효율을 증진시키는 기술이며 과학이다.

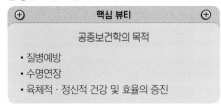
⊕ **핵심 뷰티** ⊕
공중보건학의 목적

• 질병예방
• 수명연장
• 육체적 · 정신적 건강 및 효율의 증진

34 한 국가나 지역사회의 건강수준을 나타내는 지표로서 대표적인 것은?

① 질병이환율
② 영아사망률
③ 신생아사망률
④ 조사망률

 정답 ②

한 국가나 지역사회 간의 보건수준을 비교하는 데 사용되는 대표적인 3대 지표는 영아사망률, 비례사망지수, 평균수명이다.

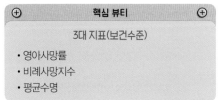
⊕ **핵심 뷰티** ⊕
3대 지표(보건수준)

• 영아사망률
• 비례사망지수
• 평균수명

35 예방접종에 있어서 디피티(DPT)와 무관한 질병은?

① 디프테리아
② 파상풍
③ 결핵
④ 백일해

 정답 ③

디피티(DPT)는 디프테리아(Diphtheria), 백일해(Pertussis), 파상풍(Tetanus)의 영문 앞 글자를 합친 말이다.

36 법정 감염병 중 제3급 감염병에 속하지 않는 것은?

① 성홍열
② 공수병
③ 렙토스피라증
④ 쯔쯔가무시증

 정답 ①

성홍열은 제2급 감염병이다.

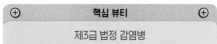
⊕ **핵심 뷰티** ⊕
제3급 법정 감염병

B형간염, C형간염, 뎅기열, CJD/vCJD, 공수병, 라임병, 레지오넬라증, 말라리아, 발진티푸스, 렙토스피라증, 발진열, 브루셀라증, 비브리오패혈증, 웨스트나일열, 일본뇌염, 신증후군출혈열, 유비저, 중증열성혈소판감소증후군, 지카바이러스감염증, 쯔쯔가무시증, 큐열, 진드기매개뇌염, 치쿤구니야열, 파상풍, 황열, 후천성면역결핍증(AIDS)

37 이 · 미용업소에서 B형간염의 감염을 방지하려면 다음 중 어느 기구를 가장 철저히 소독하여야 하는가?

① 수건
② 머리빗
③ 면도칼
④ 클리퍼(전동형)

 ③

B형간염은 B형간염 바이러스에 감염된 혈액 등 체액에 의해 감염된다. 수직감염, 성적인 접촉이나 수혈, 오염된 주사기, 면도칼 등에 의해서도 감염될 수 있다.

38 생활습관과 관계될 수 있는 질병과의 연결이 올바르지 않은 것은?

① 담수어 생식 – 간디스토마
② 여름철 야숙 – 일본뇌염
③ 경조사 등 행사 음식 – 식중독
④ 가재생식 –무구조충

 ④

가재를 생식할 경우 폐흡충증(폐디스토마)에 감염될 수 있다.

39 일반적으로 이 · 미용업소의 실내 쾌적습도 범위로 가장 알맞은 것은?

① 10~20%   ② 20~40%
③ 40~70%   ④ 70~90%

 ③

일반적인 이 · 미용업소의 실내 쾌적습도 범위는 40~70%이다.

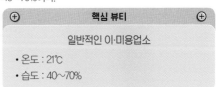

핵심 뷰티

일반적인 이·미용업소

• 온도 : 21℃
• 습도 : 40~70%

40 하수오염이 심할수록 생화학적 산소요구량(BOD)는 어떻게 되는가?

① 수치가 낮아진다.
② 수치가 높아진다.
③ 아무런 영향이 없다.
④ 높아졌다 낮아졌다 반복한다.

 ②

생화학적 산소요구량(BOD)는 수질오염의 지표로 사용하며, 수질오염이 심할 경우 생화학적 산소요구량(BOD)의 수치는 높아진다.

핵심 뷰티

생화학적 산소요구량(BOD)

Biochemical Oxygen Demand의 약자로, 생화학적 산소요구량을 의미한다. 호기성 미생물이 일정 기간 동안 물 속에 있는 유기물을 분해할 때 사용하는 산소의 양을 말한다. 수질오염의 지표로 사용하며, 수질오염이 심할 경우 생화학적 산소요구량(BOD)의 수치는 높아진다.

제**2**장

CBT 기출복원문제

41 직업병과 원인이 되는 관련 직업의 연결이 올바른 것은?

① 근시안 – 식자공
② 규폐증 – 용접공
③ 열사병 – 채석공
④ 잠함병 – 방사선기사

 ①

식자공의 대표적인 직업병으로는 근시안이 있다.

42 식품을 통한 식중독 중 독소형 식중독은?

① 포도상구균 식중독
② 살모넬라균에 의한 식중독
③ 장염 비브리오 식중독
④ 병원성 대장균 식중독

 ①

독소형 식중독을 일으키는 세균으로는 포도상구균, 보툴리누스균, 웰치균 등이 있다.

> ⊕ **핵심 뷰티** ⊕
>
> 세균성 식중독
> • 독소형 식중독 : 포도상구균, 보툴리누스균, 웰치균
> • 감염형 식중독 : 살모넬라균, 장염 비브리오, 병원성 대장균

43 비교적 약한 살균력을 작용시켜 병원 미생물의 생활력을 파괴하여 감염의 위험성을 없애는 조작은?

① 소독
② 고압증기멸균법
③ 방부처리
④ 냉각처리

 ①

소독은 감염병의 감염을 방지할 목적으로 병원성 미생물(병원체)을 죽이거나 병원성을 약화시키는 것을 말한다.

> ⊕ **핵심 뷰티** ⊕
>
> 소독과 멸균
> • 소독 : 감염병의 감염을 방지할 목적으로 병원성 미생물(병원체)을 죽이거나 병원성을 약화시키는 것을 말한다.
> • 멸균 : 모든 병원성 미생물에 강한 살균력을 작용시켜 병원균, 비병원균, 아포 등을 완전 사멸시켜 무균 상태로 만드는 것을 말한다.
> • 방부 : 병원 미생물의 발육과 작용을 제거 또는 정지시켜 부패나 발효를 방지하는 것이다.

44 물리적 소독법에 해당하는 것은?

① 승홍소독
② 크레졸소독
③ 건열소독
④ 석탄산소독

 ③

건열소독은 150~160℃의 건열 멸균기를 이용하는 물리적 소독법이다.

45 금속제품의 자비소독 시 살균력을 강하게 하고 금속의 녹을 방지하는 효과를 나타낼 수 있도록 첨가하는 약품은?

① 1~2%의 염화칼슘

② 1~2%의 탄산나트륨

③ 1~2%의 알코올

④ 1~2%의 승홍수

 ②

금속 기구를 자비소독할 때 1~2%의 탄산나트륨(Na₂CO₃)을 넣으면 살균력도 강해지고 녹이 슬지 않는다.

46 당이나 혈청과 같이 열에 의해 변성되거나 불안정한 액체의 멸균에 이용되는 소독법은?

① 저온살균법

② 여과멸균법

③ 간헐멸균법

④ 건열멸균법

 ②

여과멸균법은 열에 의하여 파괴되거나 변질되는 액상물질을 여과기에 통과시켜 미생물을 분리 제거하는 방법으로 약품이나 열사용이 불가한 경우에 사용한다.

47 다음 중 배설물의 소독에서 가장 적당한 것은?

① 크레졸

② 오존

③ 염소

④ 승홍수

 ①

배설물 소독을 위해 3%의 크레졸 비누액을 주로 사용한다.

48 다음 중 피부자극이 적어 상처표면의 소독에 가장 적당한 것은?

① 10% 포르말린

② 3% 과산화수소

③ 15% 염소화합물

④ 3% 석탄산

 ②

3% 과산화수소는 피부자극이 적어 상처표면의 소독에 주로 사용된다.

핵심 뷰티

과산화수소

• 3% 과산화수소는 피부자극이 적어 상처표면의 소독에 주로 사용된다.
• 살균 및 탈취뿐만 아니라 특히 표백의 효과가 있다.
• 구내염, 입 안 세척 및 상처소독하는 데 발포작용을 이용하여 소독이 가능하다.

제 **2** 장

CBT 기출복원문제

49 소독약 10ml를 용액(물) 40ml에 혼합시키면 몇 %의 수용액이 되는가?

① 2%

② 10%

③ 20%

④ 50%

  ③

소독약 10ml를 용액(물) 40ml에 혼합시키면 총 용액의 양은 50ml가 된다. 용액의 양이 50ml이고, 용질의 양이 10ml이므로, '10÷50×100=20', 즉 20%이다.

핵심 뷰티

수용액

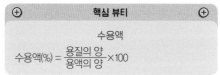

$$수용액(\%) = \frac{용질의 양}{용액의 양} \times 100$$

50 세균들은 외부환경에 대하여 저항하기 위해서 아포를 형성하는 데 다음 중 아포를 형성하지 않는 세균은?

① 탄저균

② 젖산균

③ 파상풍균

④ 보툴리누스균

 ②

아포를 형성하는 세균은 탄저균, 파상풍균, 보툴리누스균, 기종저균 등이 있다. 젖산균은 유산균이라고도 하며, 젖당과 포도당을 분해하여 젖산을 만드는 미생물이다.

51 공중위생관리법상 이·미용업자의 변경신고 사항에 해당되지 않는 것은?

① 영업소의 명칭 또는 상호변경

② 영업소의 소재지 변경

③ 영업정지 명령 이행

④ 대표자의 성명 또는 생년월일

  ③

이·미용업자의 변경신고사항으로는 영업소의 명칭 또는 상호, 영업소의 주소, 신고한 영업장 면적의 3분의 1 이상의 증감, 대표자의 성명 또는 생년월일, 숙박업 업종 간 변경, 미용업 업종 간 변경이 있다.

핵심 뷰티

변경신고사항

영업소의 명칭 또는 상호, 영업소의 주소, 신고한 영업장 면적의 3분의 1 이상의 증감, 대표자의 성명 또는 생년월일, 숙박업 업종 간 변경, 미용업 업종 간 변경

52 이·미용사 면허증의 재교부 사유가 아닌 것은?

① 성명 또는 주민등록번호 등 면허증의 기재사항에 변경이 있을 때

② 영업장소의 상호 및 소재지가 변경될 때

③ 면허증을 분실했을 때

④ 면허증이 헐어 못쓰게 된 때

  ②

영업장소의 상호 및 소재지가 변경될 때 시장·군수·구청장에게 변경신고를 하여야 한다.

53 영업소 안에 면허증을 게시하도록 "위생관리 의무 등"의 규정에 명시된 자는?

① 이 · 미용업을 하는 자
② 목욕장업을 하는 자
③ 세탁업을 하는 자
④ 건물위생관리업을 하는 자

정답 ①

이 · 미용업소 내에 이 · 미용업 신고증, 면허증 원본, 최종지불요금표를 반드시 게시하여야 한다.

54 영업소 폐쇄명령을 받고도 계속해서 영업을 하는 경우 관계 공무원으로 하여금 당해 영업소를 폐쇄하기 위하여 할 수 있는 조치가 아닌 것은?

① 당해 영업소의 간판 기타 영업 표지물의 제거
② 당해 영업소가 위법임을 알리는 게시물 등의 부착
③ 영업을 위하여 필수불가결한 기구 또는 시설물을 사용할 수 없게 하는 봉인
④ 영업 시설물의 철거

정답 ④

영업소 폐쇄명령을 받고도 계속해서 영업을 하는 경우에도 영업 시설물의 철거 조치는 할 수 없다.

> **⊕ 핵심 뷰티 ⊕**
>
> **공중위생영업소의 폐쇄**
> • 해당 영업소의 간판 기타 영업표지물의 제거
> • 해당 영업소가 위법한 영업소임을 알리는 게시물 등의 부착
> • 영업을 위하여 필수불가결한 기구 또는 시설물을 사용할 수 없게 하는 봉인

55 공중위생영업소 위생관리 등급의 구분에 있어 최우수 업소에 내려지는 등급은 다음 중 어느 것인가?

① 백색등급
② 황색등급
③ 녹색등급
④ 청색등급

정답 ③

공중위생영업소 위생관리 등급 중 녹색등급은 최우수 업소에 내려지는 등급이다.

56 1회용 면도날을 2인 이상의 손님에게 사용한 때에 1차 위반 시 행정처분은?

① 시정명령
② 경고
③ 영업정지 5일
④ 영업정지 10일

정답 ②

1회용 면도날을 2인 이상의 손님에게 사용한 때에 1차 위반 시 행정처분은 경고이다.

> **⊕ 핵심 뷰티 ⊕**
>
> **1회용 면도날을 2인 이상의 손님에게 사용한 경우**
> • 1차 위반 : 경고
> • 2차 위반 : 영업정지 5일
> • 3차 위반 : 영업정지 10일
> • 4차 위반 : 영업장 폐쇄명령

57 이·미용업소에서 음란행위를 알선 또는 제공 시 영업소에 대한 1차 위반시에 행정처분 기준은?

① 경고

② 영업정지 1월

③ 영업정지 3월

④ 영업소 폐쇄명령

 ③

이·미용업소에서 음란행위를 알선 또는 제공 시 영업소에 대한 1차 위반시에 행정처분은 영업정지 3월이다.

핵심 뷰티 ⊕ ⊕

음란행위를 알선 또는 제공한 경우(이·미용업소)

• 1차 위반 : 영업정지 3월

• 2차 위반 : 영업장 폐쇄명령

---

58 면허가 취소된 후 계속하여 업무를 행한 자에게 해당되는 벌칙은?

① 1년 이하의 징역 또는 1천만 원 이하의 벌금

② 6월 이하의 징역 또는 500만 원 이하의 벌금

③ 200만 원 이하의 과태료

④ 300만 원 이하의 벌금

 ④

면허가 취소된 후 계속하여 업무를 행한 자에게 해당되는 벌칙은 300만 원 이하의 벌금이다.

59 관계공무원의 출입·검사 기타 조치를 거부·방해 또는 기피했을 때 과태료 부과기준은?

① 300만 원 이하

② 200만 원 이하

③ 100만 원 이하

④ 50만 원 이하

 ①

보고를 하지 아니하거나 관계공무원의 출입·검사 기타 조치를 거부·방해 또는 기피한 자는 300만 원 이하의 과태료에 처한다.

60 다음 중 과태료 처분 대상에 해당하지 않는 자는?

① 관계공무원 출입·검사 등의 업무를 기피한 자

② 영업소 폐쇄명령을 받고도 영업을 계속한 자

③ 이·미용업소 위생관리 의무를 지키지 아니한 자

④ 위생교육 대상자 중 위생교육을 받지 아니한 자

 ②

영업정지명령 또는 일부 시설의 사용중지명령을 받고도 그 기간중에 영업을 하거나 그 시설을 사용한 자 또는 영업소 폐쇄명령을 받고도 계속하여 영업을 한 자는 1년 이하의 징역 또는 1천만 원 이하의 벌금에 처한다.

CBT 기출복원문제   제6회

01 헤어스타일(hair style) 또는 메이크업(make-up)에서 개성미를 발휘하기 위한 첫 단계는?

① 구상   ② 보정
③ 소재의 확인   ④ 제작

 정답 ③

미용의 첫 단계는 소재의 확인이다.

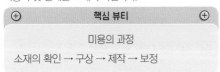

⊕ **핵심 뷰티** ⊕

미용의 과정

소재의 확인 → 구상 → 제작 → 보정

02 한국 고대 미용의 발달사에 대한 설명 중 적합하지 않은 것은?

① 헤어스타일(두발형)에 관해서 문헌에 기록된 고구려 벽화는 없었다.
② 헤어스타일(두발형)은 신분의 귀천을 나타냈다.
③ 헤어스타일(두발형)은 조선시대 때 쪽진머리, 큰머리, 조짐머리가 성행하였다.
④ 헤어스타일(두발형)에 관해서 삼한시대에 기록된 내용이 있다.

 정답 ①

고구려 벽화에 나타난 헤어스타일(모발형)을 통하여 그모습과 발달사를 알 수 있다.

03 현대 미용에 있어 1920년대에 최초로 단발머리를 하여 우리나라 여성들의 머리형에 혁신적인 변화를 일으키는 계기가 된 사람은?

① 이숙종
② 김활란
③ 김상진
④ 오엽주

 정답 ②

1920년대 김활란 여사가 최초로 단발머리를 하여 우리나라 여성들의 머리형에 혁신적인 변화를 일으켰다.

04 피부의 산성도가 외부의 충격으로 파괴된 후자연재생 되는데 걸리는 최소한의 시간은?

① 약 1시간 경과 후
② 약 2시간 경과 후
③ 약 3시간 경과 후
④ 약 4시간 경과 후

 정답 ②

피부의 산성도는 외부의 충격으로 파괴된 후 약 2시간경과 후 자연재생이 된다.

05 비늘모양의 죽은 피부세포가 연한 회백색 조각이 되어 떨어져 나가는 피부층은?

① 투명층 ② 유극층
③ 기저층 ④ 각질층

 ④

각질층은 외부 자극 및 이물질의 침투를 막아 피부를 보호한다. 비늘모양의 죽은 피부세포가 연한 회백색 조각이 되어 떨어져 나가게 하는 박리현상을 일으킨다.

> **핵심 뷰티** ⊕ ⊕
>
> **각질층**
> • 납작한 무핵의 죽은 세포층이다.
> • 10~20% 정도의 수분이 함유되어 있다.
> • 외부 자극 및 이물질의 침투를 막아 피부를 보호한다.
> • 케라틴(58%), 천연보습인자(38%) 등이 존재한다.
> • 비듬이나 때처럼 박리현상을 일으킨다.

06 다음 중 외부로부터 충격이 있을 때 완충작용으로 피부를 보호하는 역할을 하는 것은?

① 피하지방과 모발
② 한선과 피지선
③ 모공과 모낭
④ 외피각질층

 ①

피하지방과 모발은 외부로부터 충격이 있을 때 완충작용으로 피부를 보호하는 역할을 한다.

> **핵심 뷰티** ⊕ ⊕
>
> **피하지방층**
> • 진피와 근육, 골격 사이에 존재한다.
> • 체온 유지, 수분 조절, 탄력성 유지, 외부 충격으로부터 몸을 보호한다.

07 피부세포가 기저층에서 생성되어 각질층으로 되어 떨어져 나가기까지의 기간을 피부의 1주기(각화주기)라 한다. 성인에 있어서 건강한 피부인 경우 1주기는 보통 며칠인가?

① 45일
② 28일
③ 15일
④ 7일

 ②

건강한 성인에 있어서 피부세포가 떨어져 나가기까지의 기간은 보통 4주(28일)이다.

08 피지에 대한 설명으로 잘못된 것은?

① 피지는 피부나 털을 보호하는 작용을 한다.
② 피지는 외부로 분출이 안 되면 여드름 요소인 면포로 발전한다.
③ 일반적으로 남자는 여자보다도 피지의 분비가 많다.
④ 피지는 아포크린한선(apocrine sweat gland)에서 분비된다.

 ④

피지는 피지선에서 분비되며, 모공을 통해 배출된다.

09 털의 색상에 대한 원인을 연결한 것 중 가장 거리가 먼 것은?

① 검은색 – 멜라닌 색소를 많이 함유하고 있다.

② 금색 – 멜라닌 색소의 양이 많고 크기가 크다.

③ 붉은색 – 멜라닌 색소에 철성분이 함유되어 있다.

④ 흰색 – 유전, 노화, 영양결핍, 스트레스가 원인이다.

 ②

털에 멜라닌 색소의 양이 많고 크기가 크면 검은색이 강하게 나타나고, 금색은 멜라닌 색소의 양이 적고 크기가 작다.

10 민감성 피부에 대한 설명으로 가장 적합한 것은?

① 피지의 분비가 적어서 거친 피부

② 어떤 물질에 큰 반응을 일으키는 피부

③ 땀이 많이 나는 피부

④ 멜라닌 색소가 많은 피부

 ②

민감성 피부는 어떤 물질에 큰 반응을 일으키거나 붉어지는 피부로, 각질층이 얇다.

⊕ **핵심 뷰티** ⊕

민감성피부

• 피부가 붉어지거나 민감한 반응을 보이며, 각질층이 얇다.

• 과도한 자외선 노출이나 칼슘 부족에 의하여 생길 수 있다.

• 모공이 작고, 피부의 수분부족으로 피부당김현상이 나타나고 발열감이 있다.

11 비타민이 결핍되었을 때 발생하는 질병의 연결이 틀린 것은?

① 비타민 B_1 – 각기증

② 비타민 D – 괴혈증

③ 비타민 A – 야맹증

④ 비타민 E – 불임증

 ②

괴혈증은 비타민 C가 결핍되었을 때 나타나는 증상이다.

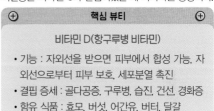

⊕ **핵심 뷰티** ⊕

비타민 D(항구루병 비타민)

• 기능 : 자외선을 받으면 피부에서 합성 가능, 자외선으로부터 피부 보호, 세포분열 촉진

• 결핍 증세 : 골다공증, 구루병, 습진, 건선, 경화증

• 함유 식품 : 효모, 버섯, 어간유, 버터, 달걀

12 피부에 여드름이 생기는 것은 다음 중 어느 것과 직접 관계되는가?

① 한선구가 막혀서

② 피지에 의해 모공이 막혀서

③ 땀의 발산이 순조롭지 않아서

④ 혈액순환이 나빠서

 ②

여드름은 피지의 과다한 분비로 인하여 모공이 막혀 생기는 염증으로 인한 피부질환이다.

제**2**장

CBT 기출복원문제

13 기미를 악화시키는 주원인이 아닌 것은?

① 경구 피임약의 복용
② 임신
③ 자외선 차단
④ 내분비이상

 ③

자외선에 과다하게 노출될 경우 기미를 악화시킬 수 있다.

> **핵심 뷰티**
>
> 기미
> • 후천성 피부 변화로 자외선 과다 노출이나, 임신(임산부의 약 70%에서 발생) 등으로 발생한다.
> • 에스트로겐 과다, 프로게스테론 과다, 갑상선기능 저하 시에 나타난다.

14 태양광선 중 가장 강한 살균작용을 하는 것은?

① 중적외선
② 가시광선
③ 원적외선
④ 자외선

 ④

자외선은 태양광선 중 가장 강한 살균작용을 한다.

> **핵심 뷰티**
>
> 자외선의 영향
> • 살균 및 소독효과가 있다.
> • 비타민 D를 형성한다.
> • 구루병을 예방하고 면역력을 강화시킨다.
> • 혈관 및 림프의 순환을 자극하여 신진대사를 활성화한다.

15 아하(AHA)의 설명이 아닌 것은?

① 각질제거 및 보습기능이 있다.
② 글리콜릭산, 젖산, 사과산, 주석산, 구연산이 있다.
③ 알파 하이드록시카프로익에시드(Alpha Hydroxycaproic Acid)의 약자이다.
④ 피부와 점막에 약간의 자극이 있다.

 ③

아하(AHA)는 Alpha Hydroxy Acid의 약자이다.

16 헤어 세트용 빗의 사용과 취급방법에 대한 설명으로 올바르지 않은 것은?

① 두발의 흐름은 아름답게 매만질 때는 빗살이 고운살로 된 세트빗을 사용한다.
② 엉킨 두발을 빗을 때는 빗살이 얼레살로 된 얼레빗을 사용한다.
③ 빗은 사용 후 브러시로 털거나 비눗물에 담가 브러시로 닦은 후 소독한다.
④ 빗의 소독은 손님 약 5인에게 사용했을 때 1회씩 하는 것이 적합하다.

 ④

빗의 소독은 손님 1인에게 사용했을 때 1회씩 하는 것이 적합하다.

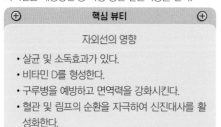

17 다음 명칭 중 가위에 속하는 것은?

① 핸들

② 피벗

③ 프롱

④ 그루브

 ②

가위의 피벗 나사는 양쪽 몸체를 하나로 고정시켜주는 나사이다.

18 가위를 선택하는 방법으로 옳은 것은?

① 양날의 견고함이 동일하지 않아도 무방하다.

② 만곡도가 큰 것을 선택한다.

③ 협신에서 날 끝이 내곡선상으로 된 것을 선택한다.

④ 만곡도와 내곡선상을 무시해도 사용상 불편함이 없다.

 ③

가위는 날이 얇고, 양 다리가 견고한 것이 좋으며 양날의 견고함이 동일한 것이 좋다. 협신에서 날 끝으로 갈수록 약간 내곡선인 것이 좋다.

19 헤어 샴푸의 목적과 가장 거리가 먼 것은?

① 두피와 두발에 영양을 공급

② 헤어 트리트먼트의 효과를 높이는 기초

③ 두발의 건전한 발육 촉진

④ 청결한 두피와 모발상태를 유지

 ①

치료 · 의약 헤어 샴푸의 경우 두피와 두발에 영양을 공급하기 위한 목적을 가지지만 일반적인 헤어 샴푸의 목적이라고 하기엔 어렵다. 일반적으로 헤어 샴푸의 목적은 두피와 모발의 청결상태유지 및 세정, 두발의 건전한 발육 촉진, 두발의 시술 용이성 등이 있다.

20 웨트 커팅(wet cutting)에 대한 설명으로 적합한 것은?

① 손상모를 손쉽게 추려낼 수 있다.

② 웨이브나 컬이 심한 두발에 적합한 방법이다.

③ 길이 변화를 많이 주지 않을 때 이용한다.

④ 두발의 손상을 최소화 할 수 있다.

 ④

웨트 커팅(wet cutting)은 두발을 물에 적셔 시술하는 커팅으로, 두발이 젖은 상태이므로 커팅하기 적당하고 두발의 손상을 최소화 할 수 있다.

> ⊕ **핵심 뷰티** ⊕
>
> **커팅(cutting)**
>
> • 웨트 커팅(wet cutting) : 두발을 물에 적셔 시술하는 커팅으로, 두발이 젖은 상태이므로 커팅하기 적당하고 두발의 손상을 최소화 할 수 있다.
> • 드라이 커팅(dry cutting) : 두발을 물에 적시지 않고 시술하는 커팅으로, 두발의 형태를 파악하기는 쉬우나 두발 손상의 우려가 있다.

21 다음 중 블런트 커트(blunt cut)와 같은 의미인 것은?

① 클럽 커트(club cut)

② 싱글링(singling)

③ 클리핑(clipping)

④ 트리밍(trimming)

 정답 ①

블런트 커트(blunt cut)는 직선적으로 커트를 하고, 잘린 부분이 명확하다. 블런트 커트(blunt cut)는 클럽 커트(club cut)라고도 한다.

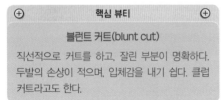

⊕ **핵심 뷰티** ⊕

블런트 커트(blunt cut)

직선적으로 커트를 하고, 잘린 부분이 명확하다. 두발의 손상이 적으며, 입체감을 내기 쉽다. 클럽 커트라고도 한다.

22 두발에서 퍼머넌트 웨이브의 형성과 직접 관련이 있는 아미노산은?

① 시스틴(cystine)

② 알라닌(alanine)

③ 멜라닌(melanin)

④ 티로신(tyrosin)

 정답 ①

퍼머넌트 웨이브는 모발의 측쇄 결합 중 황결합으로 만들어진 시스틴의 환원과 산화에 의해 가능하다.

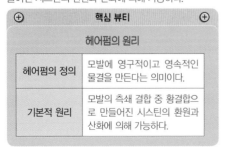

⊕ **핵심 뷰티** ⊕

헤어펌의 원리

헤어펌의 정의	모발에 영구적이고 영속적인 물결을 만든다는 의미이다.
기본적 원리	모발의 측쇄 결합 중 황결합으로 만들어진 시스틴의 환원과 산화에 의해 가능하다.

23 퍼머넌트 웨이브가 잘 나온 경우인 것은?

① 와인딩 시 텐션을 주어 말았을 경우

② 사전 샴푸 시 비누와 경수로 샴푸하여 두발에 금속염이 형성된 경우

③ 두발이 저항성모이거나 발수성모로 경모인 경우

④ 오버 프로세싱으로 시스틴이 지나치게 파괴된 경우

 정답 ①

와인딩 시 텐션(tension)을 강하게 주면 두피와 두발을 손상시킬 수 있고, 약하면 컬이 처질 수 있으므로, 텐션을 적당히 주어야 퍼머넌트 웨이브가 잘 나올 수 있다.

24 다음 중 콜드 퍼머넌트 웨이브(cold permanent wave) 시술 시 두발에 부착된 제1액을 씻어내는 데 가장 적합한 린스는?

① 에그 린스(egg rinse)

② 산성린스(acid rinse)

③ 레몬 린스(lemon rinse)

④ 플레인 린스(plain rinse)

 정답 ④

콜드 퍼머넌트 웨이브 시술 시 두발에 부착된 제1액을 씻어내기 위하여 중간 세척을 한다. 중간 로드가 와인딩된 상태에서 미지근한 물로 세척하는 플레인 린스를 한다.

25 헤어 컬링(hair curling)에서 컬(curl)의 목적이 아닌 것은?

① 웨이브를 만들기 위해서
② 머리 끝에 변화를 주기 위해서
③ 텐션을 주기 위해서
④ 볼륨을 만들기 위해서

 ③

헤어 컬링에서 컬의 목적은 웨이브 형성, 볼륨 형성, 플러프 형성, 머리 끝의 변화 등이 있다. 텐션은 컬의 목적으로 보기 어렵다.

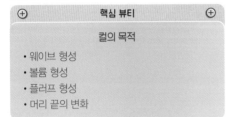

⊕ **핵심 뷰티** ⊕

컬의 목적

• 웨이브 형성
• 볼륨 형성
• 플러프 형성
• 머리 끝의 변화

26 헤어의 디자인 라인에서 다이애거널 포워드 (diagonal forward)는?

① 좌대각으로 좌측에서 보면 우측으로 다운이 되면서 우측으로 길어진다.
② 우대각 쪽으로 향하는 좌측이 길어진다.
③ 모발이 앞쪽으로 흐르는 대각선으로 전대각의 앞선이 길어진다.
④ 얼굴 뒤쪽으로 흐르며 후대각이 V-라인이다.

 ③

다이애거널 포워드는 모발이 앞쪽으로 흐르는 대각선으로 전대각의 앞선이 길어진다.

27 헤어 컬러링(hair coloring)의 용어 중 다이 터치업(dye touch up)이란?

① 처녀모(virgin hair)에 처음 시술하는 염색
② 자연적인 색채의 염색
③ 탈색된 두발에 대한 염색
④ 염색 후 새로 자라난 두발에만 하는 염색

 ④

다이 터치업(dye touch up)이란 염색 후 새로 자라난 두발에만 같은 색으로 염색하는 것을 말하며 리터치라고도 한다.

28 헤어 블리치 시술에 관한 사항 중 틀린 것은?

① 블리치 시술 후 일주일 이상 경과된 뒤에 퍼머하는 것이 좋다.
② 블리치 시술 후 케라틴 등의 유출로 다공성 모발이 되므로 애프터 케어가 필요하다.
③ 블리치제 조합은 사전에 정확히 배합해두고 사용 후 남은 블리치제는 공기가 들어가지 않도록 밀폐시켜 사용한다.
④ 블리치제는 직사광선이 들지 않는 서늘하고 건조한 곳에 보관한다.

 ③

블리치제 조합은 사용시 정확히 배합하고 사용 후 남은 블리치제는 재사용이 불가능하다.

29 다음 내용 중 두발이 손상되는 원인으로 옳지 않은 것은?

① 헤어 드라이기로 급속하게 건조시킨 경우
② 지나친 브러싱과 백코밍 시술을 한 경우
③ 스캘프 트리트먼트와 브러싱을 한 경우
④ 해수욕 후 염분이나 풀장의 소독용 표백분이 두발에 남아있는 경우

정답 ③

과도한 브러싱은 두발의 손상 원인이지만, 적절한 브러싱과 스캘프 트리트먼트는 혈액순환을 촉진하여 두발의 성장을 촉진한다. 두발이 손상되는 원인은 자외선, 염색, 탈색, 드라이어의 장시간 이용, 잘못된 샴푸습관, 과도한 브러싱, 잘못된 미용 시술 제품 등이 있다.

> **핵심 뷰티**
>
> **두발 손상의 원인**
> 자외선, 염색, 탈색, 드라이어의 장시간 이용, 잘못된 샴푸습관, 과도한 브러싱, 잘못된 미용 시술 제품, 해수욕 후 염분이나 풀장의 소독용 표백분이 두발에 남아있는 경우 등

30 다음 중 프라이머의 사용 방법이 아닌 것은?

① 프라이머는 한 번만 바른다.
② 주요 성분은 메타크릴릭산(methacrylic acid)이다.
③ 피부에 닿지 않게 조심해서 다루어야 한다.
④ 아크릴 물이 잘 접착되도록 자연스럽게 바른다.

정답 ①

프라이머는 여러 번 덧바를 수 있다.

31 세팅로션(setting lotion)의 사용 목적 중 가장 적당한 것은?

① 필요한 텐션(tension)을 용이하게 해준다.
② 롤컬이 형성되어 브러시로 모발을 리세트 하는 것을 어렵게 한다.
③ 모발이 상하나 쉽게 헤어스타일(hair style)을 만들 수 있다.
④ 웨이브를 쉽게 할 수 있으며, 건조시켜 브러싱을 하여 웨이브형태를 이루게 한다.

정답 ④

세팅로션은 웨이브를 쉽게 할 수 있도록 하며, 세팅로션을 건조시켜 브러싱하면 웨이브 형태가 된다.

32 지성피부의 특징이 아닌 것은?

① 여드름이 잘 발생한다.
② 남성피부에 많다.
③ 모공이 매우 크며 반들거린다.
④ 피부 결이 섬세하고 곱다.

정답 ④

지성피부는 모공이 넓고 모공에 피지가 쌓여 피부가 도톨도톨하여 블랙헤드가 보인다. 화장이 잘 받지 않고 쉽게 지워지며 피부가 번질거리고, 여드름과 부스럼이 많이 생긴다.

> **핵심 뷰티**
>
> **지성피부**
> • 피지선 기능이 활발하여, 피지가 과다하게 분비된다.
> • 피부가 두터워 보이고 모공이 크며, 피부 결이 거칠다.

33 세계보건기구(WHO)에서 규정된 건강의 정의를 가장 적절하게 표현한 것은?

① 육체적으로 완전히 양호한 상태
② 정신적으로 완전히 양호한 상태
③ 질병이 없고 허약하지 않은 상태
④ 육체적, 정신적, 사회적 안녕이 완전한 상태

 정답 ④

세계보건기구(WHO)에서 규정된 건강의 정의는 단순 질병이 없고 허약하지 않은 상태 뿐만 아니라 육체적, 정신적, 사회적으로 완전히 안녕한 상태를 말한다.

34 가족계획사업의 효과 판정상 가장 유력한 지표는?

① 인구증가율
② 조출생률
③ 남녀출생비
④ 평균여명년수

 정답 ②

조출생률이란 1년간의 출생자 수를 그 해의 인구로 나눈 것을 의미한다. 가족계획사업의 효과를 판정하기에 가장 적합하다.

35 감염병 유행지역에서 입국하는 사람이나 동물 또는 식품 등을 대상으로 실시하며 외국 질병의 국내 침입방지를 위한 수단으로 쓰이는 것은?

① 격리
② 검역
③ 박멸
④ 병원소 제거

 정답 ②

검역이란 감염병 유행지역에서 입국하는 사람이나 동물 또는 식품 등을 대상으로 실시하며 외국 질병의 국내 침입방지를 위한 수단이다.

36 감염병 예방법 중 제3급 감염병에 속하는 것은?

① 폴리오
② 풍진
③ 공수병
④ 페스트

 정답 ③

폴리오와 풍진은 제2급 감염병에 페스트는 제1급 감염병에 속한다.

> ⊕ **핵심 뷰티** ⊕
>
> **제3급 법정 감염병**
>
> B형간염, C형간염, 뎅기열, CJD/vCJD, 공수병, 라임병, 레지오넬라증, 말라리아, 발진티푸스, 렙토스피라증, 발진열, 브루셀라증, 비브리오패혈증, 웨스트나일열, 일본뇌염, 신증후군출혈열, 유비저, 중증열성혈소판감소증후군, 지카바이러스감염증, 쯔쯔가무시증, 큐열, 진드기매개뇌염, 치쿤구니야열, 파상풍, 황열, 후천성면역결핍증(AIDS)

37 다음 중 일회용 면도기를 사용하여 예방 가능한 질병은?(단, 정상적인 사용의 경우)

① 옴(개선)병   ② 일본뇌염

③ B형간염   ④ 무좀

 ③

B형간염은 B형간염 바이러스에 감염된 혈액 등 체액에 의해 감염된다. 수직감염, 성적인 접촉이나 수혈, 오염된 주사기, 면도칼 등에 의해서도 감염될 수 있다.

38 기생충의 인체 내 기생부위 연결이 올바르지 않은 것은?

① 구충증 – 폐

② 간흡충증 – 간의 담도

③ 요충증 – 직장

④ 폐흡충 – 폐

 ①

구충증은 십이지장충증이라고도 하며, 십이지장충이 공장에 기생하며 피를 빨아먹어 각종 이상 증세가 나타난다.

39 실내에 다수인이 밀집한 상태에서 실내공기의 변화는?

① 기온상승 – 습도증가 – 이산화탄소 감소

② 기온하강 – 습도증가 – 이산화탄소 감소

③ 기온상승 – 습도증가 – 이산화탄소 증가

④ 기온하강 – 습도감소 – 이산화탄소 증가

 ③

실내에 다수인이 밀집한 상태에서는 기온, 습도, 이산화탄소, 불쾌지수가 모두 증가한다.

40 다음 중 하수의 오염지표로 주로 이용하는 것은?

① dB

② BOD

③ 총인

④ 대장균

 ②

BOD는 Biochemical Oxygen Demand의 약자로, 수질오염의 지표로 자주 이용된다.

> **핵심 뷰티**
>
> **생화학적 산소요구량(BOD)**
>
> Biochemical Oxygen Demand의 약자로, 생화학적 산소요구량을 의미한다. 호기성 미생물이 일정 기간 동안 물 속에 있는 유기물을 분해할 때 사용하는 산소의 양을 말한다. 수질오염의 지표로 사용하며, 수질오염이 심할 경우 생화학적 산소요구량(BOD)의 수치는 높아진다.

41 합병증으로 고환염, 뇌수막염 등이 초래되어 불임이 될 수도 있는 질환은?

① 홍역

② 뇌염

③ 풍진

④ 유행성이하선염

 ④

유행성이하선염은 바이러스에 의한 감염으로 발생하는 급성 유행성 전염병으로, 합병증으로 고환염이 초래되어 남성불임으로 발전될 수 있다.

42 다음 중 감염형 식중독에 속하는 것은?

① 살모넬라 식중독

② 보툴리누스 식중독

③ 포도상구균 식중독

④ 웰치균 식중독

정답 ①

감염형 식중독을 일으키는 세균으로는 살모넬라균, 장염 비브리오, 병원성 대장균이 있다.

43 소독에 대한 설명으로 가장 적합한 것은?

① 병원 미생물의 성장을 억제하거나 파괴하여 감염의 위험성을 없애는 것이다.

② 소독은 무균상태를 말한다.

③ 소독은 병원미생물의 발육과 그 작용을 제지 및 정지시키며 특히 부패와 발효를 방지시키는 것이다.

④ 소독은 포자를 가진 것 전부를 사멸하는 것을 말한다.

정답 ①

멸균이란 포자를 가진 것 전부를 사멸한 상태 즉, 무균 상태를 말한다. 방부는 병원미생물의 발육과 그 작용을 제지 및 정지시키며 특히 부패와 발효를 방지시키는 것이다.

⊕	핵심 뷰티	⊕
	소독	
	감염병의 감염을 방지할 목적으로 병원성 미생물(병원체)을 죽이거나 병원성을 약화시키는 것을 말한다.	

44 다음 중 물리적 소독법에 해당하는 것은?

① 석탄산수소독

② 알코올소독

③ 자비소독

④ 포름알데히드가스소독

정답 ③

자비소독법은 100℃ 이상에서 20분 이상 끓이는 방법으로 물리적 소독법이다. 금속성 식기, 면 종류의 의류, 도자기의 소독에 적합하다.

45 자비소독 시에 금속의 녹을 방지하기 위해 주로 넣는 것은?

① 과산화수소

② 탄산나트륨

③ 페놀

④ 승홍수

정답 ②

금속 기구를 자비소독할 때 1~2%의 탄산나트륨(Na_2CO_3)을 넣으면 살균력도 강해지고 녹이 슬지 않는다.

제 **2** 장

CBT 기출복원문제

46 소독약을 사용하여 균 자체에 화학반응을 일으켜 세균의 생활력을 빼앗는 살균법은?

① 물리적 멸균법

② 건열 멸균법

③ 여과 멸균법

④ 화학적 살균법

정답 ④

화학적 살균법은 화학제를 사용하여 균 자체에 화학반응을 일으켜 세균의 생활력을 빼앗는 살균법이다.

> **핵심 뷰티**
>
> **화학적 살균법**
>
> 화학제를 사용하여 균 자체에 화학반응을 일으켜 세균의 생활력을 빼앗는 살균법이다. 소독제의 효력을 평가하기 위해서는 석탄산을 기준으로 한 석탄산계수를 사용한다.

47 역성비누액에 대한 설명으로 틀린 것은?

① 냄새가 거의 없고 자극이 적다.

② 소독력과 함께 세정력이 강하다.

③ 수지 · 기구 · 식기소독에 적당하다.

④ 물에 잘 녹고 흔들면 거품이 난다.

정답 ②

역성비누액은 냄새가 거의 없고 자극이 적으며 소독력이 강하지만, 세정력은 약하다.

> **핵심 뷰티**
>
> **역성비누액**
>
> 냄새가 거의 없고 자극이 적으며 소독력이 강하며 물에 잘 녹는다. 흔들면 거품이 나고 수지 · 기구 · 식기소독, 이 · 미용사의 손 소독에 사용된다. 세정력 약하다는 단점이 있다.

48 살균 및 탈취뿐만 아니라 특히 표백의 효과가 있어 두발 탈색제와도 관계가 있는 소독제는?

① 알코올

② 석탄수

③ 크레졸

④ 과산화수소

정답 ④

과산화수소는 피부자극이 적어 상처표면의 소독에 주로 사용되며, 살균 및 탈취뿐만 아니라 특히 표백의 효과가 있다.

> **핵심 뷰티**
>
> **과산화수소**
>
> • 3% 과산화수소는 피부자극이 적어 상처표면의 소독에 주로 사용된다.
> • 살균 및 탈취뿐만 아니라 특히 표백의 효과가 있다.
> • 구내염, 입 안 세척 및 상처소독하는 데 발포작용을 이용하여 소독이 가능하다.

49 3% 소독액 1,000ml를 만드는 방법으로 옳은 것은?(단, 소독액 원액의 농도는 100%이다.)

① 원액 300ml에 물 700ml를 가한다.

② 원액 30ml에 물 970ml를 가한다.

③ 원액 3ml에 물 997ml를 가한다.

④ 원액 3ml에 물 1,000ml를 가한다.

정답 ②

1,000ml의 3%는 '1,000×0.03=30'이므로, 30ml의 원액과 물은 '1,000-30=970', 즉 970ml를 가한다.

> **핵심 뷰티**
>
> **수용액**
>
>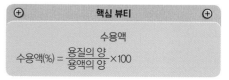
>
> $$수용액(\%) = \frac{용질의\ 양}{용액의\ 양} \times 100$$

50 다음은 법률상에서 정의되는 용어이다. 바르게 서술된 것은?

① 건물위생관리업이란 공중이 이용하는 시설물의 청결유지와 실내공기정화를 위한 청소 등을 대행하는 영업을 말한다.
② 미용업이란 손님의 얼굴과 피부를 손질하여 모양을 단정하게 꾸미는 영업을 말한다.
③ 이용업이란 손님의 머리, 수염, 피부 등을 손질하여 외모를 꾸미는 영업을 말한다.
④ 공중위생영업이란 미용업, 숙박업, 목욕장업, 수영장업, 유기영업 등을 말한다.

 ①

건물위생관리업이란 공중이 이용하는 시설물의 청결유지와 실내공기정화를 위한 청소 등을 대행하는 영업을 말한다.

> **핵심 뷰티**
>
> **법률상 정의**
> • 미용업 : 손님의 얼굴, 머리, 피부 및 손톱·발톱 등을 손질하여 손님의 외모를 아름답게 꾸미는 영업을 말한다.
> • 이용업 : 손님의 머리카락 또는 수염을 깎거나 다듬는 등의 방법으로 손님의 용모를 단정하게 하는 영업을 말한다.
> • 공중위생영업 : 다수인을 대상으로 위생관리서비스를 제공하는 영업으로서 숙박업·목욕장업·이용업·미용업·세탁업·건물위생관리업을 말한다.

51 다음 중 이·미용업소의 적정 조명룩스 기준은?

① 60룩스 ② 75룩스
③ 90룩스 ④ 120룩스

 ②

이·미용업소의 적정 조명 룩스는 75룩스 이상이다.

52 이·미용사 면허증을 분실하여 재교부를 받은 자가 분실한 면허증을 찾았을 때 취하여야 할 조치로 옳은 것은?

① 시·도지사에게 찾은 면허증을 반납한다.
② 시장·군수에게 찾은 면허증을 반납한다.
③ 본인이 모두 소지하여도 무방하다.
④ 재교부 받은 면허증을 반납한다.

 ④

이·미용사 면허증을 분실하여 재교부를 받은 자가 분실한 면허증을 찾았을 때 지체없이 재교부 받은 면허증을 시장·군수·구청장에게 반납하여야 한다.

53 이·미용사가 되고자 하는 자는 누구에게 면허를 받아야 하는가?

① 보건복지부장관
② 시·도지사
③ 시장·군수·구청장
④ 대통령

 ③

이용사 또는 미용사가 되고자 하는 자는 시장·군수·구청장의 면허를 받아야 한다.

54 영업소 외에서의 이용 및 미용업무를 할 수 없는 경우는?

① 관할 소재동지역 내에서 주민에게 이ㆍ미용을 하는 경우

② 질병, 기타의 사유로 인하여 영업소에 나올 수 없는 자에 대하여 미용을 하는 경우

③ 혼례나 기타 의식에 참여하는 자에 대하여 그 의식 직전에 미용을 하는 경우

④ 특별한 사정이 있다고 시장ㆍ군수ㆍ구청장이 인정하는 경우

 ①

관할 소재동지역 내에서 주민에게 이ㆍ미용을 하는 경우는 영업소 외의 장소에서 이ㆍ미용 업무를 행할 수 있는 경우가 아니다.

핵심 뷰티

영업소 외에서의 이용 및 미용 업무

- 질병ㆍ고령ㆍ장애나 그 밖의 사유로 영업소에 나올 수 없는 자에 대하여 이용 또는 미용을 하는 경우
- 혼례나 그 밖의 의식에 참여하는 자에 대하여 그 의식 직전에 이용 또는 미용을 하는 경우
- 사회복지시설에서 봉사활동으로 이용 또는 미용을 하는 경우
- 방송 등의 촬영에 참여하는 사람에 대하여 그 촬영 직전에 이용 또는 미용을 하는 경우
- 특별한 사정이 있다고 시장ㆍ군수ㆍ구청장이 인정하는 경우

---

55 공중위생영업소의 위생서비스 수준 평가는 몇 년마다 실시하는가?(단, 특별한 경우는 제외함)

① 1년   ② 2년

③ 3년   ④ 5년

 ②

공중위생영업소의 위생서비스 수준 평가는 2년마다 실시한다.

핵심 뷰티

위생서비스수준의 평가

공중위생영업소의 위생서비스수준 평가는 2년마다 실시하되, 공중위생영업소의 보건ㆍ위생관리를 위하여 특히 필요한 경우에는 보건복지부장관이 정하여 고시하는 바에 따라 공중위생영업의 종류 또는 위생관리 등급별로 평가주기를 달리할 수 있다.

---

56 행정처분 사항 중 1차 처분이 경고에 해당하는 것은?

① 귓볼 뚫기 시술을 한 때

② 시설 및 설비기준을 위반한 때

③ 신고를 하지 아니하고 영업소 소재를 변경한 때

④ 개선명령을 이행하지 아니한 때

정답 ④

개선명령을 이행하지 아니한 때에 1차 위반 시 행정처분은 경고이다.

핵심 뷰티

1차 위반 행정처분

- 귓볼 뚫기 시술을 한 때 : 영업정지 2월
- 시설 및 설비기준을 위반한 때 : 개선명령
- 신고를 하지 아니하고 영업소 소재를 변경한 때 : 영업장 폐쇄명령

---

57 이·미용사의 면허증을 대여한 때의 1차 위반 시 행정처분기준은?

① 면허정지 3월
② 면허정지 6월
③ 영업정지 3월
④ 영업정지 6월

 정답 ①

이·미용사의 면허증을 대여한 때의 1차 위반 시 행정처분은 면허정지 3월이다.

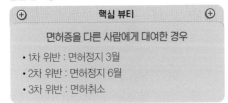

핵심 뷰티

면허증을 다른 사람에게 대여한 경우
• 1차 위반 : 면허정지 3월
• 2차 위반 : 면허정지 6월
• 3차 위반 : 면허취소

58 이용 또는 미용의 면허가 취소된 후 계속하여 업무를 행한 자에 대한 벌칙 사항은?

① 6월 이하의 징역 또는 300만 원 이하의 벌금
② 500만 원 이하의 벌금
③ 300만 원 이하의 벌금
④ 200만 원 이하의 벌금

 정답 ③

면허가 취소된 후 계속하여 업무를 행한 자에게 해당되는 벌칙은 300만 원 이하의 벌금이다.

59 위생지도 및 개선을 명할 수 있는 대상에 해당하지 않는 것은?

① 공중위생영업의 종류별 시설 및 설비기준을 위반한 공중위생영업자
② 위생관리의무 등을 위반한 공중위생영업자
③ 공중위생영업의 승계규정을 위반한 자
④ 위생관리의무를 위반한 공중위생시설의 소유자

 정답 ③

위생지도 및 개선을 명할 수 있는 대상은 공중위생영업의 종류별 시설 및 설비기준을 위반한 공중위생영업자, 위생관리 의무 등을 위반한 공중위생영업자 및 위생관리의무를 위반한 공중위생시설의 소유자이다.

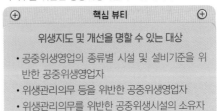

핵심 뷰티

위생지도 및 개선을 명할 수 있는 대상
• 공중위생영업의 종류별 시설 및 설비기준을 위반한 공중위생영업자
• 위생관리의무 등을 위반한 공중위생영업자
• 위생관리의무를 위반한 공중위생시설의 소유자

60 이·미용사의 면허를 받지 아니한 자가 이·미용 업무에 종사하였을 때 이에 대한 벌칙 기준은?

① 3년 이하의 징역 또는 1천만 원 이하의 벌금
② 1년 이하의 징역 또는 1천만 원 이하의 벌금
③ 300만 원 이하의 벌금
④ 200만 원 이하의 벌금

 정답 ③

이·미용사의 면허를 받지 아니한 자가 이·미용 업무에 종사하였을 때 해당되는 벌칙은 300만 원 이하의 벌금이다.

CBT 기출복원문제 　　제7회

01 미용의 과정이 바른 순서로 나열된 것은?

① 소재의 확인→구상→제작→보정
② 소재의 확인→보정→구상→제작
③ 구상→소재의 확인→제작→보정
④ 구상→제작→보정→소재의 확인

 정답 ①

미용의 과정은 '소재의 확인 → 구상 → 제작 → 보정' 순이다.

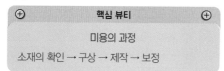

핵심 뷰티

미용의 과정

소재의 확인 → 구상 → 제작 → 보정

02 우리나라 고대 여성의 머리 장식품 중 재료의 이름을 붙여서 만든 비녀로만 이루어진 것은?

① 산호잠, 옥잠　　② 석류잠, 호두잠
③ 국잠, 금잠　　④ 봉잠, 용잠

 정답 ①

우리나라 고대 여성의 머리 장식품으로는 금잠, 옥잠, 산호잠, 봉잠, 용잠, 석류잠, 호두잠, 국잠, 각잠 등이 있으며, 산호잠과 옥잠은 재료의 이름을 붙여서 만든 비녀이다.

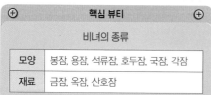

핵심 뷰티

비녀의 종류

모양	봉잠, 용잠, 석류잠, 호두잠, 국잠, 각잠
재료	금잠, 옥잠, 산호잠

03 한국 현대 미용사에 대한 설명 중 옳은 것은?

① 경술국치 이후 일본인들에 의해 미용이 발달했다.
② 1933년 일본인이 우리나라에 처음으로 미용원을 열었다.
③ 해방 전 우리나라 최초의 미용교육기관은 정화고등기술학교이다.
④ 오엽주씨가 화신 백화점 내에 미용원을 열었다.

정답 ④

경술국치 이후 현대 미용에 대한 관심이 생기면서, 신여성을 중심으로 헤어, 메이크업 등이 유행하였다. 1933년 우리나라 최초로 오엽주 여사가 서울 종로 화신백화점 안에 화신미용원을 개원하였다. 해방 전 우리나라 최초의 미용교육기관은 일본인이 설립한 다나까 미용학교이다.

핵심 뷰티

한국 현대 미용사

1920년대	이숙종 여사의 높은머리(일명 다까머리)와 김활란 여사의 단발머리가 유행
1930년대	• 오엽주 여사가 서울 종로 화신백화점 안에 화신미용원을 개원(우리나라 최초, 1933) • 다나까 미용학교(일본인이 설립한 우리나라 최초 미용학교)

04 고대 중국 미용술에 관한 설명 중 틀린 것은?

① 기원전 2,200년경 하나라 시대에 분이 사용되었다.
② 눈썹 모양은 십미도라고 하여 대체로 진하고 넓은 눈썹을 그렸다.
③ 액황은 입술에 바르고 홍장은 이마에 발랐다.
④ 희종, 소종(서기 874~890) 때에 입술화장은 붉은색을 바른 것을 미인이라 평가했다.

 ③

고대 중국에서는 액황이라고 하여 이마에 발라 약간의 입체감을 주었으며 홍장이라 하여 백분을 바른 후 다시 연지를 덧발랐다.

05 천연보습인자(NMF)에 속하지 않는 것은?

① 아미노산 ② 암모니아
③ 젖산염 ④ 글리세린

 ④

천연보습인자(NMF)란 각질층에서 수분을 붙잡아 두는 역할을 한다. 주로 아미노산과 아미노산의 산물로 구성되어 있으며, 미네랄, 유기산, 젖산염, 암모니아, 요소 등을 포함한다.

핵심 뷰티

천연보습인자(NMF)
• 각질층에 있는 세포들 내부에서만 발견된다.
• 수용성 화학구조로 되어 있어 방대한 양의 수분을 보유할 수 있다.
• 각질층에서 수분을 붙잡아 두는 역할을 한다.
• 주로 아미노산과 아미노산의 산물로 구성되어 있으며, 미네랄, 유기산, 젖산염 등을 포함한다.

06 피부의 생리작용 중 지각 작용은?

① 피부 표면에 수증기를 발산한다.
② 피부의 땀샘, 피지선 모근에서 생리작용을 한다.
③ 피부 전체에 퍼져 있는 신경에 의해 촉각, 온각, 냉각, 통각 등을 느낀다.
④ 피부의 생리작용에 의해 생기는 노폐물을 운반한다.

 ③

피부의 지각(감각) 작용이란 피부에는 많은 종류의 감각 수용기가 있어 촉각, 통각, 압각, 냉각, 온각 등의 감각을 느낄 수 있다는 것이다.

핵심 뷰티

피부의 지각(감각) 작용
• 촉각은 손가락, 입술, 혀끝 등이 예민하고, 발바닥이 둔한 부위이다.
• 온각과 냉각은 혀끝이 가장 예민하다.
• 통각은 감각기관 중 감각수용기가 가장 많이 분포되어 있다.

07 피부의 표피 세포는 대략 몇 주 정도의 교체 주기를 가지고 있는가?

① 1주
② 2주
③ 3주
④ 4주

 ④

표피 세포는 대략 4주 정도의 교체 주기를 가지고 있다.

08 피지 분비와 가장 관계가 있는 것은?

① 에스트로겐(estrogen)

② 프로게스트론(progesteron)

③ 인슐린(insulin)

④ 안드로겐(androgen)

 ④

남성호르몬인 안드로겐은 피지선을 자극하여 피지의 생성을 촉진시킨다.

09 모발의 70% 이상을 차지하며, 멜라닌 색소와 섬유질 및 간충물질로 구성되어 있는 곳은?

① 모표피　　　② 모수질

③ 모피질　　　④ 모낭

 ③

모피질은 모발의 70% 이상을 차지하며, 멜라닌 색소와 섬유질 및 간충물질로 구성되어 있다.

10 다음 중 흡연이 피부에 미치는 영향으로 옳지 않은 것은?

① 담배연기에 있는 알데하이드는 태양 빛과 마찬가지로 피부를 노화시킨다.

② 니코틴은 혈관을 수축시켜 혈색을 나쁘게 한다.

③ 흡연자의 피부는 조기 노화된다.

④ 흡연을 하게 되면 체온이 올라간다.

 ④

흡연은 혈관을 수축시켜 혈액순환을 방해한다. 혈액순환을 방해하여 혈색이 나빠지고 조기 노화시킨다.

11 다음 중 항산화제에 속하지 않는 것은?

① 베타 – 카로틴(β-carotene)

② 수퍼옥사이드 디스뮤타제(SOD)

③ 비타민 E

④ 비타민 F

 ④

항산화제로는 비타민 C, 비타민 E, 베타 – 카로틴(β–carotene), 수퍼옥사이드 디스뮤타제(SOD), 토코페롤, 케티오닌 등이 있다.

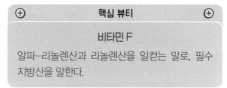

⊕　　　**핵심 뷰티**　　　⊕

비타민 F

알파–리놀렌산과 리놀렌산을 일컫는 말로, 필수 지방산을 말한다.

12 심상성 좌창이라고도 하는 것으로 주로 사춘기 때 잘 발생하는 피부질환은 무엇인가?

① 여드름

② 건선

③ 아토피 피부염

④ 신경성 피부염

 ①

여드름은 심상성 좌창이라고도 하며, 유전적 요인이 크다. 주로 사춘기 시기에 많이 발생하고, 호르몬의 분비 증가, 정신적 스트레스 등 여러 가지 요인이 있다.

13 티눈의 설명으로 옳은 것은?

① 각질층의 한 부위가 두꺼워져 생기는 각질층의 증식현상이다.

② 주로 발바닥에 생기며 아프지 않다.

③ 각질핵은 각질 윗부분에 있어 자연스럽게 제거가 된다.

④ 발뒤꿈치에만 생긴다.

정답

티눈은 각질층의 한 부위가 두꺼워져 생기는 각질층의 증식현상이다.

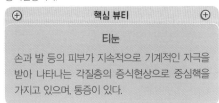

⊕	핵심 뷰티	⊕

티눈

손과 발 등의 피부가 지속적으로 기계적인 자극을 받아 나타나는 각질층의 증식현상으로 중심핵을 가지고 있으며, 통증이 있다.

14 자외선에 대한 민감도가 가장 낮은 인종은?

① 흑인종 ② 백인종

③ 황인종 ④ 회색인종

정답

자외선에 노출되면 멜라닌 생성이 활발해지는데, 흑인종은 멜라닌 색소가 풍부하여 자외선에 대한 민감도가 가장 낮다.

15 세안용 화장품의 구비조건으로 옳지 않은 것은?

① 안정성 : 물이 묻거나 건조해지면 형과 질이 잘 변해야 한다.

② 용해성 : 냉수나 온탕에 잘 풀려야 한다.

③ 기포성 : 거품이 잘나고 세정력이 있어야 한다.

④ 자극성 : 피부를 자극시키지 않고 쾌적한 방향이 있어야 한다.

정답

세안용 화장품의 구비조건 중 안정성은 사용 기간 중 변질, 변색, 변취, 미생물 오염 등이 없어야 한다.

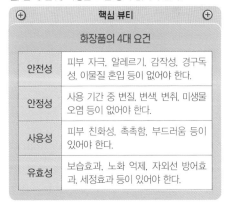

⊕	핵심 뷰티	⊕

화장품의 4대 요건	
안전성	피부 자극, 알레르기, 감작성, 경구독성, 이물질 혼입 등이 없어야 한다.
안정성	사용 기간 중 변질, 변색, 변취, 미생물 오염 등이 없어야 한다.
사용성	피부 친화성, 촉촉함, 부드러움 등이 있어야 한다.
유효성	보습효과, 노화 억제, 자외선 방어효과, 세정효과 등이 있어야 한다.

16 동물의 부드럽고 긴 털을 사용한 것이 많고 얼굴이나 턱에 붙은 털이나 비듬 또는 백분을 털어내는 데 사용하는 브러시는?

① 포마드 브러시 ② 쿠션 브러시

③ 페이스 브러시 ④ 롤 브러시

정답

페이스 브러시는 얼굴에 직접적으로 접촉하는 브러시로, 얼굴이나 턱에 붙은 털이나 비듬 또는 백분을 털어내는 데 사용한다.

17 가위에 대한 설명으로 틀린 것은?

① 양날의 견고함이 동일해야 한다.

② 가위의 길이나 무게가 미용사의 손에 맞아야 한다.

③ 가위 날이 반듯하고 두꺼운 것이 좋다.

④ 협신에서 날 끝으로 갈수록 약간 내곡선인 것이 좋다.

 ③

가위는 날이 얇고, 양 다리가 견고한 것이 좋다. 협신에서 날 끝으로 갈수록 약간 내곡선인 것이 좋다.

18 헤어 커트 시 사용하는 레이저(razor)에 대한 설명으로 틀린 것은?

① 레이저의 날 등과 날 끝이 대체로 균등해야 한다.

② 초보자에게는 오디너리(ordinary) 레이저가 적합하다.

③ 레이저의 날 선이 대체로 둥그스름한 곡선으로 나온 것이 더 정확한 커트를 할 수 있다.

④ 레이저 어깨의 두께가 균등해야 좋다.

 ②

오디너리(ordinary) 레이저는 일상용 레이저로 초보자가 사용하기에는 부적합하다. 초보자에게는 셰이핑 레이저가 적합하다.

⊕ **핵심 뷰티** ⊕

레이저

• 일상용 레이저 : 세밀한 작업에 용이하며, 빠른 시간 내에 시술이 가능하다.

• 셰이핑 레이저 : 시술 시 안정적으로 커팅할 수 있으며, 초보자에게 적합하다.

19 헤어 샴푸 중 드라이 샴푸 방법이 아닌 것은?

① 리퀴드 드라이 샴푸

② 핫오일 샴푸

③ 파우더 드라이 샴푸

④ 에그 파우더 샴푸

 ②

드라이 샴푸제는 질환 또는 기타 사유로 일상적인 샴푸를 할 수 없을 때 물을 사용하지 않고 파우더, 가스 등을 사용하는 샴푸로 파우더 드라이 샴푸, 리퀴드 드라이 샴푸, 에그 파우더 드라이 샴푸 등이 있다.

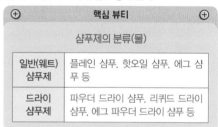

⊕ 핵심 뷰티 ⊕	
샴푸제의 분류(물)	
일반(웨트) 샴푸제	플레인 샴푸, 핫오일 샴푸, 에그 샴푸 등
드라이 샴푸제	파우더 드라이 샴푸, 리퀴드 드라이 샴푸, 에그 파우더 드라이 샴푸 등

20 다음 중 프레 커트(pre-cut)에 대한 설명에 해당되는 것은?

① 두발의 상태가 커트하기에 용이하게 되어 있는 상태를 말한다.

② 퍼머넌트 웨이브 시술 전에 하는 커트를 말한다.

③ 손상모 등을 간단하게 추려내기 위한 커트를 말한다.

④ 퍼머넌트 웨이브 시술 후에 하는 커트를 말한다.

 ②

프레 커트(pre-cut)는 퍼머넌트 웨이브 시술 전에 하는 커트를 말한다. 퍼머넌트 웨이브 시술 후에 하는 커트를 애프터 커트(after-cut)라 말한다.

21 원랭스 커트(one-length cut)의 정의로 가장 적합한 설명은?

① 두발길이에 단차가 있는 상태의 커트
② 완성된 두발을 빗으로 빗어 내렸을 때 모든 두발이 동일 선상으로 떨어지도록 자르는 커트
③ 전체의 머리 길이가 똑같은 커트
④ 머릿결을 맞추지 않아도 되는 커트

 ②

원랭스 커트(one-length cut)는 완성된 두발을 빗으로 빗어 내렸을 때 모든 두발이 동일 선상으로 떨어지도록 자르는 커트이다.

> **핵심 뷰티**
>
> **원랭스 커트(one-length cut)**
> • 일직선의 동일 선상에서 같은 길이가 되도록 커트하는 방법이다.
> • 네이프의 길이가 짧고 톱으로 갈수록 길어지면서 모발에 층이 없이 동일 선상으로 자르는 커트 스타일이다.
> • 자연 시술 각도 0°를 적용하여 커트하며, 면을 강조하는 스타일로 무게감이 최대에 이르고 질감이 매끄럽다.

22 퍼머넌트 웨이브 시술 시 산화제의 역할이 아닌 것은?

① 퍼머넌트 웨이브의 작용을 계속 진행시킨다.
② 액의 작용을 멈추게 한다.
③ 시스틴 결합을 재결합시킨다.
④ 1액이 작용한 형태의 컬로 고정시킨다.

 ①

퍼머넌트 웨이브의 작용을 계속 진행시키는 것은 환원제(제1액)의 역할이다.

23 로드(rod)를 말기 쉽도록 두상을 나누어 구획하는 작업은 무엇인가?

① 블로킹(blocking)
② 와인딩(winding)
③ 베이스(base)
④ 스트랜드(strand)

 ①

블로킹(blocking)이란 헤어펌을 편리하고 로드(rod)를 말기 쉽도록 하기 위하여 두상을 크게 구획하여 나누는 것이다.

> **핵심 뷰티**
>
> **블로킹(blocking)**
> 헤어펌을 편리하고 원활하게 와인딩하기 위하여 두상을 크게 구획하여 나누는 것이다. 일반적으로 9등분, 세로 5등분, 가로 5등분, 가로 4등분 등 헤어펌 디자인에 맞춰 블록을 나눈다.

24 콜드 웨이브(cold wave) 시술 후 머리끝이 자지러지는 원인에 해당되지 않는 것은?

① 모질에 비하여 약이 강하거나 프로세싱 타임이 길었다.
② 너무 가는 로드(rod)를 사용했다.
③ 텐션(tension, 긴장도)이 약하여 로드에 꼭 감기지 않았다.
④ 사전 커트 시 머리끝을 테이퍼(taper)하지 않았다.

 ④

사전 커트 시 머리끝을 심하게 테이퍼한 경우 머리끝이 자지러진다.

25 컬의 기본적인 스템(stem)이 아닌 것은?

① 풀 스템(full stem)

② 하프 스템(half stem)

③ 논 스템(non stem)

④ 롱 스템(long stem)

 ④

컬의 기본적인 스템(stem)은 풀 스템(full stem), 하프 스템(half stem), 논 스템(non stem)이다.

26 핑거 웨이브(finger wave)와 관계없는 것은?

① 세팅 로션, 물, 빗

② 크레스트(crest), 리지(ridge), 트로프(trough)

③ 포워드 비기닝(forward beginning), 리버스 비기닝(reverse beginning)

④ 테이퍼링(tapering), 싱글링(shingling)

 ④

테이퍼링(tapering)과 싱글링(shingling)은 핑거 웨이브 기법이 아닌 커트 기법이다.

27 다음 중 저항성 두발을 염색하기 전에 행하는 기술에 대한 내용으로 틀린 것은?

① 염모제 침투를 돕기 위해 사전에 두발을 연화시킨다.

② 과산화수소 30ml, 암모니아수 0.5ml 정도를 혼합한 연화제를 사용한다.

③ 사전 연화기술을 프레-소프트닝(pre-softening)이라고 한다.

④ 50~60분 방치 후 드라이어로 건조시킨다.

 ④

저항성 두발을 염색하기 전에 연화제를 사용하여 30분 정도 방치하면 된다.

28 헤어컬러 기술에서 만족할 만한 색채효과를 얻기 위해서는 색채의 기본적인 원리를 이해하고 이를 응용할 수 있어야 하는데 색의 3속성 중 명도만을 갖고 있는 무채색에 해당하는 것은?

① 적색

② 황색

③ 청색

④ 백색

 ④

무채색은 명도만을 가지고 있는 색으로, 백색, 회색, 흑색이 있다.

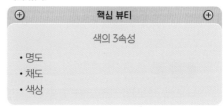

⊕	핵심 뷰티	⊕
	색의 3속성	

• 명도

• 채도

• 색상

29 두발의 물리적인 특성에 있어서 두발을 잡아 당겼을 때 끊어지지 않고 견디는 힘을 나타 내는 것은?

① 두발의 절감
② 두발의 밀도
③ 두발의 대전성
④ 두발의 강도

 ④

두발의 강도란 두발을 잡아당겼을 때 끊어지지 않고 견 디는 힘을 말하며, 텐션이라고도 한다.

30 포인트 메이크업(point make-up) 화장품에 속하지 않는 것은?

① 블러셔
② 아이섀도
③ 파운데이션
④ 립스틱

 ③

블러셔, 아이섀도, 립스틱은 포인트 메이크업 화장품이 고, 파운데이션은 베이스 메이크업 화장품이다.

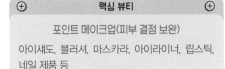

⊕ **핵심 뷰티** ⊕

포인트 메이크업(피부 결점 보완)

아이섀도, 블러셔, 마스카라, 아이라이너, 립스틱, 네일 제품 등

31 다음 그림과 같이 와인딩 했을 때 웨이브의 형상은?

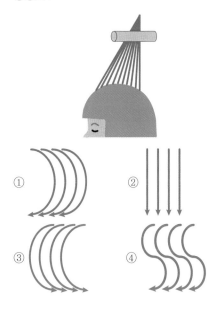

정답 ①

모발이 오른쪽으로 기울었으므로, 웨이브는 오른쪽을 형 성된다.

32 마셀웨이브의 시술시 손에 쥔 아이론을 여닫 을 때 어떤 손가락으로 작동하는가?

① 엄지와 약지
② 검지와 약지
③ 중지와 약지
④ 소지와 약지

 ④

마셀웨이브의 시술시 손에 쥔 아이론을 여닫을 때에는 소지와 약지를 이용하여 아이론을 여닫는다.

제 **2** 장

CBT 기출복원문제

33 비타민 C가 인체에 미치는 효과가 아닌 것은?

① 피부의 멜라닌 색소의 생성을 억제시킨다.
② 혈색을 좋게 하여 피부에 광택을 준다.
③ 호르몬의 분비를 억제시킨다.
④ 피부의 과민증을 억제하는 힘과 해독작용이 있다.

 ③

비타민 C는 호르몬 분비 억제 기능을 가지고 있지 않다.

34 다음 중 질병 발생의 3가지 요인으로 바르게 연결된 것은?

① 숙주 – 병인 – 환경
② 숙주 – 병인 – 유전
③ 숙주 – 병인 – 병소
④ 숙주 – 병인 – 저항력

 ①

질병 발생의 3가지 요인은 숙주, 병인, 환경이다.

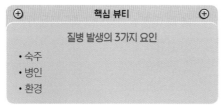

핵심 뷰티

질병 발생의 3가지 요인

• 숙주
• 병인
• 환경

35 한 국가나 지역사회 간의 보건수준을 비교하는 데 사용되는 대표적인 3대 지표는?

① 영아사망률, 비례사망지수, 평균수명
② 영아사망률, 사인별 사망률, 평균수명
③ 유아사망률, 모성사망률, 비례사망지수
④ 유아사망률, 사인별 사망률, 영아사망률

 ①

한 국가나 지역사회 간의 보건수준을 비교하는 데 사용되는 대표적인 3대 지표는 영아사망률, 비례사망지수, 평균수명이다.

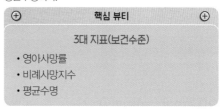

핵심 뷰티

3대 지표(보건수준)

• 영아사망률
• 비례사망지수
• 평균수명

36 다음 질환 중 예방접종에서 생균제제를 사용하는 것은?

① 장티푸스　　② 파상풍
③ 결핵　　④ 디프테리아

 ③

예방접종시 결핵, 홍역, 폴리오, 탄저 등은 생균백신을 사용한다.

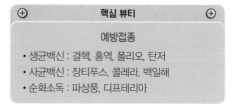

핵심 뷰티

예방접종

• 생균백신 : 결핵, 홍역, 폴리오, 탄저
• 사균백신 : 장티푸스, 콜레라, 백일해
• 순화소독 : 파상풍, 디프테리아

37 법정 감염병 중 제3급 감염병에 속하는 것은?

① 비브리오패혈증
② 장티푸스
③ 장출혈성대장균감염증
④ 백일해

 ①

장티푸스, 장출혈성대장균감염증, 백일해는 제2급 감염병이다.

┌─────────────────────────────
핵심 뷰티

제3급 법정 감염병

B형간염, C형간염, 뎅기열, CJD/vCJD, 공수병, 라임병, 레지오넬라증, 말라리아, 발진티푸스, 렙토스피라증, 발진열, 브루셀라증, 비브리오패혈증, 웨스트나일열, 일본뇌염, 신증후군출혈열, 유비저, 중증열성혈소판감소증후군, 지카바이러스감염증, 쯔쯔가무시증, 큐열, 진드기매개뇌염, 치쿤구니야열, 파상풍, 황열, 후천성면역결핍증(AIDS)
└─────────────────────────────

38 매개곤충과 전파하는 감염병의 연결이 틀린 것은?

① 진드기 – 유행성출혈열
② 모기 – 일본뇌염
③ 파리 – 사상충
④ 벼룩 – 페스트

 ③

사상충은 모기에 의하여 전파되는 감염병이다.

39 다음 중 기생충과 전파매개체의 연결이 옳은 것은?

① 무구조충 – 돼지고기
② 간디스토마 – 바다 회
③ 폐디스토마 – 가재
④ 광절열두조충 – 쇠고기

 ③

폐흡충증(폐디스토마)의 제2중간숙주는 게, 가재이다.

40 고도가 상승함에 따라 기온도 상승하여 상부의 기온이 하부의 기온보다 높게 되어 대기가 안정화되고 공기의 수직 확산이 일어나지 않게 되며, 대기오염이 심화되는 현상을 무엇이라 하는가?

① 고기압
② 기온역전
③ 엘니뇨
④ 열섬

 ②

기온역전이란 고도가 높아질수록 기온이 상승하는 현상으로 대기오염이 심화된다.

41 다음 중 하수에서 용존산소(DO)가 아주 낮다는 의미는?

① 수생식물이 잘 자랄 수 있는 수질환경이다.
② 물고기가 잘 살 수 있는 수질환경이다.
③ 물의 오염도가 높다는 의미이다.
④ 하수의 BOD가 낮은 것과 같은 의미이다.

 정답 ③

용존산소(DO)란 물속에 녹아 있는 산소를 말하며 유기물에 의하여 오염된 수역일수록 낮은 농도를 보인다.

> ⊕ **핵심 뷰티** ⊕
>
> **용존산소량(DO)**
> Dissolved Oxygen의 약자로 수질오염을 특정하는 지표로 사용된다. 물에 녹아 있는 유리산소를 의미하며 유기물에 의하여 오염된 수역일수록 낮은 농도를 보인다.

42 다음 중 직업병으로만 구성된 것은?

① 열중증 – 잠수병 – 식중독
② 열중증 – 소음성 난청 – 잠수병
③ 열중증 – 소음성 난청 – 폐결핵
④ 열중증 – 소음성 난청 – 대퇴부골절

 정답 ②

열중증은 고열, 고온의 작업환경에서, 소음성 난청은 소음이 잦은 작업환경에서, 잠수병은 기압변동이 큰 작업환경에서 자주 생기는 작업병이다.

43 주로 여름철에 발병하며 어패류 등의 생식이 원인이 되어 복통, 설사 등의 급성위장염 증상을 나타내는 식중독은?

① 포도상구균 식중독
② 병원성대장균 식중독
③ 장염비브리오 식중독
④ 보툴리누스균 식중독

 정답 ③

장염비브리오 식중독은 비브리오균(그람음성), 통성혐기성 간균에 의하여 감염되어 복통, 설사 등의 급성위장염 증상이 나타난다. 주로 여름철에 발병하며 어패류 등의 생식이 원인이 된다.

44 미생물을 대상으로 한 작용이 강한 것부터 순서대로 옳게 배열된 것은?

① 멸균 〉소독 〉살균 〉청결 〉방부
② 멸균 〉살균 〉소독 〉방부 〉청결
③ 살균 〉멸균 〉소독 〉방부 〉청결
④ 소독 〉살균 〉멸균 〉청결 〉방부

 정답 ②

미생물을 대상으로 한 작용이 강한 것은 멸균, 살균, 소독, 방부, 청결 순이다.

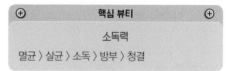

> ⊕ **핵심 뷰티** ⊕
>
> **소독력**
> 멸균 〉살균 〉소독 〉방부 〉청결

45 다음 중 화학적 소독법에 해당되는 것은?

① 알코올 소독법

② 자비소독법

③ 고압증기멸균법

④ 간헐멸균법

정답 ①

알코올 소독법은 화학적 소독법에 해당한다.

46 자비소독 시 금속제품이 녹스는 것은 방지하기 위하여 첨가하는 물질이 아닌 것은?

① 2% 붕소

② 2% 탄산나트륨

③ 5% 알코올

④ 2~3% 크레졸 비누액

정답 ③

자비소독 시 금속제품이 녹스는 것은 방지하기 위하여 붕소, 탄산나트륨, 크레졸액을 첨가한다.

47 다음 중 소독제로서의 석탄산에 관한 설명이 아닌 것은?

① 유기물에도 소독력은 약화되지 않는다.

② 고온일수록 소독력이 커진다.

③ 금속 부식성이 없다.

④ 세균단백에 대한 살균작용이 있다.

정답 ③

석탄산은 금속 부식성이 존재한다.

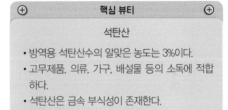

핵심 뷰티

석탄산

• 방역용 석탄산수의 알맞은 농도는 3%이다.

• 고무제품, 의류, 가구, 배설물 등의 소독에 적합하다.

• 석탄산은 금속 부식성이 존재한다.

• 석탄산계수는 소독력의 살균지표로 사용된다.

48 다음 중 이ㆍ미용사의 손을 소독하려 할 때 가장 알맞은 것은?

① 역성비누액

② 석탄산수

③ 포르말린수

④ 과산화수소

정답 ①

역성비누액은 수지ㆍ기구ㆍ식기소독, 이ㆍ미용사의 손 소독에 사용된다.

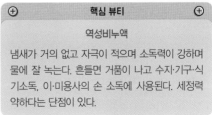

핵심 뷰티

역성비누액

냄새가 거의 없고 자극이 적으며 소독력이 강하며 물에 잘 녹는다. 흔들면 거품이 나고 수지ㆍ기구ㆍ식기소독, 이ㆍ미용사의 손 소독에 사용된다. 세정력 약하다는 단점이 있다.

49 살균력이 좋고 자극성이 적어서 상처소독에 많이 사용되는 것은?

① 승홍수 ② 과산화수소
③ 포르말린 ④ 석탄산

 정답 ②

과산화수소는 피부자극이 적어 상처표면의 소독에 주로 사용되며, 살균 및 탈취뿐만 아니라 특히 표백의 효과가 있다.

> **핵심 뷰티**
> **과산화수소**
> • 3% 과산화수소는 피부자극이 적어 상처표면의 소독에 주로 사용된다.
> • 살균 및 탈취뿐만 아니라 특히 표백의 효과가 있다.
> • 구내염, 입 안 세척 및 상처소독하는 데 발포작용을 이용하여 소독이 가능하다.

50 100%의 알코올을 사용해서 70%의 알코올 400ml를 만드는 방법으로 옳은 것은?

① 물 70ml와 100% 알코올 330ml 혼합
② 물 100ml와 100% 알코올 300ml 혼합
③ 물 120ml와 100% 알코올 280ml 혼합
④ 물 330ml와 100% 알코올 70ml 혼합

정답 ③

70%의 알코올 400ml에는 알코올 원액(100%)이 280ml가 들어 있어야 한다. 따라서 '400-280=120', 즉 120ml의 물과 280ml의 100% 알코올과 혼합하면 70%의 알코올 400ml가 된다.

> **핵심 뷰티**
> **수용액**
>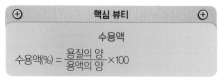
> $$수용액(\%) = \frac{용질의\ 양}{용액의\ 양} \times 100$$

51 다음 중 공중위생관리법의 궁극적인 목적은?

① 공중위생영업 종사자의 위생 및 건강관리
② 공중위생영업소의 위생관리
③ 위생수준을 향상시켜 국민의 건강증진에 기여
④ 공중위생영업의 위상 향상

정답 ③

공중위생관리법은 공중이 이용하는 영업의 위생관리등에 관한 사항을 규정함으로써 위생수준을 향상시켜 국민의 건강증진에 기여함을 목적으로 한다.

> **핵심 뷰티**
> **공중위생관리법 제1조(목적)**
> 공중위생관리법은 공중이 이용하는 영업의 위생관리등에 관한 사항을 규정함으로써 위생수준을 향상시켜 국민의 건강증진에 기여함을 목적으로 한다.

52 공중위생관리법 상 공중위생영업의 신고를 하고자 하는 경우 반드시 필요한 첨부서류가 아닌 것은?

① 영업시설 및 설비개요서
② 교육필증
③ 이·미용사 자격증
④ 국유재산사용허가(국유철도 정거장 시설 영업자의 경우)

 정답 ③

공중위생영업의 신고를 위하여 제출하는 서류는 영업시설 및 설비개요서, 교육필증, 면허증, 국유재산사용허가(국유철도 외의 철도 정거장 시설에서 영업하는 경우) 등이다.

53 이·미용사의 면허증을 재교부 받을 수 있는 자는 다음 중 누구인가?

① 공중위생관리법의 규정에 의한 명령을 위반한 자
② 간질병자
③ 면허증을 다른 사람에게 대여한 자
④ 면허증이 헐어 못쓰게 된 자

 ④

이·미용사의 면허증을 재교부 받을 수 있는 경우는 면허증의 기재사항에 변경이 있을 때, 면허증을 분실했을 때, 면허증이 헐어 못쓰게 된 때이다.

54 이·미용기구의 소독기준 및 방법을 정하는 법령은?

① 대통령령
② 보건복지부령
③ 환경부령
④ 보건소령

 ②

이용기구는 소독을 한 기구와 소독을 하지 아니한 기구로 분리하여 보관하고, 면도기는 1회용 면도날만을 손님 1인에 한하여 사용하여야 하고, 이 경우 이용기구의 소독기준 및 방법은 보건복지부령으로 정한다.

55 이·미용업소의 시설 및 설비 기준으로 적합한 것은?

① 소독을 한 기구와 소독을 하지 아니한 기구를 구분하여 보관할 수 있는 용기를 비치하여야 한다.
② 소독기, 적외선 살균기 등 기구를 소독하는 장비를 갖추어야 한다.
③ 미용업(피부)의 경우 작업 장소 내 베드와 베드 사이에는 칸막이를 설치할 수 없다.
④ 작업장소와 응접장소, 상담실, 탈의실 등을 분리하여 칸막이를 설치하려는 때에는 각각 전체의 벽면적의 2분의 1 이상은 투명하게 하여야 한다.

 ①

소독기, 자외선 살균기 등 기구를 소독하는 장비를 갖추어야 한다. 미용업(피부)의 경우 작업 장소 내 베드와 베드 사이에는 칸막이를 설치할 수 있다. 작업장소와 응접장소, 상담실, 탈의실 등을 분리하여 칸막이를 설치하려는 때에는 출입문의 3분의 1 이상은 투명하게 하여야 한다.

56 영업소 위생서비스 평가를 위탁받을 수 있는 기관은?

① 보건소
② 동사무소
③ 소비자단체
④ 관련 전문기관 및 단체

 ④

시장·군수·구청장은 위생서비스평가의 전문성을 높이기 위하여 필요하다고 인정하는 경우에는 관련 전문기관 및 단체로 하여금 위생서비스평가를 실시하게 할 수 있다.

57 위생교육에 대한 설명으로 틀린 것은?

① 위생교육 시간은 연간 3시간으로 한다.

② 공중위생 영업자는 매년 위생 교육을 받아야 한다.

③ 위생교육에 관한 기록을 1년 이상 보관·관리하여야 한다.

④ 위생 교육을 받지 아니한 자는 200만 원 이하의 과태료에 처한다.

 ③

위생교육에 관한 기록을 2년 이상 보관·관리하여야 한다.

58 면허증을 다른 사람에게 대여한 때의 2차 위반 행정처분기준은?

① 면허정지 6월

② 면허정지 3월

③ 영업정지 3월

④ 영업정지 6월

 ①

이·미용사의 면허증을 대여한 때의 2차 위반 시 행정처분은 면허정지 6월이다.

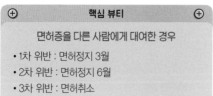

⊕ **핵심 뷰티** ⊕

면허증을 다른 사람에게 대여한 경우

• 1차 위반 : 면허정지 3월

• 2차 위반 : 면허정지 6월

• 3차 위반 : 면허취소

59 이·미용의 업무를 영업장소 외에서 행하였을 때 이에 대한 처벌기준은?

① 3년 이하의 징역 또는 1천만 원 이하의 벌금

② 500만 원 이하의 과태료

③ 200만 원 이하의 과태료

④ 100만 원 이하의 벌금

 ③

영업소외의 장소에서 이용 또는 미용업무를 행한 자는 200만 원 이하의 과태료에 처한다.

60 이·미용업자에게 과태료를 부과, 징수할 수 있는 처분권자에 해당되지 않는 자는?

① 보건소장

② 시장

③ 군수

④ 구청장

 ①

과태료는 대통령령으로 정하는 바에 따라 보건복지부장관 또는 시장·군수·구청장이 부과·징수한다.

CBT 기출복원문제 | 제8회

01 미용의 필요성에 대한 설명으로 가장 거리가 먼 것은?

① 인간의 심리적 욕구를 만족시키고 생산의 욕을 높이는 데 도움을 주므로 필요하다.

② 미용의 기술로 외모의 결점 부분까지도 보완하여 개성미를 연출해주므로 필요하다.

③ 노화를 전적으로 방지해주므로 필요하다.

④ 현대생활에서는 상대방에게 불쾌감을 주지 않는 것이 중요하므로 필요하다.

 ③

미용은 노화를 지연시키거나 현재를 유지할 수 있도록 하는 것으로, 완벽하게 노화를 방지할 수는 없다.

02 삼한시대의 머리형에 관한 설명으로 옳지 않은 것은?

① 포로나 노비는 머리를 깎아서 표시했다.

② 수장급은 모자를 썼다.

③ 일반인은 상투를 틀게 했다.

④ 귀천의 차이가 없이 자유롭게 했다.

 ④

우리나라 고대의 머리모양은 계급과 신분을 나타내는 표시의 역할을 하였다.

> ⊕ **핵심 뷰티** ⊕
>
> **삼한시대의 머리형**
>
> • 포로나 노예는 머리를 깎아 표시하였다.
> • 남자는 상투를 틀고, 수장급은 관모를 썼다.
> • 글씨를 새기는 문신이 성행하였다.

03 조선시대 때 머리형으로 사람의 머리카락으로 만든 가체를 얹은 머리형은?

① 큰머리

② 쪽진머리

③ 귀밑머리

④ 조짐머리

 ①

큰머리는 어여머리라고하며, 머리위에 사람의 머리카락으로 만든 가체를 얹은 머리로, 궁중 또는 상류층에서 하는 머리형이다.

04 피부의 기능이 아닌 것은?

① 피부는 강력한 보호작용을 지니고 있다.

② 피부는 체온의 외부발산을 막고 외부온도 변화가 내부로 전해지는 작용을 한다.

③ 피부는 땀과 피지를 통해 노폐물을 분비, 배설한다.

④ 피부도 호흡한다.

 ②

피부 모세혈관의 수축 및 확장과 한선의 땀 분비는 이용해 인체의 체온을 조절한다. 몸 내 · 외부의 열을 차단하거나 발산하는 것을 막아 체온을 유지하고, 외부온도의 변화가 직접적으로 내부에 전달되지 않도록 막는다.

05 피부가 느낄 수 있는 감각 중에서 가장 예민한 감각은?

① 통각
② 냉각
③ 촉각
④ 압각

 정답 ①

피부가 느낄 수 있는 감각 중에서 가장 예민한 감각은 통각이고, 가장 둔한 감각은 온각이다.

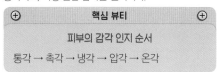

> **핵심 뷰티**
>
> **피부의 감각 인지 순서**
>
> 통각 → 촉각 → 냉각 → 압각 → 온각

06 피부색상을 결정짓는 데 주요한 요인이 되는 멜라닌색소를 만들어 내는 피부층은?

① 과립층
② 유극층
③ 기저층
④ 유두층

 정답 ③

멜라닌색소를 만들어 내는 멜라닌세포는 주로 기저층에 존재한다.

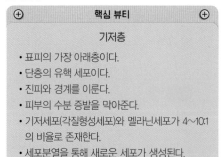

> **핵심 뷰티**
>
> **기저층**
>
> • 표피의 가장 아래층이다.
> • 단층의 유핵 세포이다.
> • 진피와 경계를 이룬다.
> • 피부의 수분 증발을 막아준다.
> • 기저세포(각질형성세포)와 멜라닌세포가 4~10:1의 비율로 존재한다.
> • 세포분열을 통해 새로운 세포가 생성된다.
> • 기저층 세포가 상처를 입으면 세포 재생이 어려워지고 흉터가 남는다.

07 교원섬유(collagen)와 탄력섬유(elastin)로 구성되어 있어 강한 탄력성을 지니고 있는 곳은?

① 표피
② 진피
③ 피하조직
④ 근육

 정답 ②

진피는 교원섬유(콜라겐섬유), 탄력섬유(엘라스틴섬유)의 두 가지 섬유와 섬유아세포, 비만세포, 대식세포 등으로 구성되어 있다.

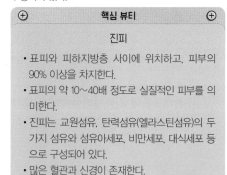

> **핵심 뷰티**
>
> **진피**
>
> • 표피와 피하지방층 사이에 위치하고, 피부의 90% 이상을 차지한다.
> • 표피의 약 10~40배 정도로 실질적인 피부를 의미한다.
> • 진피는 교원섬유, 탄력섬유(엘라스틴섬유)의 두 가지 섬유와 섬유아세포, 비만세포, 대식세포 등으로 구성되어 있다.
> • 많은 혈관과 신경이 존재한다.

08 피지선에 대한 설명으로 틀린 것은?

① 피지를 분비하는 선으로 진피층에 위치한다.
② 피지선은 손바닥에 전혀 없다.
③ 피지의 1일 분비량은 10~20g 정도이다.
④ 피지선이 너무 많은 부위는 코 주위이다.

 정답 ③

피지선은 진피의 망상층에 위치하며, 모낭선에 연결되어 있다. 피부 표면의 모공을 통해 피지를 배출하는데 성인은 하루 1~2g 정도의 피지를 분비한다.

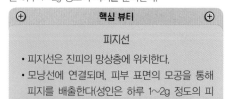

> **핵심 뷰티**
>
> **피지선**
>
> • 피지선은 진피의 망상층에 위치한다.
> • 모낭선에 연결되며, 피부 표면의 모공을 통해 피지를 배출한다(성인은 하루 1~2g 정도의 피지를 분비한다).
> • 손 · 발바닥을 제외한 전선에 존재한다.

09 다음 중 멜라닌 색소를 함유하고 있는 부분은?

① 모표피 　　　　② 모피질

③ 모수질 　　　　④ 모유두

 정답 ②

모피질은 모발의 85~90%를 차지하며, 멜라닌 색소를 포함하고 있어 모발의 색상을 결정한다.

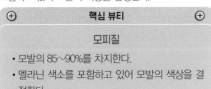

핵심 뷰티

모피질

• 모발의 85~90%를 차지한다.
• 멜라닌 색소를 포함하고 있어 모발의 색상을 결정한다.
• 신축성과 탄력성을 가진다.
• 피질세포 사이에 간충물질이 존재한다.

10 체조직 구성 영양소에 대한 설명으로 틀린 것은?

① 지질을 체지방의 형태로 에너지를 저장하며 생체막 성분으로 체구성 역할과 피부의 보호 역할을 한다.

② 지방이 분해되면 지방산이 되는데 이중에 불포화지방산은 인체 구성성분으로 중요한 위치를 차지하므로 필수지방산이라고도 부른다.

③ 필수지방산은 식물성지방보다 동물성지방을 먹는 것이 좋다.

④ 불포화지방산은 상온에서 액체 상태를 유지한다.

 정답 ③

필수 지방산은 세포 활성화, 산소 공급 등의 역할을 하며, 동물성지방보다는 식물성지방을 섭취하는 것이 좋다.

11 다음 중 무기질의 설명으로 옳지 않은 것은?

① 조절작용을 한다.

② 수분과 산, 염기의 평형조절을 한다.

③ 뼈와 치아를 공급한다.

④ 에너지 공급원으로 이용된다.

 정답 ④

무기질은 인체의 생리작용을 조절하는 영양소이다. 무기질은 조절 영양소이고, 에너지 공급원인 열량 영양소는 탄수화물, 단백질, 지방이다.

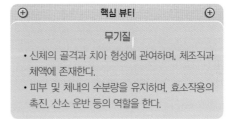

핵심 뷰티

무기질

• 신체의 골격과 치아 형성에 관여하며, 체조직과 체액에 존재한다.
• 피부 및 체내의 수분량을 유지하며, 효소작용의 촉진, 산소 운반 등의 역할을 한다.

12 여드름 발생원인과 증상에 대한 설명으로 옳지 않은 것은?

① 호르몬의 불균형

② 불규칙한 식생활

③ 중년 여성에게만 나타남

④ 주로 사춘기 때 많이 나타남

 정답 ③

여드름은 심상성 좌창이라고도 하며, 주로 사춘기 시기에 많이 발생한다. 유전적 요인이 크지만, 호르몬의 불균형, 불규칙한 식생활, 환경오염 물질, 정신적 스트레스 등 여러 가지 요인이 있다.

13 화상의 구분 중 홍반, 부종, 통증뿐만 아니라 수포를 형성하는 것은?

① 제1도 화상　　② 제2도 화상
③ 제3도 화상　　④ 중급 화상

정답 ②

제2도 화상은 홍반, 부종, 통증뿐만 아니라 수포가 형성된다.

핵심 뷰티

화상

- 제1도 화상 : 보통 60.0℃ 정도의 열에 의해 발생하며, 며칠 안에 증세는 없어진다.
- 제2도 화상 : 크고 작은 수포가 형성된다.
- 제3도 화상 : 국소는 괴사에 빠지고, 회백색 또는 흑갈색의 덴 딱지로 덮인다.
- 제4도 화상 : 화상 입은 부위 조직이 탄화되어 검게 변한 경우이다.

14 피지 분비의 과잉을 억제하고 피부를 수축시켜 주는 것은?

① 소염 화장수
② 수렴 화장수
③ 영양 화장수
④ 유연 화장수

정답 ②

수렴 화장수는 각질층을 보습하고, 모공 수축 및 피부결 정돈을 한다. 피지의 과잉 분비를 억제하며 세균으로부터 피부를 보호하고 소독한다.

핵심 뷰티

수렴 화장수

- 각질층 보습, 모공 수축 및 피부결 정돈, 피지분비 억제 등의 역할을 하며, 세균으로부터 피부를 보호하고 소독하며, 지성피부나 여드름피부에 좋다.
- 아스트린젠트 또는 토닝스킨 등으로 불린다.

15 다음 내용 중 노화피부의 특징이 아닌 것은?

① 탄력이 없고, 수분이 많다.
② 피지분비가 원활하지 못하다.
③ 주름이 형성되어 있다.
④ 색소침착 불균형이 나타난다.

정답 ①

노화피부는 피부 탄력성 저하, 주름 생성, 노인성 반점 등의 현상이 나타난다. 수분이 적어 건조해지며, 색소침착의 불균형이 나타난다.

핵심 뷰티

노화피부의 특징

- 표피와 진피의 두께가 얇아지고, 각질층의 비율이 높아진다.
- 유분과 수분이 부족하여 피부가 건조하다.
- 피부 탄력성 저하, 주름 생성, 노인성 반점 등의 현상이 나타난다.
- 세포의 재생 주기 지연으로 상처의 회복이 느리다.
- 랑게르한스세포 수 감소로 피부 면역력이 떨어진다.
- 멜라닌세포의 감소로 자외선에 대한 방어력이 저하된다.

16 다음 중 헤어 브러시로 가장 적합한 것은?

① 부드러운 나일론, 비닐계의 제품
② 탄력 있고 털이 촘촘히 박힌 강모로 된 것
③ 털이 촘촘한 것보다 듬성듬성 박힌 것
④ 부드럽고 매끄러운 연모로 된 것

정답 ②

헤어 브러시는 재질이 빳빳하고, 탄력 있고 촘촘히 박힌 강모로 된 것이 좋다.

17 강철을 연결시켜 만든 것으로 협신부(鋏身部)는 연강으로 되어 있고, 날 부분은 특수강으로 되어 있는 것은?

① 착강가위
② 전강가위
③ 틴닝가위
④ 레이저

 ①

착강가위(용접형)는 강철을 연결시켜 만든 것으로 협신부(鋏身部)는 연강으로 되어 있고, 날 부분은 특수강으로 되어 있다.

18 스트로크 커트(stroke cut) 테크닉에 사용하기 가장 적합한 것은?

① 리버스 시저스(reverse scissors)
② 미니 시저스(mini scissors)
③ 직선날 시저스(cutting scissors)
④ 곡선날 시저스(R-scissor)

 ④

곡선날 시저스(R-scissor)는 협신부가 R 모양으로 되어 있어 스트로크 커트에 적합하다.

> **핵심 뷰티**
>
> 스트로크 커트(stroke cut)
> 가위를 사용하여 테이퍼링을 하는 기법으로, 스트로크는 한 번의 손놀림을 뜻한다.

19 다음 중 비듬제거 샴푸로 가장 적당한 것은?

① 핫오일 샴푸   ② 드라이 샴푸
③ 댄드러프 샴푸   ④ 플레인 샴푸

 ③

댄드러프 샴푸(dandruff shampoo)는 비듬제거 용도로 사용하는 트리트먼트 샴푸이다.

> **핵심 뷰티**
>
> 트리트먼트 샴푸(treatment shampoo)
> 목적에 따라 비듬 제거를 위한 댄드러프 샴푸(dandruff shampoo), 모발의 손상을 회복시키기 위한 리컨디셔닝 샴푸(reconditioning shampoo), 악취 제거를 위한 데오도란트 샴푸(deodorant shampoo), 영양 보급을 위한 뉴티리티브 샴푸(nutritive shampoo) 등이 있다.

20 다음 시술 과정에서 고객에게 시술한 커트의 명칭을 순서대로 나열한 것은?

> 퍼머넌트를 하기 위해 찾은 고객에게 먼저 커트를 시술하고 퍼머넌트를 한 후 손상모와 삐져나온 불필요한 두발을 다시 가볍게 잘라 주었다.

① 프레 커트(pre-cut), 트리밍(trimming)
② 애프터 커트(after-cut), 틴닝(thinning)
③ 프레 커트(pre-cut), 슬리더링(slitherring)
④ 애프터 커트(after-cut), 테이퍼링(tapering)

 ①

퍼머넌트 웨이브 시술 전에 하는 커트는 프레 커트(pre-cut)이다. 손상모와 삐져나온 불필요한 두발을 잘라내거나 정돈하는 작업을 트리밍(trimming)이라 한다.

제**2**장
CBT 기출복원문제

21 원랜스 커트의 방법에 대한 설명으로 옳지 않은 것은?

① 동일선상에서 자른다.
② 커트라인에 따라 이사도라, 스파니엘, 패러럴 등의 유형이 있다.
③ 짧은 단발의 경우 손님의 머리를 숙이게 하고 정리한다.
④ 짧은 머리에만 주로 적용된다.

 정답 ④

원랜스 커트는 네이프의 길이가 짧고 톱으로 갈수록 길어지면서 모발에 층이 없이 동일 선상으로 자르는 커트 스타일이다. 짧은 머리, 긴 머리 모두에 적용된다.

22 시스테인 퍼머넌트에 대한 설명으로 옳지 않은 것은?

① 아미노산의 일종인 시스테인을 사용한 것이다.
② 환원제로 티오글리콜산염이 사용된다.
③ 두발에 대한 잔류성이 높아 주의가 필요하다.
④ 연모, 손상모의 시술에 적합하다.

 정답 ②

퍼머넌트의 환원제인 펌제는 티오글리콜산이나 시스테인을 사용한다. 시스테인 퍼머넌트는 환원제로 시스테인을 사용한다.

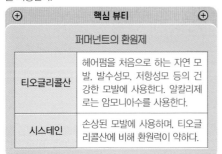

⊕	핵심 뷰티	⊕
퍼머넌트의 환원제		
티오글리콜산	헤어펌을 처음으로 하는 자연 모발, 발수성모, 저항성모 등의 건강한 모발에 사용한다. 알칼리제로는 암모니아수를 사용한다.	
시스테인	손상된 모발에 사용하며, 티오글리콜산에 비해 환원력이 약하다.	

23 그라데이션 커트 중 업 스타일에 퍼머넌트 웨이브의 와인딩 시 사용되는 로드 크기 기준으로 가장 옳은 것은?

① 두부의 네이프에는 소형의 로드를 사용한다.
② 두발이 두꺼운 경우는 로드의 직경이 큰 로드를 사용한다.
③ 두부의 몸에서 크라운 앞부분에는 중형로드를 사용한다.
④ 두부의 크라운 뒷부분에서 네이프 앞쪽까지는 대형로드를 사용한다.

 정답 ①

그라데이션 커트 중 업 스타일에 퍼머넌트 웨이브의 와인딩 시 두발이 두꺼운 경우는 로드의 직경이 작은 로드를 사용한다. 두부의 톱에서 크라운 앞부분에는 대형로드를 사용한다.

24 콜드 웨이브(cold wave) 시술 후 머리끝이 자지러지는 원인에 해당되지 않는 것은?

① 모질에 비하여 약이 강하거나 프로세싱 타임이 길었다.
② 너무 가는 로드(rod)를 사용했다.
③ 텐션(tension, 긴장도)이 약하여 로드에 꼭 감기지 않았다.
④ 사전 커트 시 머리끝을 테이퍼(taper)하지 않았다.

 정답 ④

사전 커트 시 머리끝을 심하게 테이퍼한 경우 머리끝이 자지러진다.

25 컬이 오래 지속되며 컬의 움직임이 가장 적은 스템(stem)은 무엇인가?

① 논 스템(non stem)
② 하프 스템(half stem)
③ 풀 스템(full stem)
④ 컬 스템(curl stem)

 ①

논 스템(non stem)은 컬의 움직임이 가장 적고 컬이 오래 지속되는 스템이다.

26 다음 중 핑거 웨이브의 3대 요소가 아닌 것은?

① 스템(stem)
② 크레스트(crest)
③ 리지(ridge)
④ 트로프(trough)

 ①

핑거 웨이브의 3대 요소는 크레스트, 리지, 트로프이다.

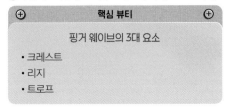

핵심 뷰티

핑거 웨이브의 3대 요소

• 크레스트
• 리지
• 트로프

27 다음 중 염색 시술 시 모표피의 안정과 염색의 퇴색을 방지하기 위해 가장 적합한 것은?

① 샴푸(shampoo)
② 플레인 린스(plain rinse)
③ 알칼리 린스(alkali rinse)
④ 산성균형 린스(acid balanced rinse)

 ④

산성균형 린스는 염색 시술시 모발의 알칼리를 중화시켜 모표피의 안정과 염색의 퇴색을 방지한다.

28 두발을 탈색한 후 초록색으로 염색하고 얼마 동안의 기간이 지난 후 다시 다른 색으로 바꾸고 싶을 때 보색관계를 이용하여 초록색의 흔적을 없애려면 어떤 색을 사용하면 좋은가?

① 노란색
② 오렌지색
③ 적색
④ 청색

 ③

두발을 탈색한 후 초록색으로 염색하고 얼마 동안의 기간이 지난 후 다시 다른 색으로 바꾸고 싶을 때 보색관계를 이용한다. 초록색의 보색은 적색이다.

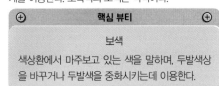

핵심 뷰티

보색

색상환에서 마주보고 있는 색을 말하며, 두발색상을 바꾸거나 두발색을 중화시키는데 이용한다.

제 2 장

CBT 기출복원문제

29 두발 위에 얹어지는 힘 혹은 당김을 의미하는 말은?

① 엘레베이션(elevation)

② 웨이트(weight)

③ 텐션(tension)

④ 텍스쳐(texture)

정답 ③

텐션(tension)은 두발을 잡아당겼을 때 끊어지지 않고 견디는 힘을 말하며, 두발의 강도라고도 한다.

30 다음 중 자외선의 영향으로 인한 부정적인 효과는?

① 홍반작용　　② 비타민 D 효과

③ 살균효과　　④ 강장효과

정답 ①

자외선에 노출될 경우 피부의 홍반반응이나 일광화상, 색소침착 등 피부 장애를 일으킨다. 피부 지질의 세포막을 손상시키며, 피부 광노화 및 피부암을 유발한다.

> ⊕ **핵심 뷰티** ⊕
>
> **자외선의 부정적인 영향**
> - 주름, 기미, 주근깨 등을 발생시키며, 수포, 피부암 등의 원인이 된다.
> - 피부의 홍반반응이나 일광화상, 색소침착 등 피부 장애를 일으킨다.
> - 피부 지질의 세포막을 손상시킨다.
> - 피부 광노화 및 피부암을 유발한다.

31 헤어커팅의 방법 중 테이퍼링(tapering)에는 3가지의 종류가 있다. 이 중에서 노멀테이퍼(normal taper)는?

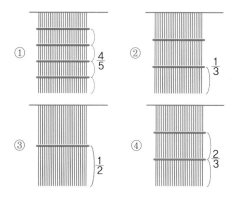

정답 ③

노멀테이퍼는 스트랜드의 1/2 지점을 폭넓게 테이퍼하는 방법이다.

32 유기합성 염모제가 두발염색의 신기원을 이룬 때는?

① 1875년

② 1876년

③ 1883년

④ 1905년

정답 ③

1883년 프랑스에서 처음으로 유기합성 염모제를 사용하여 두발염색을 시작하였다.

33 다음은 각 피부질환의 증상을 설명한 것으로 옳은 것은?

① 무좀 : 홍반에서부터 시작되며 수 시간 후에는 구진이 발생된다.
② 지루 피부염 : 기름기가 있는 인설(비듬)이 특징이며 호전과 악화를 되풀이하고 약간의 가려움증을 동반한다.
③ 수족구염 : 홍반성 결절이 하지부 부분에 여러 개 나타나며 손으로 누르면 통증을 느낀다.
④ 여드름 : 구강내 병변으로 동그란 홍반에 둘려 싸여 작은 수포가 나타난다.

 ②

지루 피부염은 기름기가 있는 인설(비듬)이 특징이며 호전과 악화를 되풀이하고 약간의 가려움증을 동반한다.

34 공중보건학의 목적으로 적절하지 않은 것은?

① 질병예방
② 수명연장
③ 육체적, 정신적 건강 및 효율의 증진
④ 물질적 풍요

 ④

공중보건학이란 조직적인 지역사회의 노력에 의하여 질병을 예방하고, 수명을 연장하며, 신체적·정신적 효율을 증진시키는 기술이며 과학이다.

핵심 뷰티
공중보건학의 목적
• 질병예방
• 수명연장
• 육체적·정신적 건강 및 효율의 증진

35 한 나라의 건강수준을 다른 국가들과 비교할 수 있는 지표로 세계보건기구가 제시한 내용은?

① 인구증가율, 평균수명, 비례사망지수
② 비례사망지수, 조사망률, 평균수명
③ 평균수명, 조사망률, 국민소득
④ 의료시설, 평균수명, 주거상태

 ②

한 나라의 건강수준을 다른 국가들과 비교할 수 있는 지표로 세계보건기구가 제시한 내용은 비례사망지수, 조사망률, 평균수명이다.

36 감염병 예방법상 제2급에 해당되는 법정감염병은?

① 탄저　　② 한센병
③ 파상풍　　④ 공수병

 ②

한센병은 제2급 감염병이고, 탄저는 제1급 감염병, 공수병, 파상풍은 제3급 감염병이다.

핵심 뷰티
제2급 법정 감염병
A형간염, E형간염, b형헤모필루스 인플루엔자, 결핵, 반코마이신내성황색포도알균(VRSA) 감염증, 백일해, 성홍열, 세균성이질, 수두, 수막구균성수막염, 유행성이하선염, 장출혈성대장균감염증, 장티푸스, 카바페넴내성장내세균속균종(CRE) 감염증, 콜레라, 파라티푸스, 폐렴구균, 폴리오, 풍진, 한센병, 홍역

37 다음 중 수인성(水因性) 감염병이 아닌 것은?

① 일본뇌염　　② 이질
③ 콜레라　　　④ 장티푸스

정답

제2급 감염병에 지정된 수인성 감염병은 콜레라, 세균성 이질, 장티푸스, 파라티푸스, 장출혈성 대장균, A형 간염이다.

> **핵심 뷰티**
>
> **수인성 전염병**
>
> 병원성 미생물이 오염된 물에 의해서 전달되는 질병으로 사람이 병원성 미생물에 오염된 물을 섭취하여 발병하는 감염병을 말한다. 제2급 감염병에 지정된 수인성 감염병은 콜레라, 세균성 이질, 장티푸스, 파라티푸스, 장출혈성 대장균, A형 간염이다.

38 페스트, 살모넬라증 등을 감염시킬 가능성이 가장 큰 동물은?

① 쥐　　　　② 말
③ 소　　　　④ 개

정답

쥐에 의하여 감염될 수 있는 감염병으로는 페스트, 살모넬라증, 쯔쯔가무시병, 발진열, 렙토스피라증 등이 있다.

39 일반적으로 돼지고기의 생식에 의해 감염될 수 없는 것은?

① 유구조충　　② 무구조충
③ 선모충　　　④ 살모넬라

정답

무구조충은 쇠고기를 생식하였을 때 감염될 수 있다. 돼지고기의 생식에 의해 감염될 수 있는 유구조충이다.

40 대기오염에 영향을 미치는 기상조건으로 가장 관계가 큰 것은?

① 강우, 강설
② 고온, 고습
③ 기온역전
④ 저기압

정답

기온역전이란 고도가 상승함에 따라 기온도 상승하여 상부의 기온이 하부의 기온보다 높게 되어 대기가 안정화되고 공기의 수직 확산이 일어나지 않게 되며, 대기오염이 심화되는 현상을 말한다.

41 수질오염을 측정하는 지표로서 물에 녹아 있는 유리산소를 의미하는 것은?

① 용존산소량(DO : Dissolved Oxygen)
② 생화학적 산소요구량(BOD : Bio-chemical Oxygen Demand)
③ 화학적 산소요구량(COD : Chemical Oxygen Demand)
④ 수소이온농도(pH)

정답 ①

용존산소량(DO : Dissolved Oxygen)은 수질오염을 측정하는 지표로서 물에 녹아 있는 유리산소를 의미한다.

> **핵심 뷰티**
> **용존산소량(DO)**
> Dissolved Oxygen의 약자로 수질오염을 특정하는 지표로 사용된다. 물에 녹아 있는 유리산소를 의미하며 유기물에 의하여 오염된 수역일수록 낮은 농도를 보인다.

42 이상 저온 작업으로 인한 건강 장애인 것은?

① 참호족
② 열경련
③ 울열증
④ 열쇠약증

정답 ①

참호족은 발을 차갑고 습한 환경에서 오랜 시간 노출할 경우 발생하는 건강 장애이다. 열경련, 울열증, 열쇠약증은 고온 환경에서의 작업병이다.

> **핵심 뷰티**
> **이상 저온 작업**
> 동상, 동창, 참호족, 전신 저체온증 등

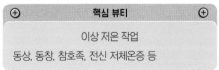

43 주로 7~9월 사이에 많이 발생되며, 어패류가 원인이 되어 발병·유행하는 식중독은?

① 포도상구균 식중독
② 살모넬라 식중독
③ 보튤리누스균 식중독
④ 장염 비브리오 식중독

정답 ④

장염비브리오 식중독은 비브리오균(그람음성), 통성혐기성 간균에 의하여 감염되어 복통, 설사 등의 급성위장염 증상이 나타난다. 주로 여름철에 발병하며 어패류 등의 생식이 원인이 된다.

44 소독약의 구비조건으로 옳지 않은 것은?

① 값이 비싸더라도 위험성이 없어야 한다.
② 인체에 해가 없으며 취급이 간편해야 한다.
③ 살균하고자 하는 대상물을 손상시키지 않아야 한다.
④ 살균력이 강해야 한다.

정답 ①

소독약은 값이 저렴해야 한다.

> **핵심 뷰티**
> **소독약의 구비조건**
> • 값이 싸고 위험성이 없어야 한다.
> • 인체에 해가 없으며 취급이 간편해야 한다.
> • 살균하고자 하는 대상물을 손상시키지 않아야 한다.
> • 살균력이 강해야 한다.

45 다음 중 건열에 의한 멸균법이 아닌 것은?

① 화염멸균법
② 자비소독법
③ 건열멸균법
④ 소각소독법

 정답 ②

자비소독법은 습열에 의한 멸균법이다.

핵심 뷰티

습열멸균법

자비소독법, 증기멸균법, 간헐멸균법, 고온증기멸균법, 저압살균법, 고온단시간살균법, 초고온 살균법

46 다음 중 열에 대한 저항력이 커서 자비소독법으로 사멸되지 않는 균은?

① 콜레라균
② 결핵균
③ 살모넬라균
④ B형간염 바이러스

 정답 ④

자비소독은 아포형성균과 B형간염 바이러스를 사멸할 수 없다.

47 AIDS나 B형간염 등과 같은 질환의 전파를 예방하기 위한 이·미용기구의 가장 좋은 소독방법은?

① 고압증기멸균기
② 자외선소독기
③ 음이온계면활성제
④ 알코올

 정답 ①

고압증기멸균기를 이용하면 가장 빠르게 완전 멸균을 할 수 있다.

48 이·미용업소에서 종업원이 손을 소독할 때 가장 보편적으로 사용하는 것은?

① 승홍수
② 과산화수소
③ 역성비누
④ 석탄수

 정답 ③

역성비누액은 수지·기구·식기소독, 이·미용사의 손 소독에 사용된다.

핵심 뷰티

역성비누액

냄새가 거의 없고 자극이 적으며 소독력이 강하며 물에 잘 녹는다. 흔들면 거품이 나고 수지·기구·식기소독, 이·미용사의 손 소독에 사용된다. 세정력 약하다는 단점이 있다.

49 구내염, 입 안 세척 및 상처소독하는 데 발포 작용을 이용하여 소독이 가능한 것은?

① 알코올
② 과산화수소
③ 승홍수
④ 크레졸 비누액

 ②

과산화수소는 구내염, 입 안 세척 및 상처소독하는 데 발포작용을 이용하여 소독이 가능하다.

> **핵심 뷰티** ⊕
>
> **과산화수소**
>
> • 3% 과산화수소는 피부자극이 적어 상처표면의 소독에 주로 사용된다.
> • 살균 및 탈취뿐만 아니라 특히 표백의 효과가 있다.
> • 구내염, 입 안 세척 및 상처소독하는 데 발포작용을 이용하여 소독이 가능하다.

50 다음 중 올바른 도구 사용법이 아닌 것은?

① 시술 도중 바닥에 떨어뜨린 빗을 다시 사용하지 않고 소독한다.
② 더러워진 빗과 브러시는 소독해서 사용해야 한다.
③ 에머리 보드는 한 고객에게만 사용한다.
④ 일회용 소모품은 경제성을 고려하여 재사용한다.

 ④

일회용 소모품은 사용 후 바로 버린다.

51 다음 중 공중위생관리법의 궁극적인 목적은?

① 공중위생영업 종사자의 위생 및 건강관리
② 공중위생영업소의 위생관리
③ 위생수준을 향상시켜 국민의 건강증진에 기여
④ 공중위생영업의 위상 향상

 ③

공중위생관리법은 공중이 이용하는 영업의 위생관리등에 관한 사항을 규정함으로써 위생수준을 향상시켜 국민의 건강증진에 기여함을 목적으로 한다.

> **핵심 뷰티** ⊕
>
> **공중위생관리법 제1조(목적)**
>
> 공중위생관리법은 공중이 이용하는 영업의 위생관리 등에 관한 사항을 규정함으로써 위생수준을 향상시켜 국민의 건강증진에 기여함을 목적으로 한다.

52 다음 중 이·미용업 영업자가 변경신고를 해야 하는 사항을 모두 고른 것은?

> ㄱ. 영업소의 소재지
> ㄴ. 영업소 바닥 면적의 3분의 1이상의 증감
> ㄷ. 종사자의 변동사항
> ㄹ. 영업자의 재산변동사항

① ㄱ
② ㄱ, ㄴ
③ ㄱ, ㄴ, ㄷ
④ ㄱ, ㄴ, ㄷ, ㄹ

정답 ②

이·미용업자의 변경신고사항으로는 영업소의 명칭 또는 상호, 영업소의 주소, 신고한 영업장 면적의 3분의 1 이상의 증감, 대표자의 성명 또는 생년월일, 숙박업 업종 간 변경, 미용업 업종 간 변경이 있다.

53 다음 중 이용사 또는 미용사의 면허를 받을 수 있는 자는?

① 약물 중독자　② 암환자
③ 정신질환자　④ 금치산자

 ②

암환자는 이용사 또는 미용사의 면허를 받을 수 있다.

54 공중위생관리법시행규칙에 규정된 이·미용 기구의 소독기준으로 적합한 것은?

① 1cm^2 당 85μW 이상의 자외선을 10분 이상 쐬어준다.
② 100℃ 이상의 건조한 열에 10분 이상 쐬어준다.
③ 석탄산수(석탄산 3%, 물 97%)에 10분 이상 담가둔다.
④ 100℃ 이상의 습한 열에 10분 이상 쐬어준다.

 ③

이·미용기구의 소독기준은 석탄산수(석탄산 3%, 물 97%)에 10분 이상 담가두는 것이다.

핵심 뷰티

이·미용기구의 소독기준
- 자외선소독 : 1cm²당 85μW 이상의 자외선을 20분 이상 쐬어준다.
- 건열멸균소독 : 섭씨 100℃ 이상의 건조한 열에 20분 이상 쐬어준다.
- 증기소독 : 섭씨 100℃ 이상의 습한 열에 20분 이상 쐬어준다
- 열탕소독 : 섭씨 100℃ 이상의 물속에 10분 이상 끓여준다.
- 석탄산수소독 : 석탄산수(석탄산 3%, 물 97%의 수용액을 말한다)에 10분 이상 담가둔다.
- 크레졸소독 : 크레졸수(크레졸 3%, 물 97%의 수용액을 말한다)에 10분 이상 담가둔다.
- 에탄올소독 : 에탄올수용액(에탄올이 70%인 수용액)에 10분 이상 담가두거나 에탄올수용액을 머금은 면 또는 거즈로 기구의 표면을 닦아준다.

55 공중위생감시원의 자격·임명·업무 범위 등에 필요한 사항을 규정하는 법령은?

① 법률
② 대통령령
③ 보건복지령
④ 당해 지방자치단체 조례

  ②

공중위생감시원의 자격·임명·업무범위 기타 필요한 사항은 대통령령으로 정한다.

핵심 뷰티

공중위생감시원
관계공무원의 업무를 행하게 하기 위하여 특별시·광역시·도 및 시·군·구(자치구에 한한다)에 공중위생감시원을 둔다.

56 이·미용업의 영업자는 연간 몇 시간의 위생교육을 받아야 하는가?

① 3시간
② 8시간
③ 10시간
④ 12시간

 ①

이·미용업의 영업자는 연간 3시간의 위생교육을 받아야 한다.

57 이·미용 영업소에서 1회용 면도날을 손님 2인에게 사용한 때의 1차 위반 시 행정처분기준은?

① 시정명령
② 개선명령
③ 경고
④ 영업정지 5일

 정답 ③

1회용 면도날을 2인 이상의 손님에게 사용한 때에 1차 위반 시 행정처분은 경고이다.

> ⊕ **핵심 뷰티** ⊕
>
> 1회용 면도날을 2인 이상의 손님에게 사용한 경우
> • 1차 위반 : 경고
> • 2차 위반 : 영업정지 5일
> • 3차 위반 : 영업정지 10일
> • 4차 위반 : 영업장 폐쇄명령

58 이·미용업에 있어 위반행위의 차수에 따른 행정처분은 최근 어느 기간 동안 같은 위반행위로 행정처분을 받는 경우에 적용되는가?

① 6월
② 1년
③ 2년
④ 3년

 정답 ②

위반행위의 차수에 따른 행정처분기준은 최근 1년간 같은 위반행위로 행정처분을 받은 경우에 이를 적용한다.

59 법인의 대표자나 법인 또는 개인의 대리인, 사용인을 기타 총괄하여 그 법인 또는 개인의 업무에 관하여 벌금형에 행하는 위반 행위를 한 때에 행위자를 벌하는 외에 그 법인 또는 개인에 대하여도 동조의 벌금형을 과하는 것을 무엇이라 하는가?

① 벌금
② 과태료
③ 양벌규정
④ 위임

 정답 ③

양벌규정이란 법인의 대표자나 법인 또는 개인의 대리인, 사용인, 그 밖의 종업원이 그 법인 또는 개인의 업무에 관하여 위반행위를 하면 그 행위자를 벌하는 외에 그 법인 또는 개인에게도 해당 조문의 벌금형을 과한다. 다만, 법인 또는 개인이 그 위반행위를 방지하기 위하여 해당 업무에 관하여 상당한 주의와 감독을 게을리하지 아니한 경우에는 그러하지 아니하다.

60 공중위생의 관리를 위한 지도, 계몽 등을 행하게 하기 위하여 둘 수 있는 것은?

① 명예공중위생감시원
② 공중위생조사원
③ 공중위생평가단체
④ 공중위생전문교육원

 정답 ①

시·도지사는 공중위생의 관리를 위한 지도·계몽 등을 행하게 하기 위하여 명예공중위생감시원을 둘 수 있다.

> ⊕ **핵심 뷰티** ⊕
>
> 명예공중위생감시원
> • 시·도지사는 공중위생의 관리를 위한 지도·계몽 등을 행하게 하기 위하여 명예공중위생감시원을 둘 수 있다.
> • 명예공중위생감시원의 자격 및 위촉방법, 업무범위 등에 관하여 필요한 사항은 대통령령으로 정한다.

제 **2** 장

CBT 기출복원문제

미용사 일반 필기

Hair Dresser

제 3 장

실전모의고사

실전모의고사 제1회

수험번호
수험자명

⏱ 제한 시간 : 60분　　　전체 문제 수 : 60　　　맞춘 문제 수 :

01 미용의 특수성에 해당하지 않는 것은?
① 자유롭게 소재를 선택한다.
② 시간적 제한을 받는다.
③ 손님의 의사를 존중한다.
④ 여러 가지 조건에 제한을 받는다.

02 우리나라 고대 여성의 머리 장식품 중 재료의 이름을 붙여서 만든 비녀가 아닌 것은?
① 산호잠　　　② 석류잠
③ 금잠　　　④ 옥잠

03 우리나라 현대 미용에 있어 1920년대에 최초로 단발머리를 한 사람은?
① 이숙종　　　② 김활란
③ 김상진　　　④ 오엽주

04 표피층을 순서대로 나열한 것은?
① 각질층 → 과립층 → 유극층 → 투명층 → 기저층
② 각질층 → 투명층 → 과립층 → 유극층 → 기저층
③ 각질층 → 유극층 → 투명층 → 과립층 → 기저층
④ 각질층 → 투명층 → 유극층 → 과립층 → 기저층

05 신체부위 중 투명층이 가장 많이 존재하는 곳은?
① 이마　　　② 두정부
③ 손바닥　　　④ 목

답안 표기란	
01	① ② ③ ④
02	① ② ③ ④
03	① ② ③ ④
04	① ② ③ ④
05	① ② ③ ④

06 콜라겐에 대한 설명으로 틀린 것은?

① 노화된 피부에는 콜라겐 함량이 낮다.
② 콜라겐이 부족하면 주름이 발생하기 쉽다.
③ 콜라겐은 피부의 표피에 주로 존재한다.
④ 콜라겐은 섬유아세포에서 생성된다.

07 피지선의 활성을 높여주는 호르몬은?

① 안드로겐
② 에스트로겐
③ 인슐린
④ 멜라닌

08 혈관과 림프관이 분포되어 있어 털에 영양을 공급하고, 주로 발육에 관여하는 부분은?

① 모유두
② 모표피
③ 모피질
④ 모수질

09 다음 중 필수지방산에 속하지 않는 것은?

① 리놀산(linolic acid)
② 리놀렌산(linolenic acid)
③ 아라키돈산(arachidonic acid)
④ 타르타르산(tartaric acid)

10 다음 중 항산화제에 속하지 않는 것은?

① 비타민 C
② 비타민 E
③ 무기질
④ SOD

답안 표기란				
06	①	②	③	④
07	①	②	③	④
08	①	②	③	④
09	①	②	③	④
10	①	②	③	④

제**3**장
실전모의고사

11 여드름이 많이 났을 때의 관리방법으로 가장 거리가 먼 것은?

① 유분이 많은 화장품을 사용하지 않는다.

② 클렌징을 철저히 한다.

③ 요오드가 많이 든 음식을 섭취한다.

④ 적당한 운동과 비타민류를 섭취한다.

12 다음 중 2도 화상에 속하는 것은?

① 햇볕에 탄 피부

② 진피층까지 손상되어 수포가 발생한 피부

③ 피하 지방층까지 손상된 피부

④ 피하 지방층 아래의 근육까지 손상된 피부

13 노화피부의 일반적인 증세는?

① 지방이 과다 분비하여 번들거린다.

② 항상 촉촉하게 매끈하다.

③ 수분이 80% 이상이다.

④ 유분과 수분이 부족하다.

14 스트로크 커트(stroke cut) 테크닉에 사용하기 가장 적합한 것은?

① 리버스 시저스(reverse scissors)

② 미니 시저스(mini scissors)

③ 직선날 시저스(cutting scissors)

④ 곡선날 시저스(R-scissor)

15 다음 중 논스트리핑 샴푸제의 특징은?

① pH가 낮은 산성이며, 두발을 자극하지 않는다.

② 징크피리치온이 함유되어 비듬치료에는 효과적이다.

③ 알칼리성 샴푸제로 pH가 7.5~8.5이다.

④ 지루성 피부병에 적합하며, 유분량이 적고 탈지력이 강하다.

답안 표기란				
11	①	②	③	④
12	①	②	③	④
13	①	②	③	④
14	①	②	③	④
15	①	②	③	④

16 페더링(feathering)이라고도 하며 두발 끝을 점차적으로 가늘게 커트하는 방법을 무엇이라 하는가?

① 클리핑(clipping)

② 테이퍼링(tapering)

③ 트리밍(trimming)

④ 틴닝(thinning)

17 다음 중 원랭스 커트형에 해당되지 않는 것은?

① 스퀘어 커트(square cut)

② 이사도라형(isadora bob)

③ 스패니얼(spaniel bob)

④ 머쉬룸 커트(mushroom cut)

18 콜드 퍼머넌트 웨이브(cold permanent wave) 시 제1액의 주성분은?

① 과산화수소

② 취소산나트륨

③ 티오글리콜산

④ 과붕산나트륨

19 물에 적신 두발을 와인딩한 후 퍼머넌트 웨이브 1제를 도포하는 방법은?

① 워터 래핑(water wrapping)

② 슬래핑(slapping)

③ 스파이럴 랩(spiral wrap)

④ 크로키놀 랩(croquignole wrap)

20 퍼머넌트 웨이브 후 두발이 자지러지는 원인이 아닌 것은?

① 사전 커트 시 두발 끝을 심하게 테이퍼한 경우

② 로드의 굵기가 너무 가는 것을 사용한 경우

③ 와인딩 시 텐션을 주지 않고 느슨하게 한 경우

④ 오버 프로세싱을 하지 않은 경우

답안 표기란				
16	①	②	③	④
17	①	②	③	④
18	①	②	③	④
19	①	②	③	④
20	①	②	③	④

제**3**장

실전모의고사

21 루프가 귓바퀴를 따라 말리고 두피에 90°로 세워져 있는 컬의 명칭은 무엇인가?

① 리버스 스탠드업 컬　　　　② 포워드 스탠드업 컬
③ 스컬프처 컬　　　　　　　④ 플랫 컬

22 스킵 웨이브(skip wave)의 특징으로 가장 거리가 먼 것은?

① 웨이브(wave)와 컬(curl)이 반복 교차된 스타일이다.
② 폭이 넓고 부드럽게 흐르는 웨이브를 만들 때 사용하는 기법이다.
③ 너무 가는 두발에는 그 효과가 적으므로 피하는 것이 좋다.
④ 퍼머넌트 웨이브가 너무 지나칠 때 이를 수정·보완하기 위해 많이 쓰인다.

23 컬러링 시술 전 실시하는 패치 테스트(patch test)에 관한 설명으로 틀린 것은?

① 염색 시술 48시간 전에 실시한다.
② 팔꿈치 안쪽이나 귀 뒤에 실시한다.
③ 테스트 결과 양성반응일 때 염색시술을 한다.
④ 염색제의 알레르기 반응 테스트이다.

24 눈꺼풀에 색감을 주어 입체감을 살려 눈의 표정을 강조하는 화장품은?

① 아이라이너　　　　　　　② 아이섀도
③ 아이브로우 펜슬　　　　　④ 마스카라

25 브러싱에 대한 내용 중 틀린 것은?

① 두발에 윤기를 더해주며 빠진 두발이나 헝클어진 두발을 고르는 작용을 한다.
② 두피의 근육과 신경을 자극하여 피지선과 혈액순환을 촉진시키고 두피조직에 영양을 공급하는 효과가 있다.
③ 여러 가지 효과를 주므로 브러싱은 어떤 상태에서든 많이 할수록 좋다.
④ 샴푸 전 브러싱은 두발이나 두피에 부착된 먼지나 노폐물, 비듬을 제거한다.

답안 표기란				
21	①	②	③	④
22	①	②	③	④
23	①	②	③	④
24	①	②	③	④
25	①	②	③	④

26 다음 중 헤어컬러 시 노란색의 보색은?

① 보라색

② 적색

③ 녹색

④ 황색

27 신징(singeing)의 목적에 해당하지 않는 것은?

① 불필요한 두발을 제거하고 건강한 두발의 순조로운 발육을 조장한다.

② 잘라지거나 갈라진 두발로부터 영양물질이 흘러나오는 것을 막는다.

③ 양이 많은 두발에 숱을 쳐내는 것이다.

④ 온열자극에 의해 두부의 혈액순환을 촉진시킨다.

28 고객 응대 대화법에서 시각적 요소가 아닌 것은?

① 표정

② 시선

③ 발음

④ 옷차림

29 다음 중 아이론 부위의 명칭이 아닌 것은?

① 로드

② 그루브

③ 프롱핸들

④ 엣지

30 쇼트 헤어 커트 디자인에서 아래 사각턱을 감추기보다는 이마 부분에 형태를 주어 시선을 분산시켜 디자인하면 좋은 얼굴형은?

① 둥근 얼굴형

② 긴 얼굴형

③ 역삼각형

④ 사각 얼굴형

답안 표기란				
26	①	②	③	④
27	①	②	③	④
28	①	②	③	④
29	①	②	③	④
30	①	②	③	④

제**3**장

실전모의고사

답안 표기란				
31	①	②	③	④
32	①	②	③	④
33	①	②	③	④
34	①	②	③	④
35	①	②	③	④

31 헤어커팅의 방법 중 테이퍼링(tapering)에는 3가지의 종류가 있다. 다음의 테이퍼 방법은?

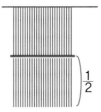

① 딥 테이퍼(deep taper)

② 노멀 테이퍼(normal taper)

③ 엔드 테이퍼(end taper)

④ 쇼트 테이퍼(short taper)

32 정사각형의 의미와 직각의 의미로 커트하는 기법은?

① 블런트 커트(blunt cut)

② 스퀘어 커트(square cut)

③ 롱 스트로크 커트(long stroke cut)

④ 체크 커트(check cut)

33 콜드웨이브에 있어 제2액의 작용에 해당되지 않는 것은?

① 산화작용 ② 정착작용

③ 중화작용 ④ 환원작용

34 염색제의 연화제는 어떤 두발에 주로 사용되는가?

① 염색모 ② 다공질모

③ 손상모 ④ 저항성모

35 다음 중 피부의 감각기관인 촉감점이 가장 적게 분포하는 것은?

① 손끝 ② 입술

③ 혀끝 ④ 발바닥

답안 표기란				
36	①	②	③	④
37	①	②	③	④
38	①	②	③	④
39	①	②	③	④
40	①	②	③	④

36 노화된 얼굴과 젊은 얼굴을 구분할 수 있는 변화가 아닌 항목은?

① 얼굴윤곽의 변화
② 행동하고 표현할 때 생기는 얼굴과 목의 자연선이 깊게 패이고 뚜렷해짐
③ 볼우물
④ 피부의 이완과 눈 아래 특정적인 주름 및 처진 근육

37 다음 중 질병 발생의 3가지 요인이 아닌 것은?

① 환경　　　　　② 숙주
③ 병인　　　　　④ 병소

38 다음 중 생명표의 표현에 사용되는 인자들을 모두 나열한 것은?

> ㄱ. 생존수
> ㄴ. 사망수
> ㄷ. 생존률
> ㄹ. 평균여명

① ㄱ, ㄴ, ㄷ
② ㄱ, ㄷ
③ ㄴ, ㄹ
④ ㄱ, ㄴ, ㄷ, ㄹ

39 감염병 예방법상 제2급 감염병인 것은?

① 공수병　　　　② 말라리아
③ 유행성이하선염　④ C형간염

40 다음 감염병 중 세균성 감염병인 것은?

① 말라리아　　　② 결핵
③ 일본뇌염　　　④ 유행성간염

제**3**장 실전모의고사

답안 표기란				
41	①	②	③	④
42	①	②	③	④
43	①	②	③	④
44	①	②	③	④
45	①	②	③	④

41 위생해충의 구제방법으로 가장 효과적이고 근본적인 방법은?

① 성충 구제

② 살충제 사용

③ 유충 구제

④ 발생원 제거

42 다음 중 돼지와 관련이 있는 질환으로 거리가 먼 것은?

① 유구조충

② 살모넬라증

③ 일본뇌염

④ 발진티푸스

43 공기의 자정작용과 관련이 가장 먼 설명은?

① 이산화탄소와 일산화탄소의 교환작용

② 자외선 살균작용

③ 강우, 강설에 의한 세정작용

④ 기온역전작용

44 생화학적 산소요구량(BOD)과 용존산소(DO)의 값은 어떤 관계가 있는가?

① BOD와 DO는 무관하다.

② BOD가 낮으면 DO는 낮다.

③ BOD가 높으면 DO는 낮다.

④ 같은 값을 갖는다.

45 소음이 인체에 미치는 영향으로 가장 거리가 먼 것은?

① 불안증 및 노이로제

② 청력장애

③ 중이염

④ 작업능률 저하

46 다음 식중독 중에서 가장 치명률이 높은 것은?

① 살모넬라증

② 포도상구균 식중독

③ 연쇄상구균 식중독

④ 보툴리누스균 식중독

47 소독약품으로서 갖추어야 할 구비조건이 아닌 것은?

① 위험성이 없고, 안전성이 높을 것

② 인체에 해가 없고, 독성이 낮을 것

③ 값이 싸고, 부식성이 강할 것

④ 살균력이 강하고, 용해성이 높을 것

48 다음 중 화학적 살균법이라고 할 수 없는 것은?

① 자외선 살균법

② 알코올 살균법

③ 염소 살균법

④ 과산화수소 살균법

49 다음 중 아포를 형성하는 세균에 대한 가장 좋은 소독법은?

① 적외선소독법

② 자외선소독법

③ 고압증기멸균소독법

④ 알코올소독법

50 방역용 석탄석의 가장 적당한 희석농도는?

① 0.1%

② 0.3%

③ 3.0%

④ 75%

제**3**장

실전모의고사

51 일반적으로 사용되는 소독용 알코올의 적정 농도는?

① 30% ② 50%

③ 70% ④ 90%

52 E. O 가스 멸균법이 고압증기멸균법에 비해 장점이라 할 수 있는 것은?

① 멸균 후 장기간 보존이 가능하다.

② 멸균 시 소요되는 비용이 저렴하다.

③ 멸균 조작이 쉽고 간단하다.

④ 멸균 시간이 짧다.

53 다음 (   ) 안에 알맞은 것은?

> 미생물이란 일반적으로 육안의 가시한계를 넘어선 (   )mm 이하의 미세한 생물체를 총칭하는 것이다.

① 0.01 ② 0.1

③ 1 ④ 10

54 이 · 미용업은 다음 중 어디에 속하는가?

① 공중위생영업

② 위생관련영업

③ 위생처리업

④ 건물위생관리업

55 이 · 미용업자가 신고한 영업장 면적의 (   ) 이상의 증감이 있을 때 변경 신고를 하여야 하는가?

① 5분의 1

② 4분의 1

③ 3분의 1

④ 2분의 1

답안 표기란				
51	①	②	③	④
52	①	②	③	④
53	①	②	③	④
54	①	②	③	④
55	①	②	③	④

56 다음 중 이·미용사의 면허를 받을 수 있는 사람은?

① 전과기록이 있는 자
② 피성년후견인
③ 마약, 기타 대통령령으로 정하는 약물중독자
④ 정신질환자

답안 표기란				
56	①	②	③	④
57	①	②	③	④
58	①	②	③	④
59	①	②	③	④
60	①	②	③	④

57 공중위생영업자가 준수하여야 할 위생관리기준은 다음 중 어느 것으로 정하고 있는가?

① 대통령령
② 국무총리령
③ 노동부령
④ 보건복지부령

58 이·미용업의 업주가 받아야 하는 위생교육 기간은 몇 시간인가?

① 매년 3시간
② 분기별 3시간
③ 매년 6시간
④ 분기별 6시간

59 신고를 하지 않고 영업소 명칭(상호)을 바꾼 경우에 대한 1차 위반 시의 행정처분기준은?

① 주의
② 경고 또는 개선명령
③ 영업정지 10일
④ 영업정지 1월

60 이·미용사가 면허정지 처분을 받고 업무정지 기간 중 업무를 행한 때 1차 위반시 행정처분기준은?

① 면허정지 3월
② 면허정지 6월
③ 면허취소
④ 영업장 폐쇄명령

제**3**장

실전모의고사

실전모의고사 제2회

수험번호
수험자명

⏱ 제한 시간 : 60분　　　전체 문제 수 : 60　　　맞춘 문제 수 :

01 전체적인 머리모양을 종합적으로 관찰하여 수정 · 보완시켜 완전히 끝맺도록 하는 것은?

① 통칙　　　　　　　　② 제작
③ 보정　　　　　　　　④ 구상

02 첩지에 대한 내용으로 적합하지 않은 것은?

① 첩지의 모양은 봉과 개구리 등이 있다.
② 첩지는 조선시대 사대부의 예장 때 머리 위 가르마를 꾸미는 장식품이다.
③ 왕비는 은 개구리 첩지를 사용하였다.
④ 첩지는 내명부나 외명부의 신분을 밝혀주는 중요한 표시이기도 했다.

03 고대 중국 당나라 시대의 메이크업과 가장 거리가 먼 것은?

① 백분, 연지로 얼굴형 부각
② 액황을 이마에 발라 입체감 살림
③ 10가지 종류의 눈썹모양으로 개성을 표현
④ 일본에서 유입된 가부끼 화장이 서민에게까지 성행

04 두부의 라인 중 이어 포인트에서 네이프 사이드 포인트를 연결한 선의 명칭은?

① 목옆선　　　　　　　② 목뒤선
③ 측두선　　　　　　　④ 측중선

05 생명력이 없는 상태의 무색, 무핵층으로서 손바닥과 발바닥에 주로 있는 층은?

① 각질층　　　　　　　② 과립층
③ 투명층　　　　　　　④ 기저층

답안 표기란				
01	①	②	③	④
02	①	②	③	④
03	①	②	③	④
04	①	②	③	④
05	①	②	③	④

06 피부의 구조 중 진피에 속하는 층은?

① 각질층   ② 투명층

③ 망상층   ④ 유극층

07 두발의 영양 공급에서 가장 중요한 영양소이며 가장 많이 공급되어야 할 것은?

① 비타민 A

② 지방

③ 단백질

④ 칼슘

08 세포의 분열증식으로 두발이 만들어지는 곳은?

① 모모(毛母)세포

② 모유두

③ 모구

④ 모소피

09 다음 중 단백질의 최종 가수분해 물질은?

① 지방산

② 콜레스테롤

③ 아미노산

④ 카노틴

10 헤모글로빈을 구성하는 매우 중요한 물질로 피부의 혈색과도 밀접한 관계에 있으며 결핍되면 빈혈이 일어나는 영양소는?

① 철분(Fe)

② 칼슘(Ca)

③ 요오드(I)

④ 마그네슘(Mg)

답안 표기란				
06	①	②	③	④
07	①	②	③	④
08	①	②	③	④
09	①	②	③	④
10	①	②	③	④

제**3**장

실전모의고사

11 일상생활에서 여드름 치료 시 주의해야 할 사항에 해당하지 않는 것은?

① 불결한 손으로 피부를 만지거나 접촉시키지 않는다.

② 정기적인 필링으로 각질을 제거해 준다.

③ 알칼리성 비누를 사용한다.

④ 식사 시 버터, 치즈 등을 가급적 피한다.

12 강한 유전경험을 보이는 특별한 습진으로 팔꿈치 안쪽이나 목 등의 피부가 거칠어지고 아주 심한 가려움증을 나타내는 것은?

① 아토피성 피부염   ② 일광 피부염

③ 베를로크 피부염   ④ 약진

13 자연 노화(생리적 노화)로 생기는 피부 증상이 아닌 것은?

① 망막층이 얇아진다.

② 피하지방세포가 감소한다.

③ 각질층의 두께가 얇아진다.

④ 멜라닌 세포의 수가 감소한다.

14 아로마 오일에 대한 설명으로 가장 적절한 것은?

① 수증기 증류법에 의해 얻어진 아로마 오일이 주로 사용되고 있다.

② 아로마 오일은 공기 중의 산소나 빛에 안정하기 때문에 주로 투명 용기에 보관하여 사용한다.

③ 아로마 오일은 주로 향기 식물의 줄기나 뿌리 부위에서만 추출된다.

④ 아로마 오일은 주로 베이스노트(base note)이다.

15 브러시의 종류에 따른 사용목적에 대한 설명으로 옳은 것은?

① 덴멘 브러시는 열에 약하다.

② 롤 브러시는 롤의 크기가 제한적이어서 웨이브를 만들기에 적합하지 않다.

③ 스켈톤 브러시는 남성 헤어스타일이나 짧은머리를 정돈하는 데 주로 사용된다.

④ S형 브러시는 직선을 살린 헤어스타일 정돈에 적합하다.

답안 표기란				
11	①	②	③	④
12	①	②	③	④
13	①	②	③	④
14	①	②	③	④
15	①	②	③	④

16 헤어 커트 시 사용하는 레이저(razor)에 대한 설명으로 틀린 것은?

① 레이저의 날 등과 날 끝이 대체로 균등해야 한다.

② 초보자에게는 오디너리(ordinary) 레이저가 적합하다.

③ 레이저의 날 선이 대체로 둥그스름한 곡선으로 나온 것이 더 정확한 커트를 할 수 있다.

④ 레이저 어깨의 두께가 균등해야 좋다.

17 다음 중 손상된 두발이나 염색한 두발에 가장 적합한 샴푸제는?

① 댄드러프 샴푸제

② 논스트리핑 샴푸제

③ 프로테인 샴푸제

④ 약용 샴푸제

18 레이저(razor)를 사용하여 커트하는 방법으로 가장 적당한 것은?

① 물로 두발을 적신 다음에 테이퍼링 한다.

② 스트로크 커트를 하면서 슬리더링을 행하면 좋다.

③ 틴닝하면서 클럽 커팅을 하고 다음에 트리밍을 행한다.

④ 드라이 커팅 하는 것이 좋다.

19 두발의 길이에 작은 단차가 생기게 한 커트 기법으로 두부 상부에 있는 두발은 길고 하부로 갈수록 짧은 커트는?

① 스퀘어 커트(square cut)

② 원랭스 커트(one-length cut)

③ 레이어 커트(layer cut)

④ 그라데이션 커트(gradation cut)

20 콜드 퍼머넌트 웨이빙(cold permanent waving)에서 환원제의 주제로 사용되는 것은?

① 티오글리콜산염   ② 과산화수소

③ 브롬산칼륨   ④ 취소산나트륨

답안 표기란				
16	①	②	③	④
17	①	②	③	④
18	①	②	③	④
19	①	②	③	④
20	①	②	③	④

제 **3** 장

실전모의고사

21 두발의 양이 많고 굵은 경우의 와인딩과 로드와의 관계가 옳은 것은?

① 스트랜드는 많이 하고, 로드 직경도 큰 것을 사용
② 스트랜드는 적게 하고, 로드 직경도 작은 것을 사용
③ 스트랜드는 많이 하고, 로드 직경도 작은 것을 사용
④ 스트랜드는 적게 하고, 로드 직경도 큰 것을 사용

22 헤어 세팅에 있어 오리지널 세트의 주요한 요소에 해당하지 않은 것은?

① 헤어 웨이빙   ② 헤어 컬링
③ 콤 아웃   ④ 헤어 파팅

23 스탠드업 컬에 있어 컬의 루프가 귓바퀴 반대 방향으로 말린 컬은?

① 플래트 컬
② 포워드 스탠드업 컬
③ 리버스 스탠드업 컬
④ 스컬프쳐 컬

24 폭이 넓고 부드럽게 흐르는 버티컬 웨이브를 만들고자 할 때 핑거웨이브와 핀컬을 교대로 조합하여 만든 웨이브는?

① 리지컬 웨이브
② 스킵 웨이브
③ 플래티컬 웨이브
④ 스윙 웨이브

25 다음 중 패치테스트에 대한 설명으로 옳지 않은 것은?

① 처음 염색할 때 실시하며 반응의 증상이 없을 때는 그 후 계속해서 패치테스트를 생략해도 된다.
② 테스트 할 부위는 귀 뒤나 팔꿈치 안쪽에 실시한다.
③ 테스트에 쓸 염모제는 실제로 사용할 염모제와 동일하게 조합한다.
④ 반응의 증상이 심한 경우에는 피부전문의에게 진료를 받아야 한다.

답안 표기란				
21	①	②	③	④
22	①	②	③	④
23	①	②	③	④
24	①	②	③	④
25	①	②	③	④

답안 표기란				
26	①	②	③	④
27	①	②	③	④
28	①	②	③	④
29	①	②	③	④
30	①	②	③	④

26 헤어컬러 한 고객이 녹색 모발을 색상환의 보색관계를 이용하여 바꾸려고 할 때 가장 적합한 방법은?

① 3% 과산화수소로 약 3분간 작용시킨 뒤 주황색으로 컬러링한다.
② 빨간색으로 컬러링한다.
③ 3% 과산화수소로 약 3분간 작용시킨 뒤 보라색으로 컬러링한다.
④ 노란색을 띄는 보라색으로 컬러링한다.

27 헤어 트리트먼트(hair treatment)의 종류가 아닌 것은?

① 신징
② 트리밍
③ 클립핑
④ 헤어 팩

28 헤어미용 전문제품 중 세정 및 케어용 제품이 아닌 것은?

① 헤어 샴푸(Hair shampoo)
② 헤어 트리트먼트(Hair Treatment)
③ 헤어 컨디셔너(Hair Conditioner)
④ 헤어 에센스(hair essence)

29 자외선 차단지수의 영문 약자는?

① SPF
② PDF
③ WHO
④ SAM

30 모발의 결합구조 중 결합 방향이 다른 것은?

① 염 결합
② 수소 결합
③ 시스틴 결합
④ 폴리펩티드 결합

제 **3** 장

실전모의고사

답안 표기란				
31	①	②	③	④
32	①	②	③	④
33	①	②	③	④
34	①	②	③	④
35	①	②	③	④

31 원랭스 커트(one-length cut)의 종류에는 4가지가 있다. 다음은 무엇인가?

① 패럴렐 보브(parallel bob) ② 스패니얼 보브(spaniel bob)

③ 이사도라 보브(isadora bob) ④ 머시룸 커트(mushroom cut)

32 모발의 각도를 120°로 빗어서 로드를 감으면 논 스템(non stem)이 되는 섹션 베이스는?

① 온 베이스(On- base)

② 오프 베이스(Off base)

③ 트위스트 베이스(Twist base)

④ 온 하프 오프 베이스(On-half off base)

33 헤어스타일의 아웃라인(Out line)이 콘케이브(Concave)형의 커트로 무거움보다는 예리함과 산뜻함을 나타내는 헤어스타일은?

① 그라쥬에이션(Grajuation) ② 스패니얼(spaniel)

③ 이사도라(isadora) ④ 레이어(layer)

34 콜드웨이브 직후 헤어다이는 최소 며칠 정도가 지나서 헤어다이를 하는 것이 좋은가?

① 3일 후 ② 1주일 후

③ 20일 후 ④ 30일 후

35 컬의 줄기 부분이며, 베이스에서 피보트지점까지의 부분의 명칭은?

① 라인 ② 스템

③ 네이프 ④ 루프

36 인구구성 중 14세 이하가 65세 이상 인구의 2배 정도이며 출생률과 사망률이 모두 낮은 형은?

① 피라미드형
② 종형
③ 항아리형
④ 별형

37 다음의 영아사망률 계산식에서 (A)에 알맞은 것은?

$$영아사망률 = \frac{(A)}{연간출생아\ 수} \times 1,000$$

① 연간 생후 28일까지의 사망자 수
② 연간 생후 1년 미만 사망자 수
③ 연간 1~4세 사망자 수
④ 연간 임신 28주 이후 사산 + 출생 1주 이내 사망자 수

38 법정 감염병 중 제2급 감염병이 아닌 것은?

① 장티푸스
② 콜레라
③ 세균성이질
④ 파상풍

39 인수공통 감염병에 해당되지 않는 것은?

① 일본뇌염
② 탄저병
③ 공수병
④ 한센병

40 접촉자의 색출 및 치료가 가장 중요한 질병은?

① 성병
② 암
③ 당뇨병
④ 일본뇌염

답안 표기란				
36	①	②	③	④
37	①	②	③	④
38	①	②	③	④
39	①	②	③	④
40	①	②	③	④

제**3**장 실전모의고사

41 다음 중 어느 것을 날것으로 먹었을 때 무구조충에 감염될 수 있는가?

① 돼지고기

② 잉어

③ 게

④ 쇠고기

42 고기압 상태에서 올 수 있는 인체 장애는?

① 안구 진탕증

② 잠함병

③ 레이노이드병

④ 섬유증식증

43 음용수의 일반적인 오염지표로 사용되는 것은?

① 탁도

② 일반세균 수

③ 대장균 수

④ 경도

44 조도불량, 현휘가 과도한 장소에서 장시간 작업하여 눈에 긴장을 강요함으로써 발생되는 불량 조명에 기인하는 작업병이 아닌 것은?

① 안정피로

② 근시

③ 원시

④ 안구진탕증

45 자연독에 의한 식중독 원인물질과 서로 관계없는 것으로 연결된 것은?

① 테트로도톡신(tetrodotoxin) – 복어

② 솔라닌(solanine) – 감자

③ 무스카린(muscarin) – 버섯

④ 에르고톡신(ergotoxin) – 조개

답안 표기란				
41	①	②	③	④
42	①	②	③	④
43	①	②	③	④
44	①	②	③	④
45	①	②	③	④

46 미생물의 발육과 그 작용을 제거하거나 정지시켜 음식물의 부패, 발효를 방지하는 것은?

① 방부

② 소독

③ 살균

④ 살충

47 다음 중 화학적 소독법은?

① 건열소독법

② 여과세균소독법

③ 포르말린 소독법

④ 자외선소독법

48 다음 소독 방법 중 완전 멸균으로 가장 빠르고 효과적인 방법은?

① 유통증기법

② 간헐살균법

③ 고압증기법

④ 건열소독법

49 소독약으로서의 석탄산에 관한 내용 중 틀린 것은?

① 사용농도는 3% 수용액을 주로 쓴다.

② 고무제품, 의류, 가구, 배설물 등의 소독에 적합하다.

③ 단백질 응고작용으로 살균기능을 가진다.

④ 세균포자나 바이러스에 효과적이다.

50 소독제로의 승홍의 특징이 아닌 것은?

① 살균력이 강하다.

② 금속을 부식시킨다.

③ 고약한 냄새가 난다.

④ 유기물에 대한 완전한 소독이 어렵다.

답안 표기란				
46	①	②	③	④
47	①	②	③	④
48	①	②	③	④
49	①	②	③	④
50	①	②	③	④

제 **3** 장

실전모의고사

51 E. O 가스의 폭발위험성을 감소시키기 위하여 흔히 혼합하여 사용하는 물질은?

① 질소　　　　　　　　② 산소

③ 아르곤　　　　　　　④ 이산화탄소

52 일반적인 미생물의 번식에 가장 중요한 요소로만 나열된 것은?

① 온도 – 자외선 – pH

② 온도 – 습도 – 자외선

③ 온도 – 습도 – 영양분

④ 온도 – 습도 – 시간

53 공중위생관리법상에서 정의된 미용업이 손질할 수 있는 손님의 신체범위는?

① 얼굴, 머리

② 얼굴, 머리, 피부

③ 얼굴, 머리, 피부, 손톱

④ 얼굴, 머리, 피부, 손톱 · 발톱

54 이 · 미용업의 상속으로 인한 영업자 지위승계의 신고시 구비서류가 아닌 것은?

① 영업자 지위승계 신고서

② 가족관계증명서

③ 인감증명서

④ 상속자임을 증명할 수 있는 서류

55 다음 중 이 · 미용사의 면허정지를 명할 수 있는 자는?

① 행정안전부장관

② 시 · 도지사

③ 시장 · 군수 · 구청장

④ 경찰서장

답안 표기란				
51	①	②	③	④
52	①	②	③	④
53	①	②	③	④
54	①	②	③	④
55	①	②	③	④

56 다음 중 신고된 영업소 이외의 장소에서 이 · 미용업 영업을 할 수 있는 장소는?

① 일반 가정　　　　　　② 일반 학교
③ 일반 사무실　　　　　④ 거동이 불편한 환자 처소

57 시 · 도지사 또는 시장 · 군수 · 구청장은 공중위생관리상 필요하다고 인정하는 때에 공중위생영업자 등에 대하여 필요한 조치를 취할 수 있다. 이 조치에 해당하는 것은?

① 보고　　　　　　　　② 청문
③ 감독　　　　　　　　④ 협의

58 부득이한 사유가 없는 한 공중위생영업소를 개설할 자는 언제 위생교육을 받아야 하는가?

① 영업개시 후 1월 이내
② 영업개시 후 2월 이내
③ 영업개시 전
④ 영업개시 후 3월 이내

59 이 · 미용영업소 안에 면허증 원본을 게시하지 않은 경우의 1차 위반시 행정처분기준은?

① 개선명령 또는 경고
② 영업정지 5일
③ 영업정지 10일
④ 영업정지 15일

60 이 · 미용업 영업소에서 영업정지처분을 받고 그 영업정지 기간 중 영업을 한 때에 대한 1차 위반시의 행정처분기준은?

① 영업정지 1월　　　　② 영업정지 3월
③ 영업장 폐쇄명령　　　④ 면허취소

답안 표기란				
56	①	②	③	④
57	①	②	③	④
58	①	②	③	④
59	①	②	③	④
60	①	②	③	④

제**3**장

실전모의고사

실전모의고사 제3회

수험번호
수험자명

⏱ 제한 시간 : 60분　　전체 문제 수 : 60　　맞춘 문제 수 :

---

01 올바른 미용인으로서의 인간관계가 전문가적인 태도에 관한 내용으로 가장 거리가 먼 것은?

① 예의 바르고 친절한 서비스를 모든 고객에게 제공한다.

② 고객의 기분에 주의를 기울여야 한다.

③ 효과적인 의사소통 방법을 익혀두어야 한다.

④ 대화의 주제는 종교나 정치 같은 논쟁의 대상이 되거나 개인적인 문제에 관련된 것이 좋다.

02 조선시대의 신부화장술에 대한 설명으로 틀린 것은?

① 밑 화장으로 동백기름을 사용하였다.

② 분 화장을 하였다.

③ 눈썹은 실로 밀어낸 후 따로 그렸다.

④ 연지는 뺨 쪽에 곤지는 이마에 찍었다.

03 고대 미용의 역사에 있어서 약 5,000년 이전부터 가발을 즐겨 사용했던 고대 국가는?

① 이집트　　　　　　　② 그리스

③ 로마　　　　　　　　④ 잉카제국

04 피부의 생리작용 중 지각 작용은?

① 피부 표면에 수증기를 발산한다.

② 피부의 땀샘, 피지선 모근에서 생리작용을 한다.

③ 피부 전체에 퍼져 있는 신경에 의해 촉각, 온각, 냉각, 통각 등을 느낀다.

④ 피부의 생리작용에 의해 생기는 노폐물을 운반한다.

05 케라토히알린(keratohyalin)과립은 피부 표피의 어느 층에 주로 존재하는가?

① 과립층　　　　　　　② 유극층

③ 기저층　　　　　　　④ 투명층

답안 표기란				
01	①	②	③	④
02	①	②	③	④
03	①	②	③	④
04	①	②	③	④
05	①	②	③	④

06 다음 중 표피와 무관한 것은?

① 각질층

② 유두층

③ 투명층

④ 기저층

07 두발을 태우면 노린내가 나는데 이는 어떤 성분 때문인가?

① 나트륨

② 이산화탄소

③ 유황

④ 탄소

08 피부가 추위를 감지하면 근육을 수축시켜 털을 세우게 되는데 어떤 근육에 해당하는가?

① 안륜근

② 입모근

③ 전두근

④ 후두근

09 다음 중 필수 아미노산에 속하지 않는 것은?

① 트립토판

② 트레오닌

③ 발린

④ 알라닌

10 혈색을 좋게 하는 철분이 많은 식품과 거리가 가장 먼 것은?

① 감자

② 시금치

③ 조개류

④ 소나 닭의 간

답안 표기란				
06	①	②	③	④
07	①	②	③	④
08	①	②	③	④
09	①	②	③	④
10	①	②	③	④

제3장 실전모의고사

11 다음 중 바이러스성 피부질환은?

① 기미　　　　　　　　② 주근깨

③ 여드름　　　　　　　④ 단순포진

12 다음 중 주로 40~50대에 보이며 혈액흐름이 나빠져 모세혈관이 파손되어 코를 중심으로 양 볼에 나비 형태로 붉어지는 현상은?

① 비립종

② 섬유종

③ 주사

④ 켈로이드

13 다음 내용 중 광노화와 거리가 먼 것은?

① 피부두께가 두꺼워진다.

② 섬유아 세포수가 감소한다.

③ 모세혈관축소가 일어난다.

④ 점다당질이 증가한다.

14 주름개선 기능성화장품의 효과와 가장 거리가 먼 것은?

① 피부 탄력 강화

② 콜라겐 합성 촉진

③ 표피 신진대사 촉진

④ 섬유아세포 분해 촉진

15 브러시의 손질법으로 적절하지 않은 것은?

① 보통 비눗물이나 탄산소다수에 담그고 부드러운 털은 손으로 가볍게 비벼 빤다.

② 털이 빳빳한 것은 세정 브러시로 닦아낸다.

③ 털이 아래로 가도록 하여 햇볕에 말린다.

④ 소독방법으로 석탄산수를 사용해도 된다.

답안 표기란				
11	①	②	③	④
12	①	②	③	④
13	①	②	③	④
14	①	②	③	④
15	①	②	③	④

16 일상용 레이저와 셰이핑 레이저의 비교로 옳은 것은?

① 일상용 레이저가 더 안전율이 높다.
② 초보자에게는 셰이핑 레이저가 적합하다.
③ 셰이핑 레이저는 시간상 능률적이다.
④ 셰이핑 레이저는 지나치게 자를 우려가 있다.

17 누에고치에서 추출한 성분과 난황성분을 함유한 샴푸제로서 두발에 영양을 공급해 주는 샴푸는?

① 산성 샴푸(acid shampoo)
② 컨디셔닝 샴푸(conditioning shampoo)
③ 프로테인 샴푸(protein shampoo)
④ 드라이 샴푸(dry shampoo)

18 두발 커트시, 두발 끝 2/3 정도로 테이퍼링 하는 것은?

① 노멀 테이퍼링(normal tapering)
② 딥 테이퍼링(deep tapering)
③ 엔드 테이퍼링(end tapering)
④ 보스 사이드 테이퍼링(both-side tapering)

19 두발을 윤곽 있게 살려 네이프에서 정수리쪽으로 올라가면서 두발에 단차를 주는 커트는?

① 원랭스 커트   ② 쇼트헤어 커트
③ 그라데이션 커트   ④ 스퀘어 커트

20 퍼머넌트 웨이빙 시 두발을 구성하고 있는 케라틴의 시스틴 결합은 무엇에 의하여 잘려지는가?

① 티오글리콜산   ② 취소산칼륨
③ 과산화수소수   ④ 브롬산나트륨

답안 표기란				
16	①	②	③	④
17	①	②	③	④
18	①	②	③	④
19	①	②	③	④
20	①	②	③	④

제**3**장
실전모의고사

답안 표기란				
21	①	②	③	④
22	①	②	③	④
23	①	②	③	④
24	①	②	③	④
25	①	②	③	④

21 퍼머넌트 웨이브 시술 시 굵은 두발에 대한 와인딩 방법을 올바르게 설명한 것은?

① 블로킹을 크게 하고 로드의 직경도 큰 것으로 한다.
② 블로킹을 작게 하고 로드의 직경도 작은 것으로 한다.
③ 블로킹을 크게 하고 로드의 직경은 작은 것으로 한다.
④ 블로킹을 작게 하고 로드의 직경은 큰 것으로 한다.

22 헤어 파팅(hair parting) 중 후두부를 정중선(正中線)으로 나눈 파트는?

① 센터 파트(center part)
② 스퀘어 파트(square part)
③ 카우릭 차트(cowlick part)
④ 센터 백 파트(center-back part)

23 다음 중 두발의 볼륨을 주지 않기 위한 컬 기법은?

① 스탠드업 컬(stand up curl)
② 플래트 컬(flat curl)
③ 리프트 컬(lift curl)
④ 논 스템 롤러 컬(non stem roller curl)

24 핑거 웨이브의 종류 중 로우 웨이브(low wave)에 대한 설명은?

① 큰 움직임을 보는 듯한 웨이브
② 물결이 소용돌이 치는 듯한 웨이브
③ 리지가 낮은 웨이브
④ 리지가 뚜렷하지 않고 느슨한 웨이브

25 헤어 틴트시 패치테스트를 반드시 해야 하는 염모제는?

① 글리세린이 함유된 염모제
② 합성왁스가 함유된 염모제
③ 파라페닐렌디아민이 함유된 염모제
④ 과산화수소가 함유된 염모제

	답안 표기란			
26	①	②	③	④
27	①	②	③	④
28	①	②	③	④
29	①	②	③	④
30	①	②	③	④

26 스캘프 트리트먼트의 목적과 가장 관계가 먼 것은?

① 먼지나 비듬 제거

② 혈액순환을 왕성하게 하여 두피의 생리기능을 높임

③ 두피의 지방막을 제거해서 두발을 깨끗하게 해줌

④ 두피나 두발에 유분 및 수분을 공급하고 두발에 윤택함을 줌

27 헤어 트리트먼트(hair treatment)의 종류에 속하지 않는 것은?

① 헤어 리컨디셔너

② 클리핑

③ 헤어 팩

④ 테이퍼링

28 두부의 기준점 중 센터 포인트에 해당되는 것은?

① C.P

② T.P

③ G.P

④ B.P

29 삼한시대의 머리형에 관한 설명으로 옳은 것은?

① 포로나 노비는 상투를 틀었다.

② 수장급은 모자를 썼다.

③ 일부의 남자는 개체변발을 하였다.

④ 머리형에 귀천의 차이가 없었다.

30 싱글링 헤어 커트 시술에 필요한 도구로 커트의 형태나 모발의 양을 보정하기 위해 사용하는 가위는 무엇인가?

① 레이저

② 틴닝가위

③ 착강가위

④ 전강가위

제**3**장

실전모의고사

233

31 원랭스 커트(one-length cut)의 종류에는 4가지가 있다. 다음은 무엇인가?

① 패럴렐 보브(parallel bob)　　② 스패니얼 보브(spaniel bob)

③ 이사도라 보브(isadora bob)　　④ 머시룸 커트(mushroom cut)

32 퍼머넌트 웨이브 시술 후 디자인에 맞춰서 커트하는 것은?

① 스트로크 커트　　　　② 드라이 커트

③ 프레 커트　　　　　　④ 애프터 커트

33 다음 중 레이어 커트(layer cut)의 시술 특징으로 가장 알맞은 것은?

① 두발 절단면의 외형선은 일자로 형성된다.

② 슬라이스는 사선 45도로 하여 직선으로 자른다.

③ 전체적으로 층이 골고루 나타난다.

④ 블로킹은 주로 4등분으로 한다.

34 헤어 블리치제에 사용되는 과산화수소의 일반적인 농도로 가장 알맞은 것은?

① 15% 용액　　　　　② 10% 용액

③ 6% 용액　　　　　　④ 4% 용액

35 AHA(Alpha Hydroxy Acid)에 대한 설명으로 올바르지 않은 것은?

① 화학적 필링

② 글리콜산, 젖산, 주석산, 능금산, 구연산

③ 각질세포의 응집력 강화

④ 미백작용

답안 표기란				
31	①	②	③	④
32	①	②	③	④
33	①	②	③	④
34	①	②	③	④
35	①	②	③	④

36 인구 전체 사망자 수에 대한 50세 이상의 사망자 수를 나타낸 구성 비율은?

① 평균수명
② 조사망률
③ 영아사망률
④ 비례사망지수

37 다음 질병 중 병원체가 바이러스(virus)가 아닌 것은?

① 홍역
② 간염
③ 장티푸스
④ 폴리오

38 법정 감염병 중 제2급 감염병이 아닌 것은?

① 말라리아
② 홍역
③ 콜레라
④ A형 간염

39 모기가 매개하는 감염병이 아닌 것은?

① 말라리아
② 사상충
③ 일본뇌염
④ 발진티푸스

40 출생 후 4주 이내에 기본접종을 실시하는 것이 효과적인 감염병은?

① 볼거리
② 홍역
③ 결핵
④ 일본뇌염

답안 표기란				
36	①	②	③	④
37	①	②	③	④
38	①	②	③	④
39	①	②	③	④
40	①	②	③	④

제 **3** 장

실전모의고사

41 어류인 송어, 연어 등을 날로 먹었을 때 주로 감염될 수 있는 것은?

① 갈고리촌충

② 긴촌충

③ 폐디스토마

④ 선모충

답안 표기란				
41	①	②	③	④
42	①	②	③	④
43	①	②	③	④
44	①	②	③	④
45	①	②	③	④

42 다음 중 잠함병의 직접적인 원인은 무엇인가?

① 혈중 CO_2 농도 증가

② 체액 및 혈액 속의 질소 기포 증가

③ 혈중 O_2 농도 증가

④ 혈중 CO 농도 증가

43 다음 중 상호관계가 없는 것으로 연결된 것은?

① 상수 오염의 생물학적 지표 – 대장균

② 실내공기 오염의 지표 – CO_2

③ 대기 오염의 지표 – SO_2

④ 하수 오염의 지표 – 탁도

44 다음 중 불량 조명에 의해 발생되는 직업병인 것은?

① 침수족

② 감압병

③ 안구진탕증

④ 규폐증

45 식중독에 관한 설명으로 옳은 것은?

① 음식 섭취 후 장시간 뒤에 증상이 나타난다.

② 근육통 호소가 가장 빈번하다.

③ 병원성 미생물에 오염된 식품 섭취 후 발병한다.

④ 독성을 나타내는 화학 물질과는 무관하다.

46 이상적인 소독제의 구비조건과 거리가 먼 것은?

① 생물학적 작용을 발휘할 수 있어야 한다.

② 빨리 효과를 내고 살균 소요시간이 짧을수록 좋다.

③ 독성이 적으면서 사용자에게도 자극성이 없어야 한다.

④ 원액 혹은 희석된 상태에서 화학적으로 불안정된 것이어야 한다.

47 다음 중 화학적 소독법이 아닌 것은?

① 포르말린

② 석탄산

③ 크레졸 비누액

④ 고압증기

48 고압증기멸균법을 실시할 때 가장 알맞은 온도, 압력, 소요시간은?

① 71℃에 10lbs 30분간 소독

② 105℃에 15lbs 30분간 소독

③ 121℃에 15lbs 20분간 소독

④ 211℃에 10lbs 10분간 소독

49 소독제의 살균력을 비교할 때 기준이 되는 소독약은?

① 요오드

② 승홍수

③ 석탄산

④ 알코올

50 다음 소독약 중 가장 독성이 낮은 것은?

① 석탄산

② 승홍수

③ 에틸알코올

④ 포르말린

답안 표기란				
46	①	②	③	④
47	①	②	③	④
48	①	②	③	④
49	①	②	③	④
50	①	②	③	④

제**3**장

실전모의고사

51 에틸렌 옥사이드가스를 이용한 멸균법에 대한 설명 중 틀린 것은?

① 멸균온도는 저온에서 처리된다.

② 멸균시간이 비교적 길다.

③ 고압증기멸균법에 비해 비교적 저렴하다.

④ 플라스틱이나 고무제품 등의 멸균에 이용된다.

52 미생물의 성장과 사멸에 주로 영향을 미치는 요소로 가장 거리가 먼 것은?

① 영양

② 빛

③ 온도

④ 호르몬

53 다음 중 공중위생영업에 해당하지 않는 것은?

① 세탁업

② 위생관리업

③ 미용업

④ 목욕장업

54 영업자의 지위를 승계한 후 누구에게 신고해야 하는가?

① 보건복지부장관

② 시 · 도지사

③ 시장 · 군수 · 구청장

④ 세무서장

55 다음 중 이 · 미용사 면허를 취득할 수 없는 자는?

① 면허 취소 후 1년 경과한 자

② 독감환자

③ 마약중독자

④ 전과기록자

답안 표기란				
51	①	②	③	④
52	①	②	③	④
53	①	②	③	④
54	①	②	③	④
55	①	②	③	④

56 위생서비스평가의 결과에 따른 조치에 해당되지 않는 것은?

① 이 · 미용업자는 위생관리등급 표시를 영업소 출입구에 부착할 수 있다.

② 시 · 도지사는 위생서비스의 수준이 우수하다고 인정되는 영업소에 대한 포상을 실시할 수 있다.

③ 시장, 군수는 위생관리등급별로 영업소에 대한 위생감시를 실시할 수 있다.

④ 구청장은 위생관리등급의 결과를 세무서장에게 통보할 수 있다.

57 공중위생감시원을 둘 수 없는 곳은?

① 특별시
② 시, 군, 구
③ 광역시, 도
④ 읍, 면, 동

58 공중위생영업소를 개설하고자 하는 자는 언제까지 위생교육을 받아야 하는가?(부득이한 사유가 있는 경우)

① 개설 후 6개월 내
② 개설 후 12개월 내
③ 개설 후 18개월 내
④ 개설 후 24개월 내

59 지위승계 신고를 하지 아니한 때에 대한 1차 위반 시 행정처분기준은?

① 경고
② 개선명령
③ 영업정지 5일
④ 영업정지 10일

60 이중으로 이 · 미용사 면허를 취득한 때의 1차 행정처분기준은?

① 영업정지 15일
② 영업정지 30일
③ 영업정지 6월
④ 나중에 발급받은 면허의 취소

답안 표기란				
56	①	②	③	④
57	①	②	③	④
58	①	②	③	④
59	①	②	③	④
60	①	②	③	④

제 **3** 장

실전모의고사

실전모의고사 제4회

수험번호
수험자명

제한 시간 : 60분   전체 문제 수 : 60   맞춘 문제 수 :

01 고객(client)이 추구하는 미용의 목적과 필요성을 시각적으로 느끼게 하는 과정은 어디에 해당하는가?

① 소재의 확인

② 구상

③ 제작

④ 보정

02 조선 중엽 상류사회 여성들이 얼굴의 밑 화장으로 사용한 기름은?

① 동백기름　　　　② 콩기름

③ 참기름　　　　　④ 피마자기름

03 우리나라에서 현대 미용의 시초라고 볼 수 있는 시기는?

① 조선 중엽　　　　② 경술국치 이후

③ 해방 이후　　　　④ 6.25 이후

04 피부가 느낄 수 있는 감각 중에서 가장 둔한 감각은?

① 온각　　　　　　② 냉각

③ 촉각　　　　　　④ 압각

05 피부구조에 있어 물이나 일부의 물질을 통과시키지 못하게 하는 흡수방어벽 층은 어디에 있는가?

① 투명층과 과립층 사이

② 각질층과 투명층 사이

③ 유극층과 기저층 사이

④ 과립층과 유극층 사이

답안 표기란				
01	①	②	③	④
02	①	②	③	④
03	①	②	③	④
04	①	②	③	④
05	①	②	③	④

06 진피의 4/5를 차지할 정도로 가장 두꺼운 부분이며, 옆으로 길고 섬세한 섬유가 그물모양으로 구성되어 있는 피부층은?

① 망상층
② 유두층
③ 유두하층
④ 과립층

07 모발 손상의 원인이 아닌 것은?

① 자외선
② 염색
③ 탈색
④ 브러싱

08 모발의 성장이 멈추고 가벼운 물리적 자극에 의해 쉽게 탈모가 되는 단계는?

① 성장기
② 퇴화기
③ 휴지기
④ 모발주기

09 다음 중 필수 아미노산에 속하지 않는 것은?

① 아르기닌
② 리신
③ 히스티딘
④ 글리신

10 갑상선의 기능과 관계있으며, 모세혈관 기능을 정상화하는 것은?

① 칼슘   ② 인
③ 철분   ④ 요오드

답안 표기란				
06	①	②	③	④
07	①	②	③	④
08	①	②	③	④
09	①	②	③	④
10	①	②	③	④

제3장

실전모의고사

11 다음 중 바이러스에 의한 피부질환은?

① 대상포진
② 식중독
③ 발무좀
④ 농가진

12 다음 중 피지선과 가장 관련이 깊은 질환은?

① 사마귀
② 한관증
③ 주사
④ 백반증

13 자외선을 과다하게 조사했을 경우 나타나는 현상은?

① 피부에 탄력이 생긴다.
② 세포의 탈피 현상이 감소한다.
③ 멜라닌 색소가 증가하여 기미, 주근깨 등이 발생한다.
④ 아토피 피부염, 만성 피부염과 같은 피부질환이 발생한다.

14 기능성 화장품류의 주요 효과가 아닌 것은?

① 피부 주름 개선에 도움을 준다.
② 자외선으로부터 보호한다.
③ 피부를 청결히 하여 피부 건강을 유지한다.
④ 피부 미백에 도움을 준다.

15 화장품의 4대 요건에 해당하지 않는 것은?

① 사용성
② 보호성
③ 안정성
④ 안전성

답안 표기란				
11	①	②	③	④
12	①	②	③	④
13	①	②	③	④
14	①	②	③	④
15	①	②	③	④

답안 표기란				
16	①	②	③	④
17	①	②	③	④
18	①	②	③	④
19	①	②	③	④
20	①	②	③	④

16 아이론 선정방법으로 적합하지 않은 것은?

① 프롱의 길이와 핸들의 길이가 3:2로 된 것

② 프롱과 그루브의 접합지점 부분이 잘 죄어져 있는 것

③ 단단한 강질의 쇠로 만들어진 것

④ 프롱과 그루브가 수평으로 된 것

17 미용시술에 두발과 두피를 청결하게 해주는 샴푸제의 종류에는 여러 가지가 있다. 그 중에서 알칼리성 샴푸제의 pH 정도는?

① 약 6.5~7.5

② 약 7.5~8.5

③ 약 5.5~6.5

④ 약 4.5~5.5

18 헤어 커팅 시 두발의 양이 적을 때나 두발 끝을 테이퍼해서 표면을 정리할 때, 스트랜드의 1/3 이내의 두발 끝을 테이퍼 하는 것은?

① 노멀 테이퍼(normal taper)

② 엔드 테이퍼(end taper)

③ 딥 테이퍼(deep taper)

④ 미디움 테이퍼(medium taper)

19 그라데이션 커트는 몇 도 선에서 슬라이스로 커팅하는가?

① 사선 20°

② 사선 45°

③ 사선 90°

④ 사선 120°

20 퍼머약의 제1액 중 티오글리콜산의 적정 농도는?

① 1~2%

② 2~7%

③ 8~12%

④ 15~20%

제**3**장

실전모의고사

답안 표기란				
21	①	②	③	④
22	①	②	③	④
23	①	②	③	④
24	①	②	③	④
25	①	②	③	④

21 다음 중 가는 로드를 사용한 콜드 퍼머넌트 직후에 나오는 웨이브(wave)로 가장 가까운 것은?

① 내로우 웨이브   ② 와이드 웨이브

③ 섀도 웨이브   ④ 호리존탈 웨이브

22 다음 중 스퀘어 파트에 대해 바르게 설명한 것은?

① 이마의 양쪽은 사이드 파트를 하고 두정부 가까이에서 얼굴의 두발이 난 가장자리와 수평이 되도록 모나게 가르마를 타는 것

② 이마의 양각에서 나누어진 선이 두정부에서 함께 만난 세모꼴의 가르마를 타는 것

③ 사이드(side) 파트로 나눈 것

④ 파트의 선이 곡선으로 된 것

23 플랫 컬(flat curl)의 특징에 대한 설명으로 적합한 것은?

① 컬의 루프가 두피에 대하여 0°로 평평하고 납작하게 형성되어진 컬을 말한다.

② 일반적인 컬 전체를 말한다.

③ 루프가 반드시 90°로 두피 위에 세워진 컬로 볼륨을 내기 위한 헤어스타일에 주로 이용된다.

④ 두발의 끝에서부터 말아 올려진 컬을 말한다.

24 핑거 웨이브 중 큰 움직임을 보는 듯한 웨이브는 무엇인가?

① 스윙 웨이브   ② 스월 웨이브

③ 로우 웨이브   ④ 덜 웨이브

25 다음 설명 중 염모제를 바르기 전에 스트랜드 테스트(strand test)를 하는 목적이 아닌 것은?

① 색상 선정이 올바르게 이루어졌는지 알기 위해서

② 원하는 색상을 시술할 수 있는 정확한 염모제의 작용시간을 추정하기 위해서

③ 염모제에 의한 알레르기성 피부염이나 접촉성 피부염 등의 유무를 알아보기 위해서

④ 퍼머넌트 웨이브나 염색, 탈색 등으로 두발이 단모나 변색될 우려가 있는지 여부를 알기 위해서

26 스캘프 트리트먼트의 목적이 아닌 것은?

① 두피 상처 치료
② 두피 및 두발을 건강하고 아름답게 유지
③ 혈액순환 촉진
④ 탈모방지

27 헤어 트리트먼트(hair treatment)의 종류에 속하지 않는 것은?

① 클리핑
② 신징
③ 싱글링
④ 헤어 리컨디셔닝

28 미용의 특수성과 가장 관련된 것은?

① 미용사의 역량이 가장 중요하다.
② 시간적 제한을 받는다.
③ 원하는 소재를 원하는 대로 할 수 있다.
④ 정적 예술로서 미적 변화가 나타난다.

29 미용에서의 TPO 중 O에 해당하는 것은?

① Once
② Organiazation
③ Occasion
④ Operation

30 미용업소의 환경위생 중 월 1회 점검해도 되는 것은?

① 환풍기
② 제품 진열 상태
③ 자외선 소독기 점검
④ 고객에게 제공하는 서비스 음료 및 잡지 등의 청결 상태

답안 표기란				
26	①	②	③	④
27	①	②	③	④
28	①	②	③	④
29	①	②	③	④
30	①	②	③	④

제 **3** 장

실전모의고사

31 헤어 커트 시 레이저 커트(razor cut)의 특징은?

① 절단면이 명확하다.

② 두발 끝에 힘이 있다.

③ 두발 끝이 자연스럽다.

④ 두발의 손상이 적다.

32 커트 용어 중 싱글링(shingling) 시술에 대한 설명으로 맞는 것은?

① 빗살을 위로 하여 커트할 두발을 많이 잡는다.

② 빗을 천천히 위쪽으로 이동하면서 가위를 개폐시킨다.

③ 스트랜드의 근원으로부터 두발 끝을 향해 날을 잘게 넣어 쳐낸다.

④ 두발은 나눈 선에서 5~6cm 떨어져서 가위를 대고 두발 숱을 쳐낸다.

33 비듬의 일반적인 원인이 아닌 것은?

① 비타민 B_1 결핍증   ② 두피의 혈액순환 악화

③ 단백질의 과잉 섭취   ④ 부신피질 기능저하

34 원랭스 커트(one-length cut)의 종류에는 4가지가 있다. 다음은 무엇인가?

① 패럴렐 보브(parallel bob)   ② 스패니얼 보브(spaniel bob)

③ 이사도라 보브(isadora bob)   ④ 머시룸 커트(mushroom cut)

35 다음 중 UV-A(장파장 자외선)의 파장 범위는?

① 100~200nm   ② 200~290nm

③ 290~320nm   ④ 320~400nm

답안 표기란				
31	①	②	③	④
32	①	②	③	④
33	①	②	③	④
34	①	②	③	④
35	①	②	③	④

36 일반적으로 퍼머넌트 웨이브가 잘 나오지 않는 두발은?

① 염색한 모발
② 다공성 모발
③ 흡수성 모발
④ 발수성 모발

37 다음 중 토양(흙)이 병원소가 될 수 있는 질환은?

① 디프테리아
② 콜레라
③ 간염
④ 파상풍

38 감염법 예방법상 제2급에 해당되는 법정 감염병은?

① 급성호흡기감염증
② A형간염
③ 신종감염병증후군
④ 중증급성호흡기증후군(SARS)

39 다음 중 광견병의 병원체는 어디에 속하는가?

① 세균(bacteria)
② 바이러스(virus)
③ 리케차(rickettsia)
④ 진균(fungi)

40 전염병 중 음용수(마시는 물)를 통하여 전염될 수 있는 가능성이 가장 큰 것은?

① 이질　　　　　　　　② 백일해
③ 풍진　　　　　　　　④ 한센병

답안 표기란				
36	①	②	③	④
37	①	②	③	④
38	①	②	③	④
39	①	②	③	④
40	①	②	③	④

제 **3** 장

실전모의고사

41 다음 중 가족계획에 포함되는 것만 골라 나열한 것은?

> ㄱ. 결혼연령제한
> ㄴ. 초산연령조절
> ㄷ. 인공임신중절
> ㄹ. 출산횟수조절

① ㄱ, ㄴ, ㄷ
② ㄱ, ㄷ
③ ㄴ, ㄹ
④ ㄱ, ㄴ, ㄷ, ㄹ

42 다음 중 일산화탄소가 인체에 미치는 영향이 아닌 것은?

① 신경기능 장애를 일으킨다.
② 세포 내에서 산소와 Hb의 결합을 방해한다.
③ 혈액 속에 기포를 형성한다.
④ 세포 및 각 조직에서 O_2 부족 현상을 일으킨다.

43 하수 처리법 중 호기성 처리법에 속하지 않는 것은?

① 활성오니법   ② 살수여과법
③ 산화지법   ④ 임호프조법

44 대기오염물 중 1차 오염물질이 아닌 것은?

① 일산화탄소(CO)   ② 질소산화물(NO_X)
③ 오존(O_3)   ④ 황산화물(SO_X)

45 보건행정의 정의에 포함되는 내용과 가장 거리가 먼 것은?

① 국민의 수명연장
② 질병예방
③ 공적인 행정활동
④ 수질 및 대기보건

답안 표기란				
41	①	②	③	④
42	①	②	③	④
43	①	②	③	④
44	①	②	③	④
45	①	②	③	④

46 화학적 소독제의 이상적인 구비조건에 해당하지 않는 것은?

① 가격이 저렴해야 한다.

② 독성이 적고 사용자에게 자극이 없어야 한다.

③ 소독효과가 서서히 증대되어야 한다.

④ 희석된 상태에서 화학적으로 안정되어야 한다.

47 다음 중 건열멸균에 관한 내용이 아닌 것은?

① 화학적 살균 방법이다.

② 주로 건열 멸균기(dry oven)를 사용한다.

③ 유리기구, 주사침 등의 처리에 이용된다.

④ 160℃에서 1시간 30분 정도 처리한다.

48 20파운드(Lbs)의 압력에서 고압증기 멸균법을 몇 분간 처리하는 것이 가장 적절한가?

① 40분

② 30분

③ 15분

④ 5분

49 소독제의 살균력 측정검사의 지표로 사용되는 것은?

① 알코올

② 크레졸

③ 석탄산

④ 포르말린

50 이 · 미용실의 기구(가위, 레이저) 등 소독으로 가장 적당한 약품은?

① 70~80%의 알코올

② 100~200배 희석 역성비누

③ 5% 크레졸 비누액

④ 50%의 페놀액

답안 표기란				
46	①	②	③	④
47	①	②	③	④
48	①	②	③	④
49	①	②	③	④
50	①	②	③	④

제**3**장

실전모의고사

51 에틸렌 옥사이드가스의 설명으로 적합하지 않은 것은?

① 50~60℃ 저온에서 멸균된다.
② 멸균 후 보존기간이 길다.
③ 비용이 비교적 비싸다.
④ 멸균 완료 후 즉시 사용 가능하다.

52 다음 미생물 중 크기가 가장 작은 것은?

① 세균
② 곰팡이
③ 리케차
④ 바이러스

53 이 · 미용업자의 준수사항 중 옳은 것은?

① 업소 내 게시물에는 준수사항이 포함된다.
② 손님에게 사용하는 앞가리개는 반드시 흰색이어야 한다.
③ 업소 내에서는 이 · 미용 보조원의 명부만 비치하면 된다.
④ 면도기는 1회용 면도날을 손님 1인에게 사용하여야 한다.

54 다음 중 이 · 미용사의 면허를 받을 수 없는 자는?

① 전문대학의 이 · 미용에 관한 학과를 졸업한 자
② 교육부장관이 인정하는 고등기술학교에서 1년 이상 이 · 미용에 관한 소정의 과정을 이수한 자
③ 국가기술자격법에 의한 이 · 미용사의 자격을 취득한 자
④ 외국의 유명 이 · 미용학원에서 2년 이상 기술을 습득한 자

55 면허의 정지명령을 받은 자는 그 면허증을 누구에게 제출해야 하는가?

① 보건복지부장관
② 시 · 도지사
③ 시장 · 군수 · 구청장
④ 이 · 미용사 중앙회장

답안 표기란				
51	①	②	③	④
52	①	②	③	④
53	①	②	③	④
54	①	②	③	④
55	①	②	③	④

56 다음 중 이·미용업무의 보조를 할 수 있는 자는?

① 이·미용사의 감독을 받은 자

② 이·미용사 응시자

③ 이·미용학원 수강자

④ 시·도지사가 인정한 자

57 보건복지부령이 정하는 특별한 사유가 있을 때 영업소 외의 장소에서 이·미용업무를 행할 수 있다. 그 사유에 해당하지 않는 것은?

① 기관에서 특별히 요구하여 단체로 이·미용을 하는 경우

② 질병으로 인하여 영업소에 나올 수 없는 자에 대하여 이·미용을 하는 경우

③ 혼례에 참여하는 자에 대하여 그 의식 직전에 이·미용을 하는 경우

④ 시장·군수·구청장이 특별한 사정이 있다고 인정한 경우

58 공중위생영업을 하고자 하는 자는 위생교육을 언제 받아야 하는가?(단, 예외 조항은 제외한다.)

① 영업소 개설을 통보한 후에 위생교육을 받는다.

② 영업소를 운영하면서 자유로운 시간에 위생교육을 받는다.

③ 영업신고를 하기 전에 미리 위생교육을 받는다.

④ 영업소 개설 후 3개월 이내에 위생교육을 받는다.

59 이·미용 영업소에서 손님에게 음란한 물건을 관람·열람하게 한 때에 대한 1차 위반 시 행정처분기준은?

① 영업정지 15일　　　② 영업정지 1월

③ 영업장 폐쇄명령　　④ 경고

60 신고를 하지 않고 영업소의 소재지를 변경한 때 1차 행정처분기준은?

① 경고　　　　　　　② 면허정지

③ 면허취소　　　　　④ 영업정지 1월

답안 표기란				
56	①	②	③	④
57	①	②	③	④
58	①	②	③	④
59	①	②	③	④
60	①	②	③	④

제**3**장

실전모의고사

실전모의고사 제5회

수험번호 ⬚⬚⬚⬚⬚
수험자명 ⬚⬚⬚⬚⬚

⏱ 제한 시간 : 60분　　전체 문제 수 : 60　　맞춘 문제 수 : ⬚⬚

답안 표기란

01 미용 시술에 따른 작업자세로 적합하지 않은 것은?

① 샴푸 시에는 발을 약 6인치 정도 벌리고 바른 자세로 시술한다.
② 헤어스타일링 작업 시에는 손님의 의자를 작업에 적합한 높이로 조정한 다음 작업을 한다.
③ 화장이나 매니큐어 시술 시에는 미용사가 의자에 바르게 앉아 시술한다.
④ 미용사는 선 자세 또는 앉은 자세 어느 때일지라도 반드시 허리를 구부려서 시술하도록 한다.

01	①	②	③	④
02	①	②	③	④
03	①	②	③	④
04	①	②	③	④
05	①	②	③	④

02 우리나라 여성의 머리 형태 중 비녀를 꽂은 머리 형태는?

① 얹은머리　　　　　② 쪽머리
③ 좀좀 머리　　　　　④ 귀밑머리

03 고대 미용의 발상지로 진흙으로 두발에 컬을 만들었던 국가는?

① 그리스　　　　　② 프랑스
③ 이집트　　　　　④ 로마

04 죽은 피부세포가 떨어져 나가는 박리현상을 일으키는 피부층은?

① 투명층　　　　　② 유극층
③ 기저층　　　　　④ 각질층

05 피부 표피층에서 가장 두꺼운 층으로 세포표면에 가시모양의 돌기를 가지고 있는 것은?

① 유극층　　　　　② 과립층
③ 각질층　　　　　④ 기저층

06 다음 중 외부로부터 충격이 있을 때 완충작용으로 피부를 보호하는 역할을 하는 것은?

① 피하지방과 모발
② 한선과 피지선
③ 모공과 모낭
④ 외피각질층

07 건강한 두발의 pH 범위는?

① pH 3~4
② pH 4.5~5.5
③ pH 6.5~7.5
④ pH 8.5~9.5

08 다음 중 두발의 성장단계를 옳게 나타낸 것은?

① 성장기→휴지기→퇴화기
② 휴지기→발생기→퇴화기
③ 퇴화기→성장기→발생기
④ 성장기→퇴화기→휴지기

09 다음 중 피부의 각질, 털, 손 · 발톱의 구성성분인 케라틴을 가장 많이 함유한 것은?

① 동물성 단백질
② 동물성 지방질
③ 식물성 지방질
④ 탄수화물

10 피부질환의 상태를 나타낸 용어 중 원발진에 해당하는 것은?

① 종양
② 미란
③ 가피
④ 반흔

답안 표기란				
06	①	②	③	④
07	①	②	③	④
08	①	②	③	④
09	①	②	③	④
10	①	②	③	④

제 **3** 장

실전모의고사

11 다음 중 사마귀의 원인은 무엇인가?

① 바이러스
② 진균
③ 내분비이상
④ 당뇨병

12 직경 1~2mm의 둥근 백색 구진으로 안면(특히 눈의 하부)에 호발하는 것은?

① 비립종
② 피지선 모반
③ 한관종
④ 표피낭종

13 화장품과 의약품의 차이를 바르게 정의한 것은?

① 화장품의 사용 목적은 질병의 치료 및 진단이다.
② 화장품은 특정부위만 사용가능하다.
③ 의약품의 부작용은 어느 정도까지는 인정된다.
④ 의약품의 사용대상은 정상적인 상태인 자로 한정되어 있다.

14 커트 시술 시 두부(頭部)를 5등분으로 나누었을 때 관계없는 명칭은?

① 톱(top)
② 사이드(side)
③ 이어(ear)
④ 네이프(nape)

15 과산화수소(산화제) 6%에 대한 설명으로 맞는 것은?

① 10 볼륨
② 20 볼륨
③ 30 볼륨
④ 40 볼륨

답안 표기란				
11	①	②	③	④
12	①	②	③	④
13	①	②	③	④
14	①	②	③	④
15	①	②	③	④

16 다음 성분 중 세정작용이 있으며 피부자극이 적어 유아용 샴푸제에 주로 사용되는 것은?

① 음이온성 계면활성제
② 양이온성 계면활성제
③ 양쪽성 계면활성제
④ 비이온성 계면활성제

17 블런트 커트(blunt cut)의 특징이 아닌 것은?

① 모발손상이 적다.
② 입체감을 내기 쉽다.
③ 잘린 부분이 명확하다.
④ 커트 형태선이 가볍고 자연스럽다.

18 다음 중 그라데이션 커트에 대한 설명으로 옳은 것은?

① 모든 두발이 동일한 선상에 떨어진다.
② 두발의 길이에 변화를 주어 무게를 더해 줄 수 있는 기법이다.
③ 모든 두발의 길이를 균일하게 잘라주어 두발의 무게를 덜어 줄 수 있는 기법이다.
④ 전체적인 두발의 길이 변화 없이 소수 두발만을 제거하는 기법이다.

19 콜드 웨이브의 제2액에 관한 설명 중 옳은 것은?

① 두발의 구성 물질을 환원시키는 작용을 한다.
② 약액은 티오글리콜산염이다.
③ 형성된 웨이브를 고정해준다.
④ 시스틴의 구조를 변화시켜 거의 갈라지게 한다.

20 콜드 퍼머넌트 시 제1액을 바르고 비닐캡을 씌우는 이유로 거리가 가장 먼 것은?

① 체온으로 솔루션의 작용을 빠르게 하기 위하여
② 제1액의 작용이 두발 전체에 골고루 행하여지게 하기 위하여
③ 휘발성 알칼리의 휘산작용을 방지하기 위하여
④ 두발을 구부러진 형태대로 정착시키기 위하여

답안 표기란				
16	①	②	③	④
17	①	②	③	④
18	①	②	③	④
19	①	②	③	④
20	①	②	③	④

제 **3** 장

실전모의고사

21 업스타일을 시술할 때 백코밍의 효과를 크게하고자 세모난 모양의 파트로 섹션을 잡는 것은?

① 스퀘어 파트
② 트라이앵귤러 파트
③ 카우릭 파트
④ 렉탱귤러 파트

22 스컬프쳐 컬(sculpture curl)에 관한 설명 중 옳은 것은?

① 두발 끝이 컬의 바깥쪽이 된다.
② 두발 끝이 컬의 좌측이 된다.
③ 두발 끝이 컬 루프의 중심이 된다.
④ 두발 끝이 컬의 우측이 된다.

23 아이론(iron)의 열을 이용하여 웨이브를 형성하는 것은?

① 마셀 웨이브
② 콜드 웨이브
③ 핑거 웨이브
④ 섀도 웨이브

24 유기합성 염모제에 대한 설명으로 올바르지 않은 것은?

① 유기합성 염모제 제품은 알칼리성의 제1액과 환원제인 제2액으로 나누어진다.
② 제1액은 산화염료가 암모니아수에 녹아 있다.
③ 제1액의 용액은 알칼리성을 띠고 있다.
④ 제2액은 과산화수소로서 멜라닌 색소의 파괴와 산화염료를 산화시켜 발색시킨다.

25 두피관리를 할 때 헤어 스티머(hair steamer)의 사용 시간으로 가장 적합한 것은?

① 5~10분 ② 10~15분
③ 15~20분 ④ 20~30분

답안 표기란				
21	①	②	③	④
22	①	②	③	④
23	①	②	③	④
24	①	②	③	④
25	①	②	③	④

26 헤어 컨디셔너제의 사용 목적이 아닌 것은?

① 시술과정에서 두발이 손상되는 것은 막아주고 이미 손상된 두발을 완전히 치유해준다.

② 두발에 윤기를 주는 보습역할을 한다.

③ 퍼머넌트 웨이브, 염색, 블리치 후의 pH농도를 중화시켜 두발의 산성화를 방지하는 역할을 한다.

④ 상한 두발의 표피층을 부드럽게 해주어 빗질을 용이하게 한다.

27 큐티클 니퍼즈에 대한 설명으로 옳은 것은?

① 손톱에 광택을 증가시킨다.

② 손톱의 상조피를 자른다.

③ 손톱을 자르는 기구이다.

④ 손톱 모양을 다듬는 데 쓰는 막대이다.

28 혈관과 신경이 있으며 손톱과 발톱이 새롭게 생산되는 곳은?

① 조모   ② 조상

③ 조근   ④ 조체

29 두발을 롤러에 와인딩 할 때 스트랜드를 베이스에 대하여 90°로 잡아 올려서 와인딩한 롤러 컬은?

① 롱 스템 롤러 컬

② 하프 스템 롤러 컬

③ 논 스템 롤러 컬

④ 숏 스템 롤러 컬

30 정사각형의 의미와 직각의 의미로 커트하는 기법은?

① 블런트 커트(blunt cut)

② 스퀘어 커트(square cut)

③ 롱 스트로크 커트(long stoke cut)

④ 체크 커트(check cut)

답안 표기란				
26	①	②	③	④
27	①	②	③	④
28	①	②	③	④
29	①	②	③	④
30	①	②	③	④

제 **3** 장

실전모의고사

답안 표기란				
31	①	②	③	④
32	①	②	③	④
33	①	②	③	④
34	①	②	③	④
35	①	②	③	④

31 원랭스 커트(one-length cut)의 종류에는 4가지가 있다. 다음은 무엇인가?

① 패럴렐 보브(parallel bob)　　② 스패니얼 보브(spaniel bob)

③ 이사도라 보브(isadora bob)　　④ 머시룸 커트(mushroom cut)

32 헤어커팅 방법 중 길이를 짧게 하지 않고 전체적으로 두발의 숱을 감소시키는 방법은?

① 페더링(feathering)　　　② 틴닝(thinning)

③ 클리핑(clipping)　　　　④ 트리밍(treamming)

33 헤어커트시 크로스 체크 커트(cross check cut)란?

① 최초의 슬라이스선과 교차되도록 체크 커트하는 것

② 모발의 무게감을 없애주는 것

③ 전체적인 길이를 처음보다 짧게 커트하는 것

④ 세로로 잡아 체크 커트하는 것

34 자외선 중 홍반을 주로 유발시키는 것은?

① UV A

② UV B

③ UV C

④ UV D

35 관자놀이에서는 눈꼬리와 귀밑으로 이어지는 부분을 특히 밝게 표현하며, 눈썹은 살짝 빗겨 올라가도록 하는 화장법이 잘 어울리는 얼굴형은?

① 장방형 얼굴　　　　② 삼각형 얼굴

③ 사각형 얼굴　　　　④ 마름모형 얼굴

36 출생률보다 사망률이 낮으며 14세 이하 인구가 65세 이상 인구의 2배를 초과하는 인구 구성은?

① 피라미드형
② 종형
③ 항아리형
④ 별형

37 법정 감염병 중 제1급 감염병에 속하지 않는 것은?

① A형간염
② 디프테리아
③ 두창
④ 페스트

38 인수공통 감염병이 아닌 것은?

① 조류인플루엔자
② 결핵
③ 나병
④ 공수병

39 장티푸스에 대한 설명으로 옳은 것은?

① 식물매개 감염병이다.
② 우리나라에서는 제3급 법정 감염병이다.
③ 대장점막에 궤양성 병변을 일으킨다.
④ 일종의 열병으로 경구침입 감염병이다.

40 다음 중 가족계획과 가장 가까운 의미인 것은?

① 불임 시술
② 수태제한
③ 계획출산
④ 임신중절

답안 표기란				
36	①	②	③	④
37	①	②	③	④
38	①	②	③	④
39	①	②	③	④
40	①	②	③	④

제 **3** 장

실전모의고사

259

41 다음 중 일산화탄소 중독의 증상이나 후유증이 아닌 것은?

① 정신장애
② 무균성 괴사
③ 신경장애
④ 의식소실

42 일반적인 음용수로서 적합한 잔류염소량(유리잔류염소를 말함) 기준은?

① 250mg/L 이하
② 4mg/L 이하
③ 2mg/L 이하
④ 0.1mg/L 이하

43 다음 중 눈의 보호를 위해서 가장 좋은 조명 방법은?

① 간접조명
② 반간접조명
③ 직접조명
④ 반직접조명

44 세계보건기구에서 정의하는 보건행정의 범위에 속하지 않는 것은?

① 산업발전
② 모자보건
③ 환경위생
④ 감염병관리

45 화학적 약제를 사용하여 소독 시 소독 약품의 구비조건으로 옳지 않은 것은?

① 융해성이 낮아야 한다.
② 살균력이 강해야 한다.
③ 부식성, 표백성이 없어야 한다.
④ 경제적이고 사용방법이 간편해야 한다.

답안 표기란				
41	①	②	③	④
42	①	②	③	④
43	①	②	③	④
44	①	②	③	④
45	①	②	③	④

46 유리제품의 소독방법으로 가장 적합한 것은?

① 끓는 물에 넣고 10분간 가열한다.

② 건열멸균기에 넣고 소독한다.

③ 끓는 물에 넣고 5분간 가열한다.

④ 찬물에 넣고 75℃까지만 가열한다.

47 고압증기법을 사용해서 소독하기에 가장 적합하지 않은 것은?

① 유리기구

② 금속기구

③ 약액

④ 가죽제품

48 석탄산계수가 2인 소독약 A를 석탄산계수 4인 소독약 B와 같은 효과를 내게 하려면 그 농도를 어떻게 조정하면 되는가?(단, A, B의 용도는 같다.)

① A를 B보다 2배 묽게 조정한다.

② A를 B보다 4배 묽게 조정한다.

③ A를 B보다 2배 짙게 조정한다.

④ A를 B보다 4배 짙게 조정한다.

49 비교적 가격이 저렴하고 살균력이 있으며 쉽게 증발되어 잔여량이 없는 살균제는?

① 알코올　　　　　　　② 요오드

③ 크레졸　　　　　　　④ 페놀

50 생석회 분말소독의 가장 적절한 소독 대상물은?

① 감염병 환자실

② 화장실 분변

③ 채소류

④ 상처

답안 표기란				
46	①	②	③	④
47	①	②	③	④
48	①	②	③	④
49	①	②	③	④
50	①	②	③	④

제**3**장

실전모의고사

51 일반적으로 병원성 미생물의 증식이 가장 잘되는 pH의 범위는?

① pH 3.5~4.5

② pH 4.5~5.5

③ pH 5.5~6.5

④ pH 6.5~7.5

52 공중위생관리법에서 규정하고 있는 공중위생영업의 종류에 해당하는 것은?

① 택배업

② 학원영업

③ 건물위생관리업

④ 제조업

53 이용사 또는 미용사의 면허를 받을 수 없는 자는?

① 전문대학 또는 이와 동등 이상의 학력이 있다고 교육부장관이 인정하는 학교에서 이용 또는 미용에 관한 학과를 졸업한 자

② 고등학교 또는 이와 동등의 학력이 있다고 교육부장관이 인정하는 학교에서 이용 또는 미용에 관한 학과를 졸업한 자

③ 교육부장관이 인정하는 고등기술학교에서 6월 이상 이용 또는 미용에 관한 소정의 과정을 이수한 자

④ 국가기술자격법에 의한 이용사 또는 미용사(일반, 피부)의 자격을 취득한 자

54 이 · 미용업자의 준수 사항으로 올바르지 않은 것은?

① 소독한 기구와 하지 아니한 기구는 각각 다른 용기에 넣어 보관할 것

② 조명은 75룩스 이상 유지되도록 할 것

③ 신고증과 함께 면허증 사본을 게시할 것

④ 1회용 면도날은 손님 1인에 한하여 사용할 것

55 영업소 외의 장소에서 이 · 미용 업무를 행할 수 있는 경우가 아닌 것은?

① 질병으로 영업소에 나올 수 없는 경우

② 결혼식 등과 같은 의식 직전의 경우

③ 손님이 간곡한 요청이 있을 경우

④ 시장 · 군수 · 구청장이 인정하는 경우

답안 표기란				
51	①	②	③	④
52	①	②	③	④
53	①	②	③	④
54	①	②	③	④
55	①	②	③	④

56 공중위생감시원의 자격에 해당되지 않는 것은?

① 위생사 또는 환경기사 2급 이상의 자격증이 있는 자

② 대학에서 미용학을 전공하고 졸업한 자

③ 외국에서 위생사 또는 환경기사의 면허를 받은 자

④ 1년 이상 공중위생 행정에 종사한 경력이 있는 자

57 관련법상 이 · 미용사의 위생교육에 대한 설명으로 옳은 것은?

① 위생교육 대상자는 이 · 미용업 영업자이다.

② 위생교육 대상자에는 이 · 미용사의 면허를 가지고 이 · 미용업에 종사하는 모든 자가 포함된다.

③ 위생교육은 시 · 군 · 구청장만이 할 수 있다.

④ 위생교육 시간은 분기당 4시간으로 한다.

58 영업소에서 무자격 안마사로 하여금 손님에게 안마 행위를 하였을 때 2차 위반 시 행정처분은?

① 영업정지 15일

② 영업정지 1월

③ 영업정지 2월

④ 영업장 폐쇄 명령

59 다음 위법사항 중 가장 무거운 벌금기준에 해당하는 자는?

① 신고를 하지 아니하고 영업한 자

② 변경신고를 하지 아니하고 영업한 자

③ 면허정지처분을 받고 그 정지 기간 중 업무를 행한 자

④ 관계공무원의 출입, 검사를 거부한 자

60 공중위생관리법상 위생교육을 받지 아니한 때 부과되는 과태료의 기준은?

① 30만 원 이하   ② 50만 원 이하

③ 100만 원 이하   ④ 200만 원 이하

답안 표기란				
56	①	②	③	④
57	①	②	③	④
58	①	②	③	④
59	①	②	③	④
60	①	②	③	④

제 **3** 장

실전모의고사

실전모의고사 제6회

수험번호

수험자명

⏱ 제한 시간 : 60분   전체 문제 수 : 60   맞춘 문제 수 :

01 미용 작업 시의 자세와 관련된 설명 중 옳지 않은 것은?

① 작업대상의 위치가 심장의 위치보다 높아야 한다.
② 서서 작업을 하기 때문에 근육의 부담이 적게 가도록 각 부분의 밸런스를 고려한다.
③ 과다한 에너지 소모를 줄이고 적당한 힘의 배분이 되도록 한다.
④ 정상 시력의 사람은 안구에서 약 25cm가 명시거리이다.

02 우리나라 고대 여성의 머리형에 속하지 않는 머리는?

① 큰 머리   ② 얹은 머리
③ 높은 머리   ④ 쌍상투 머리

03 다음 중 바르게 연결된 것은?

① 아이론 웨이브 - 1830년 프랑스의 무슈 끄로와뜨
② 콜드 웨이브 - 1936년 영국의 J.B 스피크먼
③ 스파이럴 퍼머넌트 웨이브 - 1925년 영국의 조셉 메이어
④ 크로키놀식 웨이브 - 1875년 프랑스의 마셀 그라또우

04 다음 중 천연보습인자(NMF)에 속하는 것은?

① 아미노산   ② 글리세린
③ 히알루론산   ④ 클리콜릭산

05 다음 중 피부의 면역기능과 관계있는 세포는?

① 멜라닌세포
② 랑게르한스세포
③ 머켈세포
④ 섬유아세포

답안 표기란				
01	①	②	③	④
02	①	②	③	④
03	①	②	③	④
04	①	②	③	④
05	①	②	③	④

06 다음 중 피하지방층이 가장 적은 부위는?

① 배 부위
② 눈 부위
③ 등 부위
④ 대퇴 부위

07 다음 중 일반적으로 건강한 두발의 상태는?

① 단백질 10~20%, 수분 10~15%, pH 2.5~4.5
② 단백질 20~30%, 수분 70~80%, pH 4.5~5.5
③ 단백질 50~60%, 수분 25~40%, pH 7.5~8.5
④ 단백질 70~80%, 수분 10~15%, pH 4.5~5.5

08 다음 중 건강한 손톱상태의 조건이 아닌 것은?

① 조상에 강하게 부착되어 있어야 한다.
② 단단하고 탄력이 있어야 한다.
③ 매끄럽고 윤이 흐르고 푸른빛을 띠어야 한다.
④ 수분과 유분이 이상적으로 유지되어야 한다.

09 비타민 C 부족 시 어떤 증상이 주로 일어날 수 있는가?

① 피부가 촉촉해진다.
② 색소침착과 기미가 생긴다.
③ 여드름 발생의 원인이 된다.
④ 지방이 많이 낀다.

10 피부발진 중 일시적인 증상으로 가려움증을 동반하며 불규칙적인 모양을 한 피부현상은?

① 농포
② 팽진
③ 구진
④ 결절

답안 표기란				
06	①	②	③	④
07	①	②	③	④
08	①	②	③	④
09	①	②	③	④
10	①	②	③	④

제**3**장

실전모의고사

답안 표기란				
11	①	②	③	④
12	①	②	③	④
13	①	②	③	④
14	①	②	③	④
15	①	②	③	④

11 다음 사마귀의 종류 중 얼굴, 턱, 입 주위와 손등에 잘 발생하는 것은?

① 심상성 사마귀

② 족저 사마귀

③ 첨규 사마귀

④ 편평 사마귀

12 강한 자외선에 노출될 때 생길 수 있는 현상과 가장 거리가 먼 것은?

① 미백

② 비타민 D 합성

③ 피부암

④ 색소침착

13 유아용 제품과 저자극성 제품에 많이 사용되는 계면활성제에 대한 설명 중 옳은 것은?

① 물에 용해될 때, 친수기에 양이온과 음이온을 동시에 갖는 계면활성제

② 물에 용해될 때, 이온으로 해리하지 않는 수산기, 에테르 결합, 에스테르 등을 분자 중에 갖고 있는 계면활성제

③ 물에 용해될 때, 친수기 부분이 음이온으로 해리되는 계면활성제

④ 물이 용해될 때, 친수기 부분이 양이온으로 해리되는 계면활성제

14 두부 라인의 명칭 중에서 코의 중심을 통해 두부 전체를 수직으로 나누는 선은?

① 정중선

② 측중선

③ 수평선

④ 측두선

15 퍼머넌트 웨이빙 시 2액의 가장 올바른 사용법은?

① 중화제를 따뜻하게 데워서 고르게 두발 전체에 사용한다.

② 중화제를 차갑게 하여 고르게 두발 전체에 사용한다.

③ 미지근한 물로 중간세척을 한 후 2액을 사용한다.

④ 샴푸제로 깨끗이 씻어 준 후 2액을 사용한다.

답안 표기란

16 ① ② ③ ④
17 ① ② ③ ④
18 ① ② ③ ④
19 ① ② ③ ④
20 ① ② ③ ④

16 두발 염색 시 헤어컬러링에 있어 색채의 이해가 필요하다. 색의 3원색에 해당하지 않는 것은?

① 검정　　　　　　　　② 노랑
③ 빨강　　　　　　　　④ 파랑

17 다음 내용 중 레이어드 커트(layered cut)의 특징이 아닌 것은?

① 커트 라인이 얼굴정면에서 네이프 라인과 일직선인 스타일이다.
② 두피 안에서의 두발의 각도를 90° 이상으로 커트한다.
③ 머리형이 가볍고 부드러워 다양한 스타일로 만들 수 있다.
④ 네이프 라인에서 탑 부분으로 올라가면서 두발의 길이가 점점 짧아지는 커트이다.

18 퍼머시 사용하는 제2액 취소산 염류의 농도로 맞는 것은?

① 1~2%　　　　　　　② 3~5%
③ 6~7.5%　　　　　　④ 8~9.5%

19 콜드 퍼머넌트 웨이빙(cold permanent waving) 시 비닐캡을 씌우는 목적 및 이유에 해당되지 않는 것은?

① 라놀린(lanolin)의 약효를 높여주므로 제1액의 피부염 유발 위험을 줄인다.
② 체온의 방산(放散)을 막아 솔루션(solution)의 작용을 촉진한다.
③ 퍼머넌트액의 작용이 두발 전체에 골고루 진행되도록 돕는다.
④ 휘발성 알칼리(암모니아 가스)의 산일(散逸)작용을 방지한다.

20 컬(curl)의 목적으로 가장 옳은 것은?

① 텐션, 루프, 스템을 만들기 위해
② 웨이브, 볼륨, 플러프를 만들기 위해
③ 슬라이싱, 스퀘어, 베이스를 만들기 위해
④ 세팅, 뱅을 만들기 위해

21 헤어 세팅의 컬에 있어 루프가 두피에 45° 각도로 세워진 것은?

① 플래트 컬　　　　　　　② 스컬프쳐 컬

③ 메이폴 컬　　　　　　　④ 리프트 컬

22 마셀 웨이브 시술에 관한 설명으로 올바르지 않은 것은?

① 프롱은 아래쪽, 그루브는 위쪽을 향하도록 한다.

② 아이론의 온도는 120~140℃를 유지한다.

③ 아이론을 회전시키기 위해서는 먼저 아이론을 정확하게 쥐고 반대쪽에 45°로 위치시킨다.

④ 아이론의 온도가 균일할 때 웨이브가 일률적으로 완성된다.

23 영구적 염모제에 대한 설명으로 올바르지 않은 것은?

① 제1액의 알칼리제로는 휘발성이라는 점에서 암모니아가 사용된다.

② 제2제인 산화제는 모피질 내로 침투하여 수소를 발생시킨다.

③ 제1제 속의 알칼리제가 모표피를 팽윤시켜 모피질 내로 인공색소와 과산화수소를 침투시킨다.

④ 모피질 내의 인공색소는 큰입자의 유색 염류를 형성하여 영구적으로 착색된다.

24 스캘프 트리트먼트(scalp treatment)의 시술 과정에서 화학적 방법과 관련 없는 것은?

① 양모제

② 헤어 토닉

③ 헤어 크림

④ 헤어 스티머

25 다음 중 탈모의 원인으로 볼 수 없는 것은?

① 과도한 스트레스로 인한 경우

② 다이어트와 불규칙한 식사로 인한 영양부족인 경우

③ 여성호르몬의 분비가 많은 경우

④ 땀, 피지 등의 노폐물이 모공을 막고 있는 경우

답안 표기란				
21	①	②	③	④
22	①	②	③	④
23	①	②	③	④
24	①	②	③	④
25	①	②	③	④

26 다음 중 매니큐어 바르는 순서로 옳은 것은?

① 네일에나멜 – 베이스코트 – 탑코트
② 베이스코트 – 네일에나멜 – 탑코트
③ 탑코트 – 네일에나멜 – 베이스코트
④ 네일표백제 – 네일에나멜 – 베이스코트

27 헤어 세팅에 있어 리세트의 주요한 요소에 해당하는 것은?

① 브러시 아웃
② 헤어 파팅
③ 헤어 셰이핑
④ 헤어 웨이빙

28 이마의 양쪽 끝과 턱의 끝 부분을 진하게, 뺨 부분을 엷게 화장하면 가장 잘 어울리는 얼굴형은?

① 역삼각형
② 타원형
③ 원형
④ 삼각형

29 핑거 웨이브의 종류 중 덜 웨이브(dull wave)에 대한 설명은?

① 큰 움직임을 보는 듯한 웨이브
② 물결이 소용돌이 치는 듯한 웨이브
③ 리지가 낮은 웨이브
④ 리지가 뚜렷하지 않고 느슨한 웨이브

30 다음 중 산성 린스인 것은?

① 오일린스
② 크림린스
③ 비니거린스
④ 플레인린스

31 퍼머넌트 웨이빙의 프로세싱 솔루션의 화학적 성분은?

① 과산화수소　　　　　② 산화제

③ 브롬산염　　　　　　④ 티오글리콜산염

32 퍼머넌트 용액에 의한 장애가 아닌 항목은?

① 피부가 예민한 사람은 두피에 라놀린만 바르면 아무런 장애가 없다.

② 와인딩 할 때 모근을 강하게 잡아당기면 모근에 장애가 생길 수 있으며 영구적인 탈모가 될 수 있다.

③ 2액의 산화가 충분하고 완전하게 이루어지지 않으면 두발의 탄력성이 저하되고 잘리기 쉽다.

④ 컬링로드에 너무 텐션(tension)을 강하게 말거나 고무 밴드로 강하게 고정하면 단모의 원인이 된다.

33 얼굴의 피지가 세안으로 없어졌다가 원상태로 회복될 때까지의 일반적인 소요시간은?

① 10분 정도

② 30분 정도

③ 2시간 정도

④ 5시간 정도

34 얼굴형에 따른 눈썹화장법에 대한 설명으로 옳지 않은 것은?

① 사각형 – 강하지 않은 둥근 느낌을 낸다.

② 삼각형 – 눈의 크기와 관계없이 크게 한다.

③ 역삼각형 – 자연스럽게 그리되 뺨이 말랐을 경우 눈꼬리를 내려 그린다.

④ 마름모꼴형 – 약간 내려간 듯하게 그린다.

35 팩의 제거 방법에 따른 분류가 아닌 것은?

① 티슈오프 타입　　　② 석고 마스크 타입

③ 필오프 타입　　　　④ 워시오프 타입

답안 표기란				
31	①	②	③	④
32	①	②	③	④
33	①	②	③	④
34	①	②	③	④
35	①	②	③	④

36 다음 중 감염병 관리에 가장 어려움이 있는 사람은?

① 회복기 보균자

② 잠복기 보균자

③ 건강 보균자

④ 병후 보균자

37 감염병 예방법 중 제1급 감염병인 것은?

① 세균성이질

② 말라리아

③ B형간염

④ 신종인플루엔자

38 다음 중 파리가 옮기지 않는 병은?

① 장티푸스

② 이질

③ 콜레라

④ 신증후군출혈열

39 감염병 발생시 일반인이 취하여야 할 사항으로 적절하지 않은 것은?

① 환자를 문병하고 위로한다.

② 예방접종을 받도록 한다.

③ 주위 환경을 청결히 하고 개인 위생에 힘쓴다.

④ 필요한 경우 환자를 격리한다.

40 임신 초기에 감염이 되어 백내장아, 농아아 출산의 원인이 되는 질환은?

① 심장질환

② 뇌질환

③ 풍진

④ 당뇨병

답안 표기란				
36	①	②	③	④
37	①	②	③	④
38	①	②	③	④
39	①	②	③	④
40	①	②	③	④

제**3**장

실전모의고사

41 다음 중 지구의 온난화 현상의 주원인이 되는 가스는?

① CO_2
② CO
③ Ne
④ NO

42 다음 중 작업환경의 관리원칙으로 올바른 것은 무엇인가?

① 대치 – 격리 – 폐기 – 교육
② 대치 – 격리 – 환기 – 교육
③ 대치 – 격리 – 재생 – 교육
④ 대치 – 격리 – 연구 – 홍보

43 실내조명에서 조명효율이 천정의 색깔이 가장 크게 좌우되는 것은?

① 직접조명
② 반직접조명
③ 반간접조명
④ 간접조명

44 보건행정에 대한 설명으로 가장 올바른 것은?

① 공중보건의 목적을 달성하기 위해 공공의 책임하에 수행하는 행정활동
② 개인보건의 목적을 달성하기 위해 공공의 책임하에 수행하는 행정활동
③ 국가 간의 질병교류를 막기 위해 공공의 책임하에 수행하는 행정활동
④ 공중보건의 목적을 달성하기 위해 개인의 책임하에 수행하는 행정활동

45 소독약에 대한 설명 중 적합하지 않은 것은?

① 소독시간이 적당한 것
② 소독 대상물을 손상시키지 않는 소독약을 선택할 것
③ 인체에 무해하며 취급이 간편할 것
④ 소독약은 항상 청결하고 밝은 장소에 보관할 것

답안 표기란				
41	①	②	③	④
42	①	②	③	④
43	①	②	③	④
44	①	②	③	④
45	①	②	③	④

46 다음 중 습열멸균법에 속하는 것은?

① 자비소독법
② 화염멸균법
③ 여과멸균법
④ 건열멸균법

47 고압증기멸균법에 대한 설명에 해당하는 것은?

① 멸균 용품에 잔류독성이 많다.
② 포자를 사멸시키는 데 멸균시간이 짧다.
③ 비경제적이다.
④ 많은 물품을 한꺼번에 처리할 수 없다.

48 석탄산계수(페놀계수)가 5일 때 의미하는 살균력은?

① 페놀보다 5배가 높다.
② 페놀보다 5배가 낮다.
③ 페놀보다 50배가 높다.
④ 페놀보다 50배가 낮다.

49 다음 중 포르말린수 소독에 가장 적합하지 않은 것은?

① 고무제품
② 배설물
③ 금속제품
④ 플라스틱

50 이 · 미용실에서 사용하는 쓰레기통의 소독으로 적절한 약제는?

① 포르말린수
② 에탄올
③ 생석회
④ 역성비누액

답안 표기란				
46	①	②	③	④
47	①	②	③	④
48	①	②	③	④
49	①	②	③	④
50	①	②	③	④

제 **3** 장

실전모의고사

	답안 표기란
51	① ② ③ ④
52	① ② ③ ④
53	① ② ③ ④
54	① ② ③ ④
55	① ② ③ ④

51 세균증식에 가장 적합한 최적 수소이온농도는?

① pH 3.5~5.5

② pH 6.0~8.0

③ pH 8.5~10.0

④ pH 10.5~11.5

52 다음 중 공중위생영업을 하고자 할 때 필요한 것은?

① 허가　　　　　　　② 통보

③ 인가　　　　　　　④ 신고

53 이 · 미용업자는 신고한 영업장 면적을 얼마 이상 증감하였을 때 변경 신고를 하여야 하나?

① 5분의 1

② 4분의 1

③ 3분의 1

④ 2분의 1

54 이 · 미용업소 내 반드시 게시해야 할 사항으로 옳은 것은?

① 요금표 및 준수사항만 게시하면 된다.

② 이 · 미용업 신고증만 게시하면 된다.

③ 이 · 미용업 신고증 및 면허증 사본, 최종지불요금표를 게시하면 된다.

④ 이 · 미용업 신고증, 면허증 원본, 최종지불요금표를 게시하여야 한다.

55 영업소 외의 장소에서 이용 및 미용의 업무를 할 수 있는 경우가 아닌 것은?

① 질병으로 영업소에 나올 수 없는 경우

② 혼례 직전에 이용 또는 미용을 하는 경우

③ 야외에서 단체로 이용 또는 미용을 하는 경우

④ 사회복지시설에서 봉사활동으로 이용 또는 미용을 하는 경우

56 공중위생의 관리를 위한 지도, 계몽 등을 행하게 하기 위하여 둘 수 있는 것은?

① 명예공중위생감시원
② 공중위생조사원
③ 공중위생평가단체
④ 공중위생전문교육원

57 공중위생관리법상의 위생교육에 대한 설명으로 옳은 것은?

① 방법과 절차 등에 관한 사항은 대통령령으로 정한다.
② 위생교육 대상자는 이·미용업 영업자이다.
③ 위생교육 시간은 매년 8시간이다.
④ 위생교육은 공중위생관리법 위반자에 한하여 받는다.

58 이·미용 영업소 외의 장소에서 이·미용 업무를 행한 때에 대한 2차 위반 시 행정처분기준은?

① 200만 원 이하의 벌금   ② 300만 원 이하의 벌금
③ 영업정지 2월   ④ 영업정지 3월

59 처분기준이 200만 원 이하의 과태료에 해당하는 사항이 아닌 것은?

① 규정을 위반하여 영업소 외의 장소에서 이·미용업무를 행한 자
② 위생교육을 받지 아니한 자
③ 위생관리의무를 지키지 아니한 자
④ 관계 공무원의 출입·검사 및 기타 조치를 거부·방해 또는 기피한 자

60 영업정지에 갈음한 과징금 부과의 기준이 되는 매출금액은?

① 처분일이 속한 연도의 전년도의 1년간 총매출액
② 처분일이 속한 연도의 전년 2년간 총매출액
③ 처분일이 속한 연도의 전년 3년간 총매출액
④ 처분일이 속한 연도의 전년 4년간 총매출액

제 **3** 장

실전모의고사

실전모의고사 제7회

수험번호
수험자명

⏱ 제한 시간 : 60분   전체 문제 수 : 60   맞춘 문제 수 :

01 두부의 기준점 중 T.P에 해당되는 것은?

① 센터 포인트
② 탑 포인트
③ 골든 포인트
④ 백 포인트

02 조선시대 후반기에 유행하였던 일반 부녀자들의 머리 형태는?

① 쪽진머리
② 푼기명 머리
③ 쌍상투 머리
④ 귀밑 머리

03 다음 중 시대적으로 가장 빨리 발표된 미용술은?

① 찰스 네슬러의 퍼머넌트 웨이브
② 스피크먼의 콜드 웨이브
③ 조셉 메이어의 크루크식 퍼머넌트 웨이브
④ 마셀 그라또우의 마셀 웨이브

04 천연보습인자(NMF)에 속하지 않는 것은?

① 아미노산   ② 암모니아
③ 젖산염   ④ 글리세린

05 원주형의 세포가 단층으로 이어져 있으며 각질 형성 세포와 색소 형성세포가 존재하는 피부 세포층은?

① 기저층   ② 투명층
③ 각질층   ④ 유극층

답안 표기란				
01	①	②	③	④
02	①	②	③	④
03	①	②	③	④
04	①	②	③	④
05	①	②	③	④

06 땀샘의 역할이 아닌 것은?

① 체온조절   ② 분비물 배출

③ 땀 분비   ④ 피지분비

07 다음 중 두발의 구조와 성질을 설명한 것으로 올바르지 않은 것은?

① 두발은 모표피, 모피질, 모수질 등으로 구성되어 있으며, 주로 탄력성이 풍부한 단백질로 이루어져 있다.

② 케라틴은 다른 단백질에 비하여 유황의 함유량이 많으며, 황(S)은 시스틴(cystine)에 함유되어 있다.

③ 시스틴 결합은 알칼리에 강한 저항력을 갖고 있으나 물, 알코올, 약산성이나 소금류에는 약하다.

④ 케라틴의 폴리펩타이드는 쇠사슬 구조이며, 두발의 장축방향(長軸方向)으로 배열되어 있다.

08 다음 중 건성피부 관리로서 가장 적당한 것은?

① 적절한 수분과 유분 공급

② 적절한 일광욕

③ 비타민 복용

④ 카페인 섭취 줄임

09 과일, 채소에 많이 들어있으며 모세혈관을 강화시켜 피부손상과 멜라닌 색소형성을 억제하는 비타민은?

① 비타민 K   ② 비타민 C

③ 비타민 E   ④ 비타민 B

10 다음 중 공기의 접촉 및 산화와 관계있는 것은?

① 흰 면포

② 검은 면포

③ 구진

④ 팽진

답안 표기란				
06	①	②	③	④
07	①	②	③	④
08	①	②	③	④
09	①	②	③	④
10	①	②	③	④

제**3**장

실전모의고사

11 피부진균에 의하여 발생하며 습한 곳에서 발생빈도가 가장 높은 것은?

① 모낭염   ② 족부백선

③ 봉소염   ④ 티눈

12 다음 중 자외선의 영향으로 인한 부정적인 효과는?

① 광노화

② 비타민 D 효과

③ 살균효과

④ 강장효과

13 기능성 화장품에 대한 설명으로 옳은 것은?

① 자외선에 의해 피부가 심하게 그을리거나 일광 화상이 생기는 것을 지연해 준다.

② 피부 표면에 더러움이나 노폐물을 제거하여 피부를 청결하게 해준다.

③ 피부 표면의 건조를 방지해 주고 피부를 매끄럽게 한다.

④ 비누 세안에 의해 손상된 피부의 pH를 정상적인 상태로 빨리 되돌아 오게 한다.

14 빗(comb)의 기능과 가장 거리가 먼 설명은?

① 모발의 고정

② 아이론 시의 두피보호

③ 디자인 연출시 셰이핑

④ 모발 내 오염물질과 비듬 제거

15 시술자의 조정에 의해 바람을 일으켜 직접 내보내는 블로우 타입(blow type)으로 주로 드라이 세트에 많이 사용되는 것은?

① 핸드 드라이어

② 에어 드라이어

③ 스탠드 드라이어

④ 적외선 드라이어

답안 표기란				
11	①	②	③	④
12	①	②	③	④
13	①	②	③	④
14	①	②	③	④
15	①	②	③	④

답안 표기란				
16	①	②	③	④
17	①	②	③	④
18	①	②	③	④
19	①	②	③	④
20	①	②	③	④

16 다음 중 샴푸제의 성분이 아닌 것은?

① 계면활성제

② 점증제

③ 기포 증진제

④ 산화제

17 블런트 커팅(blunt cutting)의 기법이 아닌 것은?

① 그라데이션 커트(gradation cut)

② 스퀘어 커트(square cut)

③ 원랭스 커트(one-length cut)

④ 스트로크 커트(stroke cut)

18 두발이 유난히 많은 고객이 윗머리가 짧고 아랫머리로 갈수록 길게 하며, 두발 끝 부분을 자연스럽고 차츰 가늘게 커트하는 스타일을 원하는 경우 알맞은 시술방법은?

① 레이어 커트 후 테이퍼링(tapering)

② 원랭스 커트 후 클리핑(clipping)

③ 그라데이션 커트 후 테이퍼링(tapering)

④ 레이어 커트 후 클리핑(clipping)

19 퍼머넌트 웨이브의 제2액 주제로서 취소산나트륨과 취소산칼륨은 몇 %의 적정 수용액을 만들어서 사용하는가?

① 1~2%   ② 3~5%

③ 5~7%   ④ 7~9%

20 퍼머넌트 시술 시 비닐캡의 사용 목적과 가장 거리가 먼 것은?

① 산화방지

② 온도유지

③ 제2액의 고정력 강화

④ 제1액 작용 활성화

제**3**장

실전모의고사

21 콜드 퍼머넌트 웨이브 시 두발 끝이 자지러지는 원인이 아닌 것은?

① 콜드 웨이브 제1액을 바르고 방치시간이 길었다.

② 사전 커트 시 두발 끝을 너무 테이퍼링하였다.

③ 두발 끝을 블런트 커팅하였다.

④ 너무 가는 로드를 사용하였다.

22 다음 내용 중 컬의 목적이 아닌 것은?

① 플러프(fluff)를 만들기 위해서

② 웨이브(wave)를 만들기 위해서

③ 착색을 원활하게 하기 위해서

④ 볼륨(volume)을 만들기 위해서

23 클락 와이즈 와인드 컬(clock wise wind curl)을 가장 옳게 설명한 것은?

① 모발이 시계 바늘 방향인 오른쪽 방향으로 되어진 컬

② 모발이 두피에 대해 세워진 컬

③ 모발이 두피에 대해 시계 반대 방향으로 되어진 컬

④ 모발이 두피에 대해 편평한 컬

24 다음 중 섭씨 100도에서도 살균되지 않는 균은?

① 결핵균

② 아포형성균

③ 대장균

④ 장티푸스균

25 염모제에 대한 설명으로 틀린 것은?

① 제1액의 알칼리제로는 휘발성이라는 점에서 암모니아가 사용된다.

② 염모제 제1액(과산화수소)은 제2액 산화제(암모니아)를 분해하여 발생기수소를 발생시킨다.

③ 과산화수소는 두발의 색소를 분해하여 탈색한다.

④ 과산화수소는 산화염료를 산화해서 발색시킨다.

답안 표기란				
21	①	②	③	④
22	①	②	③	④
23	①	②	③	④
24	①	②	③	④
25	①	②	③	④

26 다음 중 정상 두피에 사용하는 트리트먼트는?

① 플레인 스캘프 트리트먼트

② 드라이 스캘프 트리트먼트

③ 오일리 스캘프 트리트먼트

④ 댄드러프 스캘프 트리트먼트

27 두발 상태가 건조하며 모발이 가늘게 갈라지듯 부서지는 증세는?

① 원형탈모증

② 결발성 탈모증

③ 비강성 탈모증

④ 결절 열모증

28 헤어미용 전문제품 중 헤어스타일링용 제품이 아닌 것은?

① 헤어 무스

② 헤어 오일

③ 헤어 세럼

④ 스트레이트 퍼머넌트제

29 두발의 색은 흑색, 적색, 갈색, 금발색, 백색 등 여러 가지 색이 있다. 다음 중 주로 적색 두발의 색을 나타나게 하는 멜라닌은?

① 유멜라닌(Eumelanin)

② 페오멜라닌(Pheomelanin)

③ 티로신(Tyrosine)

④ 멜라노사이트(Melanocyte)

30 우리나라 최초의 미용실인 화신미용원을 개원한 사람은?

① 이숙종

② 김활란

③ 오엽주

④ 권정희

답안 표기란				
26	①	②	③	④
27	①	②	③	④
28	①	②	③	④
29	①	②	③	④
30	①	②	③	④

제**3**장

실전모의고사

31 헤어커팅의 방법 중 테이퍼링(tapering)에는 3가지의 종류가 있다. 이 중에서 엔드 테이퍼(end taper)는?

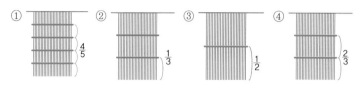

32 다음 중 이사도라 보브형 커트는 무엇인가?

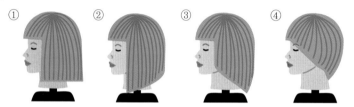

33 콜드퍼머넌트 웨이브의 시술 중 프로세싱 솔루션(processing solution)에 해당하는 것은?

① 제1액의 산화제 ② 제1액의 환원제
③ 제2액의 환원제 ④ 제2액의 산화제

34 다음 각 파트(part)의 설명 중 틀린 것은?

① 라운드 파트– 둥글게 가르마를 타는 파트
② 스퀘어 파트– 사이드 파트의 가르마를 대각선 뒤쪽 위로 올린 파트
③ 백 센터 파트– 뒷머리 중심에서 똑바로 가르는 파트
④ 센터 파트– 헤어라인 중심에서 두정부를 향한 직선가르마

35 여러 가지 꽃 향이 혼합된 세련되고 로맨틱한 향으로 아름다운 꽃다발을 안고 있는 듯, 화려하면서도 우아한 느낌을 주는 향수의 타입은?

① 싱글 플로럴(single floral)
② 플로럴 부케(floral bouquet)
③ 우디(woody)
④ 오리엔탈(oriental)

답안 표기란				
31	①	②	③	④
32	①	②	③	④
33	①	②	③	④
34	①	②	③	④
35	①	②	③	④

36 보균자(carrier)는 감염병 관리상 어려운 대상이다. 그 이유와 관계가 가장 먼 것은?

① 색출이 어려우므로
② 활동영역이 넓기 때문에
③ 격리가 어려우므로
④ 치료가 되지 않으므로

37 한 국가나 지역사회 간의 보건수준을 비교하는 데 사용되는 대표적인 3 대 지표가 아닌 것은?

① 영아사망률
② 평균수명
③ 유아사망률
④ 비례사망지수

38 예방접종을 통하여 획득하는 면역은?

① 인공능동면역
② 인공수동면역
③ 자연능동면역
④ 자연수동면역

39 감염병 예방법 중 제1급 감염병에 속하는 것은?

① 한센병
② 폴리오
③ 일본뇌염
④ 페스트

40 파리에 의해 주로 전파될 수 있는 감염병은?

① 페스트   ② 콜레라
③ 사상충증   ④ 황열

답안 표기란				
36	①	②	③	④
37	①	②	③	④
38	①	②	③	④
39	①	②	③	④
40	①	②	③	④

제3장
실전모의고사

41 다음 기생충 중 산란과 동시에 감염능력이 있으며, 건조에 저항성이 커서 집단감염이 가장 잘되는 기생충은?

① 회충
② 십이지장충
③ 광절열두조충
④ 요충

42 지역사회에서 노인층 인구에 가장 적절한 보건교육 방법은?

① 신문
② 집단교육
③ 개별접촉
④ 강연회

43 대기오염의 주원인 물질 중 하나로 석탄이나 석유 속에 포함되어 있어 연소할 때 산화되어 발생되며, 만성기관지염과 산성비 등을 유발시키는 것은?

① 일산화탄소
② 질소산화물
③ 황산화물
④ 부유분진

44 야간작업의 피해가 아닌 것은?

① 주야가 바뀐 불규칙적인 생활
② 수면 부족과 불면증
③ 피로회복 능력 강화와 영양 저하
④ 불규칙한 식습관으로 인한 소화불량

45 저온폭로에 의한 건강장애로 올바르게 연결된 것은?

① 동상 – 무좀 – 전신체온 상승
② 참호족 – 동상 – 전신체온 하강
③ 참호족 – 동상 – 전신체온 상승
④ 동상 – 기억력 저하 – 참호족

답안 표기란				
41	①	②	③	④
42	①	②	③	④
43	①	②	③	④
44	①	②	③	④
45	①	②	③	④

46 보건기획이 전개되는 과정으로 옳은 것은?

① 전제 – 예측 – 목표설정 – 구체적 행동계획

② 전제 – 평가 – 목표설정 – 구체적 행동계획

③ 평가 – 환경분석 – 목표설정 – 구체적 행동계획

④ 환경분석 – 사정 – 목표설정 – 구체적 행동계획

47 소독제의 구비조건이라고 할 수 없는 것은?

① 살균력이 강할 것

② 부식성이 없을 것

③ 표백성이 있을 것

④ 용해성이 높을 것

48 다음 중 이·미용업소에서 손님으로부터 나온 객담이 묻은 휴지 등을 소독하는 방법으로 가장 적합한 것은?

① 소각소독법

② 자비소독법

③ 고압증기멸균법

④ 저온소독법

49 일광소독법은 햇빛 중 어떤 영역에 의해 소독이 가능한가?

① 적외선

② 자외선

③ 가시광선

④ 감마선

50 이·미용실 바닥 소독용으로 가장 알맞은 소독약품은?

① 알코올

② 크레졸

③ 생석회

④ 승홍수

답안 표기란				
46	①	②	③	④
47	①	②	③	④
48	①	②	③	④
49	①	②	③	④
50	①	②	③	④

답안 표기란				
51	①	②	③	④
52	①	②	③	④
53	①	②	③	④
54	①	②	③	④
55	①	②	③	④

51 다음 소독제 중 상처가 있는 피부에 가장 적합하지 않은 것은?

① 승홍수

② 과산화수소

③ 포비돈

④ 아크리놀

52 다음 중 소독방법과 소독대상이 바르게 연결된 것은?

① 화염멸균법 – 의류나 타올

② 자비소독법 – 아마인유

③ 고압증기멸균법 – 예리한 칼날

④ 건열멸균법 – 바세린(vaseline) 및 파우더

53 세균의 형태가 S자형 혹은 가늘고 길게 만곡되어 있는 것은?

① 구균

② 간균

③ 구간균

④ 나선균

54 이 · 미용업의 신고에 대한 설명으로 옳은 것은?

① 이 · 미용사 면허를 받은 사람만 신고할 수 있다.

② 일반인 누구나 신고할 수 있다.

③ 1년 이상의 이 · 미용업무 실무경력자가 신고할 수 있다.

④ 미용사의 자격증을 소지하여야 신고할 수 있다.

55 공중위생관리법 상 공중위생영업의 신고를 하고자 하는 경우 반드시 필요한 첨부서류가 아닌 것은?

① 영업시설 및 설비개요서

② 교육필증

③ 이 · 미용사 자격증

④ 면허증 원본

56 이 · 미용업소에 반드시 게시하여야 할 것은?

① 이 · 미용 최종지불요금표
② 이 · 미용업소 종사자 인적사항표
③ 면허증 사본
④ 준수사항 및 주의사항

57 이 · 미용업자에게 과태료를 부과 · 징수할 수 있는 처분권자에 해당하는 자는?

① 행정자치부장관　　　　② 보건소장
③ 보건복지부장관　　　　④ 질병관리청장

58 다음 이 · 미용업 종사자 중 위생교육을 받아야 하는 자는?

① 6개월 전에 위생교육을 받은 자
② 공중위생영업에 6개월 이상 종사자
③ 공중위생영업에 2년 이상 종사자
④ 공중위생영업을 승계한 자

59 이 · 미용 영업소에서 1회용 면도날을 손님 2인에게 사용한 때의 1차 위반 시 행정처분기준은?

① 시정명령
② 개선명령
③ 경고
④ 영업정지 5일

60 과태료가 다른 하나는?

① 규정을 위반하여 영업소 외의 장소에서 이 · 미용업무를 행한 자
② 위생교육을 받지 아니한 자
③ 위생관리의무를 지키지 아니한 자
④ 이용업소표시등의 사용제한을 위반하여 이용업소표시등을 설치한 자

답안 표기란				
56	①	②	③	④
57	①	②	③	④
58	①	②	③	④
59	①	②	③	④
60	①	②	③	④

제 **3** 장

실전모의고사

미용사 일반 필기

Hair Dresser

실전모의고사

정답 및 해설

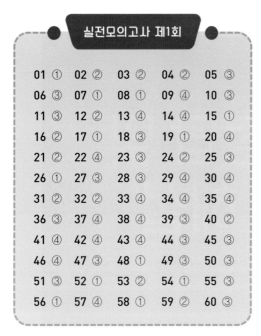

실전모의고사 제1회

01 ①	02 ②	03 ②	04 ②	05 ③
06 ③	07 ①	08 ①	09 ④	10 ③
11 ③	12 ②	13 ④	14 ④	15 ①
16 ②	17 ①	18 ③	19 ①	20 ④
21 ②	22 ④	23 ③	24 ①	25 ③
26 ①	27 ③	28 ②	29 ④	30 ④
31 ②	32 ②	33 ④	34 ④	35 ④
36 ③	37 ④	38 ④	39 ③	40 ②
41 ④	42 ④	43 ④	44 ①	45 ③
46 ②	47 ③	48 ①	49 ③	50 ①
51 ③	52 ①	53 ②	54 ①	55 ③
56 ①	57 ④	58 ①	59 ②	60 ③

01 정답 ①

고객의 신체일부가 미용의 소재이므로, 소재를 자유롭게 선택하거나 새로 바꿀 수 없다.

⊕ 핵심 뷰티 ⊕
미용의 특수성

- 의사표현의 제한
- 소재선정의 제한
- 시간적 제한
- 부용예술로서의 제한

02 정답 ②

우리나라 고대 여성의 머리 장식품으로는 금잠, 옥잠, 산호잠, 봉잠, 용잠, 석류잠, 호두잠, 국잠, 각잠 등이 있으며 금잠, 옥잠, 산호잠은 재료의 이름을 붙여서 만든 비녀이다.

⊕ 핵심 뷰티 ⊕
비녀의 종류

모양	봉잠, 용잠, 석류잠, 호두잠, 국잠, 각잠
재료	금잠, 옥잠, 산호잠

03 정답 ②

1920년대 김활란 여사가 최초로 단발머리를 하여 우리나라 여성들의 머리형에 혁신적인 변화를 일으켰다.

04 정답 ②

표피층은 순서대로 '각질층 → 투명층 → 과립층 → 유극층 → 기저층' 순이다.

05 정답 ③

투명층은 생명력이 없는 상태의 무색, 무핵층으로서 손바닥과 발바닥에 주로 있다.

⊕ 핵심 뷰티 ⊕
투명층

- 무색, 무핵의 편평한 세포로 구성되어 있다.
- 엘라이딘이라는 반유동 물질을 함유하고 있다.
- 빛을 차단하는 역할을 한다.
- 수분에 의한 팽윤성이 적다.
- 주로 손바닥과 발바닥에 존재한다.

06 정답 ③

콜라겐은 피부의 진피에 주로 존재한다.

⊕ 핵심 뷰티 ⊕
교원섬유(콜라겐)

- 진피 성분의 90%를 차지하는 섬유성 단백질로 구성 물질은 콜라겐이다.
- 섬유아세포로부터 생성되며, 피부에 장력을 제공한다.
- 노화가 진행되면서 교원섬유 세포의 감소와 손상이 피부 탄력성을 잃게 함으로써 피부 주름 의 원인이 된다.

07 정답 ①

남성호르몬인 안드로겐은 피지선을 자극하여 피지의 생성을 촉진시킨다.

08 정답 ①

모유두는 모낭의 아래쪽에 위치하며, 혈관과 림프관이 분포되어 있어 모발에 영양분과 산소를 공급하여 성장과 발생을 조절한다.

09 정답 ④

필수지방산이란 음식물을 통하여 반드시 섭취하여야 하는 지방산으로, 리놀산, 리놀렌산, 아라키돈산이 있으며 결핍되면 탈모 현상을 일으킨다.

10 정답 ③

항산화제로는 비타민 C, 비타민 E, 베타 – 카로틴(β–carotene), 수퍼옥사이드 디스뮤타제(SOD), 토코페롤, 케티오닌 등이 있다.

> ⊕ **핵심 뷰티** ⊕
>
> ### 무기질
> • 신체의 골격과 치아 형성에 관여하며, 체조직과 체액에 존재한다.
> • 피부 및 체내의 수분량을 유지하며, 효소작용의 촉진, 산소 운반 등의 역할을 한다.

11 정답 ③

요오드는 기초대사율 조절, 모세혈관 활동 촉진을 하는 무기질로 여드름을 악화시킬 수 있다.

> ⊕ **핵심 뷰티** ⊕
>
> ### 여드름 피부 관리방법
> • 스트레스, 편식, 호르몬제 남용, 불결한 손으로 피부를 만지는 습관, 햇빛의 과잉 노출, 진한 화장 등을 피한다.
> • 정기적인 필링으로 각질 제거 및 모공 속의 노폐물을 제거한다.
> • 알칼리성인 일반 비누의 사용을 피하고 피부의 피지막에 자극이 덜한 약산성 비누를 사용한다.

12 정답 ②

제2도 화상은 홍반, 부종, 통증뿐만 아니라 수포가 형성된다.

> ⊕ **핵심 뷰티** ⊕
>
> ### 화상
> • 제1도 화상 : 보통 60.0℃ 정도의 열에 의해 발생하며, 며칠 안에 증세는 없어진다.
> • 제2도 화상 : 크고 작은 수포가 형성된다.
> • 제3도 화상 : 국소는 괴사에 빠지고, 회백색 또는 흑갈색의 덴 딱지로 덮인다.
> • 제4도 화상 : 화상 입은 부위 조직이 탄화되어 검게 변한 경우이다.

13 정답 ④

노화피부는 유분과 수분이 부족하여 피부가 건조하다.

> ⊕ **핵심 뷰티** ⊕
>
> ### 노화피부의 특징
> • 표피와 진피의 두께가 얇아지고, 각질층의 비율이 높아진다.
> • 유분과 수분이 부족하여 피부가 건조하다.
> • 피부 탄력성 저하, 주름 생성, 노인성 반점 등의 현상이 나타난다.
> • 세포의 재생 주기 지연으로 상처의 회복이 느리다.

14 정답 ④

곡선날 시저스(R–scissor)는 협신부가 R 모양으로 되어있어 스트로크 커트에 적합하다.

> ⊕ **핵심 뷰티** ⊕
>
> ### 스트로크 커트(stroke cut)
> 가위를 사용하여 테이퍼링을 하는 기법으로, 스트로크는 한 번의 손놀림을 뜻한다.

15 정답 ①

논스트리핑 샴푸는 pH가 낮은 저자극성 샴푸제로 모발에 자극을 주지 않아 손상모나 염색모에 사용한다.

> **핵심 뷰티**
>
> **샴푸제의 성분에 따른 분류**
> - 논스트리핑 샴푸 : pH가 낮은 저자극성 샴푸제로 모발에 자극을 주지 않아 손상모나 염색모에 사용한다.
> - 항비듬성 샴푸 : 약용 샴푸제라고도 하며, 살균제인 징크피리치온이 함유되어 있어 비듬의 원인이 되는 미생물을 살균하는 효과가 있다.
> - 베이비 샴푸 : 주로 양면활성제를 사용한 샴푸제로 눈에 들어가도 따갑지 않을 정도로 자극이 없으며 안전성이 높아 유아나 어린이 전용 샴푸제로 사용한다.

16 정답 ②

테이퍼링이란 두발 끝을 점차적으로 가늘게 커트하는 방법을 말한다.

> **핵심 뷰티**
>
> **테이퍼링(tapering)**
> 두발 끝을 점차적으로 가늘게 커트하는 방법으로 페더링이라고도 한다.

17 정답 ①

원랭스 커트형에는 평행보브, 스패니얼 보브, 이사도라 보브, 머시룸 커트가 있다.

> **핵심 뷰티**
>
> **원랭스 커트 종류**
> - 패럴렐 보브(parallel bob)
> - 스패니얼 보브(spaniel bob)
> - 이사도라 보브(isadora bob)
> - 머시룸 커트(mushroom cut)

18 정답 ③

콜드 퍼머넌트 웨이브(cold permanent wave) 시 제1액의 주성분은 티오글리콜산이나 시스테인이다. 제2액은 브로민산염이나 과산화수소를 주성분으로 사용한다.

> **핵심 뷰티**
>
> **콜드 퍼머넌트 웨이브**
> 1제 환원제의 작용으로 시스틴이 절단되어 시스테인이 된다. 환원제는 티오글리콜산 암모늄염이나 시스테인산염이 주성분으로 사용한다. 2제 산화제의 작용으로 시스테인이 시스틴으로 재결합된다. 산화제는 브로민산염이나 과산화수소를 주성분으로 사용한다.

19 정답 ①

워터 래핑(water wrapping)은 간접법이라고도 하며, 물에 적신 두발을 와인딩한 후 퍼머넌트 웨이브 1제를 도포하는 방법이다. 손상모와 극손상모에 사용한다.

20 정답 ④

퍼머넌트 웨이브 시술 중 오버 프로세싱을 한 경우, 두발이 자지러진다.

21 정답 ②

포워드 스탠드업 컬이란 루프가 귓바퀴를 따라 말리고 두피에 90°로 세워져 있는 컬을 의미한다. 루프가 귓바퀴 반대 방향을 따라 말리고 두피에 90°로 세워져 있는 컬을 리버스 스탠드업 컬이라 한다.

> **핵심 뷰티**
>
> **컬(curl)**
>
> | 스컬프처 컬 | 두발의 끝이 원의 중심, 즉 컬 루프의 중심이 되는 컬 |
> |---|---|
> | 메이폴 컬 | 두발의 끝이 원의 바깥, 즉 컬 루프의 바깥이 되는 컬 |

22 정답 ④

스킵 웨이브(skip wave)는 핑거 웨이브와 핀 컬이 반복 교차된 스타일이다. 가는 두발이나 지나친 퍼머넌트에는 효과가 적어 적합하지 않다.

23 　　정답 ③

매회 염색제 사용 전 테스트 결과 음성반응일 때 염색시술을 한다.

╔═══ 핵심 뷰티 ═══╗
패치 테스트(patch test)
염모제에 대한 알레르기 여부를 확인하기 위한 검사로 면봉 등을 이용하여 팔 안쪽 또는 귀 뒤쪽에 동전 크기로 바른 다음 씻어 내지 않고 48시간까지 피부의 반응을 보는 것이다. 매회 염색제 사용 전 패치테스트를 하고 48시간까지 피부의 반응을 보아야 한다.

24 　　정답 ②

아이섀도는 눈 주위의 입체감과 깊이감을 부여하며, 눈꺼풀에 명암과 색채감을 주어 아름다운 눈매를 연출한다.

╔═══ 핵심 뷰티 ═══╗
포인트 메이크업 화장품
- 아이라이너 : 속눈썹을 뚜렷하게 하여 눈의 윤곽을 강조하며, 눈이 커 보이고 생동감이 있게 만들어 준다.
- 마스카라 : 속눈썹을 길게 컬링하거나 볼륨감을 주어 표정을 풍부하고 매력적으로 만들어 준다.
- 아이브로우 : 눈썹의 모양을 자연스럽게 수정하고 눈매를 돋보이게 하여 표정을 풍부하게 한다.

25 　　정답 ③

과도한 브러싱은 두피를 손상시키는 요인이 될 수 있으므로 두피 상태에 따라 적절하게 브러싱한다.

26 　　정답 ①

노란색의 보색은 보라색이다.

27 　　정답 ③

싱징은 불필요한 두발을 제거하고 건강한 두발의 순조로운 발육을 위하여 실시하며 양이 많은 두발에 숱을 쳐내는 것은 테이퍼링이다.

╔═══ 핵심 뷰티 ═══╗
싱징(singeing)의 목적
- 불필요한 두발을 제거하고 건강한 두발의 순조로운 발육을 조장한다.
- 잘라지거나 갈라진 두발로부터 영양물질이 흘러나오는 것을 막는다.
- 온열자극에 의해 두부의 혈액순환을 촉진시킨다.

28 　　정답 ③

고객 응대 대화법에서 시각적 요소는 표정, 시선, 제스처, 옷차림 등이 있다. 발음은 청각적 요소이다.

╔═══ 핵심 뷰티 ═══╗
고객 응대 대화법(대화의 3요소)
- 시각적 요소(표정, 시선, 제스처, 옷차림 등)
- 청각적 요소(음성의 톤, 크기, 발음, 속도 등)
- 언어적 요소(공손한 어휘)

29 　　정답 ④

아이론의 구성은 그루브, 프롱(로드), 그루브핸들, 프롱핸들이다.

30 　　정답 ④

사각 얼굴형을 쇼트 헤어 커트 디자인할 경우 아래 사각턱을 감추기보다는 이마 부분에 형태를 주어 시선을 분산시켜야 한다.

31 정답 ②

노멀테이퍼는 스트랜드의 1/2 지점을 테이퍼하는 방법이다.

32 정답 ②

스퀘어 커트는 정사각형의 의미와 직각의 의미로, 모발의 길이가 자연스럽게 연결되도록 하는 커트 기법이다.

33 정답 ④

환원작용은 제1액의 작용이다.

핵심 뷰티
제2액의 작용(콜드웨이브)
- 산화작용
- 정착작용
- 중화작용

34 정답 ④

연화제는 염모제가 잘 침투가 되지 않을 때 사용하는 것으로 모발이 발수성모이거나 저항성모일 때 주로 사용한다.

35 정답 ④

손끝, 입술, 혀끝, 발바닥 중 발바닥에 가장 적은 촉감점이 존재한다.

36 정답 ③

볼우물은 보조개를 의미하는 말로 노화와 관련이 없다.

37 정답 ④

질병 발생의 3가지 요인은 숙주, 병인, 환경이다.

핵심 뷰티
질병 발생의 3가지 요인
- 숙주
- 병인
- 환경

38 정답 ④

생명표의 표현에 사용되는 인자들은 생존수, 사망수, 생존률, 평균여명, 사망률, 사력이 있다.

39 정답 ③

유행성이하선염은 제2급 감염병이고, 공수병, 말라리아, C형간염은 제3급 감염병이다.

핵심 뷰티
제2급 법정 감염병
A형간염, E형간염, b형헤모필루스 인플루엔자, 결핵, 반코마이신내성황색포도알균(VRSA) 감염증, 백일해, 성홍열, 세균성이질, 수두, 수막구균성수막염, 유행성이하선염, 장출혈성대장균감염증, 장티푸스, 카바페넴내성장내세균속균종(CRE) 감염증, 콜레라, 파라티푸스, 폐렴구균, 폴리오, 풍진, 한센병, 홍역

40 정답 ②

결핵은 결핵균 감염에 의한 질환으로 세균성 감염병이다. 세균성 감염병으로는 결핵, 콜레라, 장티푸스, 파라티푸스, 페스트 등이 있다.

41 정답 ④

위생해충의 발생원을 제거하는 것이 위생해충의 구제방법 중 가장 효과적이다.

42 정답 ④

발진티푸스는 이에 의하여 전염된다.

43 정답 ④

기온역전작용은 공기의 자정작용과 관련이 적다. 기온역전작용은 공기의 대류작용과 관련이 있다.

44
정답 ③

생화학적 산소요구량(BOD)과 용존산소(DO)는 수질오염의 지표로 사용하며, 수질오염이 적을 경우 생화학적 산소요구량(BOD)의 수치는 낮고, 용존산소(DO)의 수치는 높아진다.

45
정답 ③

중이염은 바이러스나 세균 감염, 이관의 기능장애, 알레르기 등의 원인으로 발생한다.

46
정답 ④

보툴리누스균 식중독은 보툴리누스균(A, B, E형)에 의하여 일어나며, 신경마비, 호흡 중추 장애, 순환 장애 등의 증상을 보이고 치사율이 높다.

47
정답 ③

소독약품은 위험성이 없어야 하며, 인체에 해가 없으며, 살균하고자 하는 대상을 손상시키지 않아야 한다.

> **핵심 뷰티**
>
> 소독약의 구비조건
> - 값이 싸고 위험성이 없어야 한다.
> - 인체에 해가 없으며 취급이 간편해야 한다.
> - 살균하고자 하는 대상물을 손상시키지 않아야 한다.
> - 살균력이 강해야 한다.

48
정답 ①

자외선 살균법은 물리적 살균법에 속한다.

49
정답 ③

고압증기멸균소독법은 아포형성균과 B형간염 바이러스의 살균에 효과적이다.

50
정답 ③

방역용 석탄산수의 알맞은 농도는 3%이다.

> **핵심 뷰티**
>
> 석탄산
> - 방역용 석탄산수의 알맞은 농도는 3%이다.
> - 고무제품, 의류, 가구, 배설물 등의 소독에 적합하다.
> - 석탄산은 금속 부식성이 존재한다.
> - 석탄산계수는 소독력의 살균지표로 사용된다.

51
정답 ③

일반적으로 사용되는 소독용 알코올은 70% 알코올이다.

52
정답 ①

E. O 가스 멸균법은 비용이 비싸고, 멸균 시간이 길다는 단점이 있지만, 멸균 후 장기 보존이 가능하다는 장점이 있다.

> **핵심 뷰티**
>
> E. O 가스 멸균법
> - 비용이 비싸고, 멸균 시간이 길다.
> - 멸균 후 장기 보존이 가능하다.
> - 멸균시간이 비교적 길다.
> - 50~60℃ 저온에서 처리된다.
> - 플라스틱이나 고무제품 등의 멸균에 이용된다.

53
정답 ②

미생물이란 일반적으로 육안의 가시한계를 넘어선 0.1mm 이하의 미세한 생물체를 총칭하는 것이다.

54
정답 ①

공중위생영업이란 다수인을 대상으로 위생관리서비스를 제공하는 영업으로서 숙박업 · 목욕장업 · 이용업 · 미용업 · 세탁업 · 건물위생관리업을 말한다.

실전
모의고사

정답 및 해설

55 정답 ③

이 · 미용업자가 신고한 영업장 면적의 3분의 1 이상의 증감이 있을 때 변경 신고를 하여야 한다. 다만, 건물의 일부를 대상으로 숙박업 영업신고를 한 경우에는 3분의 1 미만의 증감도 포함한다.

56 정답 ①

이 · 미용사의 면허를 받을 수 없는 사람은 피성년후견인, 약물 중독자, 정신질환자, 감염병환자, 면허가 취소된 후 1년이 경과되지 아니한 자이다.

57 정답 ④

공중위생영업자가 준수하여야 할 위생관리기준은 보건복지부령으로 정한다.

58 정답 ①

이 · 미용업의 영업자는 연간 3시간의 위생교육을 받아야 한다.

59 정답 ②

신고를 하지 않고 영업소 명칭(상호)을 바꾼 경우에 대한 1차 위반 시의 행정처분은 경고 또는 개선명령이다.

> ⊕ **핵심 뷰티** ⊕
>
> **신고를 하지 않고 영업소 명칭(상호)을 바꾼 경우**
> • 1차 위반 : 경고 또는 개선명령
> • 2차 위반 : 영업정지 15일
> • 3차 위반 : 영업정지 1월
> • 4차 위반 : 영업장 폐쇄명령

60 정답 ③

이 · 미용사가 면허정지 처분을 받고 업무정지 기간 중 업무를 행한 때 1차 위반시 행정처분은 면허취소이다.

실전모의고사 제2회

01 ③	02 ③	03 ④	04 ①	05 ③
06 ③	07 ③	08 ①	09 ③	10 ①
11 ③	12 ①	13 ③	14 ①	15 ③
16 ②	17 ②	18 ①	19 ④	20 ①
21 ②	22 ③	23 ②	24 ②	25 ①
26 ②	27 ②	28 ④	29 ①	30 ④
31 ①	32 ①	33 ②	34 ②	35 ④
36 ②	37 ②	38 ④	39 ④	40 ①
41 ④	42 ②	43 ③	44 ④	45 ④
46 ①	47 ③	48 ③	49 ④	50 ④
51 ④	52 ③	53 ④	54 ④	55 ④
56 ④	57 ①	58 ③	59 ①	60 ③

01 정답 ③

미용의 과정은 '소재의 확인 → 구상 → 제작 → 보정' 순으로, 보정의 단계에서 전체적인 머리모양을 종합적으로 관찰하여 수정 · 보완시켜 완전히 끝맺도록 한다.

> ⊕ **핵심 뷰티** ⊕
>
> **미용의 과정**
> 소재의 확인 → 구상 → 제작 → 보정

02 정답 ③

왕비는 도금한 용첩지를 사용하였으며, 비나 빈은 도금한 봉첩지를 사용하였다. 개구리첩지는 상궁이 사용하였다.

03 정답 ④

고대 중국 당나라 시대에는 액황을 이마에 발라 입체감을 살리는 메이크업과 백분을 바른 뒤 연지를 덧바르는 메이크업이 유행하였으며, 현종은 십미도(10가지 눈썹 모양)를 소개할 정도로 눈썹 화장을 중시하였다.

04
정답 ①

이어 포인트에서 네이프 사이드 포인트를 연결한 선을 목옆
선이라 한다.

05
정답 ③

투명층은 생명력이 없는 상태의 무색, 무핵층으로서 손바닥
과 발바닥에 주로 있다.

> **핵심 뷰티**
>
> **투명층**
>
> • 엘라이딘이라는 반유동 물질을 함유하고 있다.
> • 빛을 차단하는 역할을 하며, 수분에 의한 팽윤성이 적다.

06
정답 ③

진피는 유두층과 망상층으로 나뉜다.

07
정답 ③

두발은 케라틴(아미노산)(80~90%)이 주성분으로, 단백질이
부족하면 두발이 가늘어진다.

> **핵심 뷰티**
>
> **두발의 구성**
>
> 케라틴(아미노산)(80~90%)이 주성분으로, 이외에 수분
> 10~20%, 지질 1~8% 등으로 구성되어 있다.

08
정답 ①

모모세포는 모유두에 있으면서 모발을 만들어 내는 세포이
다. 모유두에 흐르는 모세 혈관으로부터 영양분을 흡수 및 분
열증식하여 모발을 형성한다.

09
정답 ③

단백질의 최종 가수분해 물질은 아미노산으로, 피부, 모발, 근
육 등의 신체조직의 주성분이다.

10
정답 ①

철분(Fe)은 헤모글로빈을 구성하는 매우 중요한 물질로 피부
의 혈색과도 관계에 있으며 결핍되면 빈혈이 일어난다.

> **핵심 뷰티**
>
> **철분(Fe)**
>
> • 헤모글로빈의 구성 성분이다.
> • 산소와 결합해 조직 중에 산소를 운반한다.
> • 부족하면 빈혈이 일어난다.

11
정답 ③

여드름 치료 시 알칼리성 일반 비누가 아닌 약산성 비누를
사용하는 것이 좋다.

> **핵심 뷰티**
>
> **여드름 피부 관리방법**
>
> • 스트레스, 편식, 호르몬제 남용, 불결한 손으로 피부를
>   만지는 습관, 햇빛의 과잉 노출, 진한 화장 등을 피한다.
> • 정기적인 필링으로 각질 제거 및 모공 속의 노폐물을
>   제거하고, 자극이 덜한 약산성 비누를 사용한다.

12
정답 ①

아토피성 피부염은 강한 유전경험을 보이는 특별한 습진으로
팔꿈치 안쪽이나 목 등의 피부가 거칠어지고 아주 심한 가려
움증을 동반한다.

> **핵심 뷰티**
>
> **아토피성 피부염**
>
> • 아토피 체질인 사람에게 생기는 습진 모양의 피부병변이다.
> • 내인성습진, 베니에양진이라고도 한다.
> • 유전적인 경향이 있으나 원인은 불분하다.
> • 보통의 습진이나 피부염과는 달리 특이한 증세와 경과
>   를 나타낸다.
> • 소아습진의 70~80%이며, 연령에 따라 증세의 변천이
>   있으며, 보통 3기로 나눈다.

13 정답 ③

노화피부는 표피와 진피의 두께가 얇아지고, 각질층의 비율이 높아진다.

핵심 뷰티
노화피부의 특징
• 표피와 진피의 두께가 얇아지고, 각질층의 비율이 높아진다.
• 유분과 수분이 부족하여 피부가 건조하다.
• 피부 탄력성 저하, 주름 생성, 노인성 반점 등의 현상이 나타난다.
• 세포의 재생 주기 지연으로 상처의 회복이 느리다.
• 랑게르한스세포 수 감소로 피부 면역력이 떨어진다.
• 멜라닌세포의 감소로 자외선에 대한 방어력이 저하된다.

14 정답 ①

식물의 꽃, 잎, 줄기, 열매, 껍질, 뿌리 등에서 추출한 천연 오일로 주로 수증기 증류법에 의해 얻어진다.

15 정답 ③

스켈톤 브러시는 롤 브러시를 세로로 쪼개 놓은 듯한 형태의 빗으로, 주로 남성용 헤어스타일이나 쇼트 헤어 스타일에 많이 사용된다.

핵심 뷰티
스켈톤 브러시
롤 브러시를 세로로 쪼개 놓은 듯한 형태의 빗으로, 빗살의 간격이 넓다. 머리를 자연스러운 형태로 만드는데 적합하며, 주로 남성용 헤어스타일이나 쇼트 헤어 스타일에 많이 사용된다.

16 정답 ②

오디너리(ordinary) 레이저는 일상용 레이저로 초보자가 사용하기에는 부적합하다. 초보자에게는 셰이핑 레이저가 적합하다.

핵심 뷰티
레이저
• 일상용 레이저 : 세밀한 작업에 용이하며, 빠른 시간 내에 시술이 가능하다.
• 셰이핑 레이저 : 시술 시 안정적으로 커팅할 수 있으며, 초보자에게 적합하다.

17 정답 ②

논스트리핑 샴푸는 pH가 낮은 저자극성 샴푸제로 모발에 자극을 주지 않아 손상모나 염색모에 사용한다.

18 정답 ①

레이저를 사용하면서 커트할 경우 물로 두발을 적신 다음에 테이퍼링 하는 것이 좋다.

19 정답 ④

그래쥬에이션(그라데이션) 커트는 두부 상부에 있는 두발은 길고 하부로 갈수록 짧게 커트해서 두발의 길이에 작은 단차가 생기게 한 커트로 주로 짧은 머리에 자주 사용된다.

핵심 뷰티
그래쥬에이션 커트 방법
• 두상에서 위가 길고 아래로 내려갈수록 모발이 짧아지며 층이 나는 스타일이며, 시술 각도에 따라 모발 길이가 조절되면서 형태가 만들어진다.
• 두께에 의한 부피감과 입체감에 의해 풍성하게 보여, 통통하고 부드럽게 만들고 싶을 때와 비교적 차분한 이미지를 나타내고 싶을 때 많이 이용된다.

20 정답 ①

콜드 퍼머넌트 웨이브(cold permanent wave) 시 제1액의 주성분은 티오글리콜산이나 시스테인이다. 제2액은 브로민산염이나 과산화수소를 주성분으로 사용한다.

> **핵심 뷰티**
>
> **콜드 퍼머넌트 웨이브**
>
> 1제 환원제의 작용으로 시스틴이 절단되어 시스테인이 된다. 환원제는 티오글리콜산 암모늄염이나 시스테인산염이 주성분으로 사용한다. 2제 산화제의 작용으로 시스테인이 시스틴으로 재결합된다. 산화제는 브로민산염이나 과산화수소를 주성분으로 사용한다.

21 정답 ②

두발의 양이 많고 굵은 경우에는 스트랜드를 적게 하고, 로드 직경도 작은 것을 사용한다.

22 정답 ③

콤 아웃은 브러시 아웃과 함께 마무리 단계, 즉 리세트의 주요한 요소이다.

> **핵심 뷰티**
>
> **오리지널 세트**
>
> • 헤어 웨이빙
> • 헤어 컬링
> • 헤어 파팅
> • 헤어 셰이핑
> • 롤러 컬

23 정답 ③

리버스 스탠드업 컬이란 루프가 귓바퀴 반대 방향을 따라 말리고 두피에 90°로 세워져 있는 컬을 의미한다. 루프가 귓바퀴를 따라 말리고 두피에 90°로 세워져 있는 컬을 포워드 스탠드업 컬이라 한다.

> **핵심 뷰티**
>
> **컬(curl)**
>
> | 스컬프처 컬 | 두발의 끝이 원의 중심, 즉 컬 루프의 중심이 되는 컬 |
> | --- | --- |
> | 플래트 컬 | 컬의 루프가 두피에 대하여 0°로 평평하고 납작하게 형성되어진 컬 |

24 정답 ②

스킵 웨이브(skip wave)는 핑거 웨이브와 핀 컬이 반복 교차된 스타일로, 폭이 넓고 부드럽게 흐르는 버티컬 웨이브를 만들고자 할 때 사용하는 기법이다.

> **핵심 뷰티**
>
> **스킵 웨이브**
>
> • 핑거 웨이브와 핀 컬이 교차로 조합된 형태로 컬이 말린 방향이 동일하다.
> • 폭이 넓고 부드럽게 흐르는 웨이브를 만들 때 사용하는 기법이다.
> • 가는 두발이나 지나친 퍼머넌트에는 효과가 적어 적합하지 않다.

25 정답 ①

매회 염조제 사용 전 패치테스트를 하고 48시간까지 피부의 반응을 보아야 한다.

> **핵심 뷰티**
>
> **패치 테스트(patch test)**
>
> 염모제에 대한 알레르기 여부를 확인하기 위한 검사로 면봉 등을 이용하여 팔 안쪽 또는 귀 뒤쪽에 동전 크기로 바른 다음 씻어 내지 않고 48시간까지 피부의 반응을 보는 것이다. 매회 염조제 사용 전 패치테스트를 하고 48시간까지 피부의 반응을 보아야 한다.

26 정답 ②

녹색으로 염색된 모발을 바꾸려고 할 때에는 보색관계를 이용한다. 초록색의 보색은 빨간색이다.

> **핵심 뷰티**
>
> **보색**
>
> 색상환에서 마주보고 있는 색을 말하며, 두발색상을 바꾸거나 두발색을 중화시키는데 이용한다.

27 정답 ②

헤어 트리트먼트(hair treatment)의 기술은 헤어 리컨디셔닝(hair reconditioning), 클립핑(clipping), 헤어 팩(hair pack), 신징(singeing)이 있다.

핵심 뷰티

헤어 트리트먼트의 종류
- 헤어 리컨디셔닝(hair reconditioning)
- 클립핑(clipping)
- 헤어 팩(hair pack)
- 신징(singeing)

28 정답 ④

헤어 에센스(hair essence)는 헤어 스타일링용 제품이다.

핵심 뷰티

세정 및 케어용 헤어미용 제품
- 헤어 샴푸(Hair shampoo)
- 헤어 트리트먼트(Hair Treatment)
- 헤어 컨디셔너(Hair Conditioner)

29 정답 ①

자외선 차단지수는 자외선에 의한 피부 홍반을 측정하는 것으로 엄밀히 말하면 자외선-B(UV-B) 방어효과를 나타내는 지수라고 볼 수 있다. Sun Protection Factor의 약자로 SPF라고 쓴다.

30 정답 ④

시스틴 결합, 수소 결합, 염 결합은 측쇄 결합으로 가로 방향이고, 폴리펩티드 결합은 주쇄 결합으로 세로 방향이다.

31 정답 ①

주어진 그림의 커트는 패럴렐 보브(parallel bob) 커트이다.

핵심 뷰티

패럴렐 보브형(parallel bob style) 커트

평행 보브(parallel bob), 스트레이트 보브(straight bob), 수평 보브(horizontal bob)라고도 한다. 네이프 포인트에서 0°로 떨어져 시작된 커트 선이 바닥면과 평행인 스타일이다. 그러므로 패럴렐 보브형 커트를 하기 위해서는 슬라이스 라인을 평행으로 구획하게 된다.

32 정답 ①

온 베이스(On-base)는 온 더 베이스, 논 스템이라고도 하며 빗질의 각도는 120°~135°로 한다.

33 정답 ②

스패니얼(spaniel)은 원랭스 커트로 아웃라인이 콘케이브형(오목)의 커트이다. 무거움보다는 예리함과 산뜻함을 나타내는 헤어스타일이다.

34 정답 ②

콜드웨이브 직후 헤어다이를 하면 두피가 과민해져서 피부염을 일으키게 될 수 있으므로, 헤어다이의 경우 콜드웨이브 후 1주일이 지나서 하는 것이 좋다.

35 정답 ②

스템(stem)이란 컬의 줄기 부분이며, 베이스에서 피보트지점까지의 부분을 말한다.

36 정답 ②

인구구성 중 종형은 14세 이하가 65세 이상 인구의 2배 정도이며 출생률과 사망률이 모두 낮은 인구구성형이다.

핵심 뷰티

종형

14세 이하가 65세 이상 인구의 2배 정도이며 출생률과 사망률이 모두 낮은 인구구성형이다. 저출산율, 저사망률로 인구가 정지된 형태로, 선진국형 구조이다.

37　　　　정답 ②

영아 사망률은 생후 1년 안에 사망한 영아의 사망률로, 연간 생후 1년 미만 사망자 수를 연간 출생아 수로 나눈 1,000분위이다.

핵심 뷰티

영아사망률

$$영아사망률 = \frac{연간\ 생후\ 1년\ 미만\ 사망자\ 수}{연간\ 출생아\ 수} \times 1,000$$

38　　　　정답 ④

파상풍은 제3급 감염병이다.

핵심 뷰티

제2급 법정 감염병

A형간염, E형간염, b형헤모필루스 인플루엔자, 결핵, 반코마이신내성황색포도알균(VRSA) 감염증, 백일해, 성홍열, 세균성이질, 수두, 수막구균성수막염, 유행성이하선염, 장출혈성대장균감염증, 장티푸스, 카바페넴내성장내세균속균종(CRE) 감염증, 콜레라, 파라티푸스, 폐렴구균, 폴리오, 풍진, 한센병, 홍역

39　　　　정답 ④

인수공통감염병에는 장출혈성대장균감염증(O-157), 일본뇌염, 브루셀라증, 탄저병, 공수병, 동물인플루엔자 인체감염증, 중증급성호흡기증후군(SARS), 변종 크로이츠펠드-야콥병(vCJD), 큐열, 결핵, 중증열성혈소판감소증후군(SFTS) 등이 있다.

핵심 뷰티

인수공통감염병

동물과 사람 간에 서로 전파되는 병원체에 의하여 발생되는 감염병으로, 인수공통감염병에는 장출혈성대장균감염증(O-157), 일본뇌염, 브루셀라증, 탄저병, 공수병, 동물인플루엔자 인체감염증, 중증급성호흡기증후군(SARS), 변종 크로이츠펠드-야콥병(vCJD), 큐열, 결핵, 중증열성혈소판감소증후군(SFTS) 등이 있다.

40　　　　정답 ①

성병이란 성적 접촉에 의하여 전파되는 감염병이므로 접촉자의 색출과 치료가 가장 중요하다.

41　　　　정답 ④

무구조충은 쇠고기를 생식하였을 때 감염될 수 있다.

42　　　　정답 ②

잠함병은 잠수병이라고도 하며, 잠수 후 급히 해면으로 올라올 경우(고기압 환경에서 급히 저기압 환경으로 옮길 때) 일어나는 상해이다.

핵심 뷰티

잠함병

잠수병이라고도 하며, 직접적인 원인은 체액 및 혈액 속의 질소 기포의 증가이다. 잠수 후 급히 해면으로 올라올 경우 즉, 고기압 환경에서 급히 저기압 환경으로 옮길 때 일어나는 상해이다.

43　　　　정답 ③

대장균 수는 음용수의 오염지표로 사용되며, 100cc에서 1개도 검출되어서는 안된다.

44　　　　정답 ③

조도불량, 현휘가 과도한 장소에서 장시간 작업하여 눈에 긴장을 강요함으로써 발생되는 불량 조명에 기인하는 작업병으로는 안정피로, 근시, 안구진탕증 등이 있으며 주로 시계공, 인쇄공 등이 많이 겪는다.

45　　　　정답 ④

에르고톡신은 맥각에 있는 식물성 독소이다. 모시조개, 굴, 바지락에 있는 독소는 베네루핀이고, 섭조개, 대합에 있는 독소는 색시토신이다.

46　정답 ①

방부란 병원 미생물의 발육과 작용을 제거 또는 정지시켜 부패나 발효를 방지하는 것이다.

47　정답 ③

포르말린 소독법은 포름알데히드 35~37.5%의 수용액을 이용한 소독법으로 화학적 소독법이다.

48　정답 ③

고압증기법은 고압솥을 사용하여 가압증기 중에서 가열하는 방법으로 아포를 사멸시키는 데 유효한 방법이다.

49　정답 ④

석탄산은 세균포자나 바이러스에 작용력이 없다.

> **핵심 뷰티**
>
> **석탄산**
> • 방역용 석탄산수의 알맞은 농도는 3%이다.
> • 고무제품, 의류, 가구, 배설물 등의 소독에 적합하다.
> • 석탄산은 금속 부식성이 존재한다.
> • 석탄산계수는 소독력의 살균지표로 사용된다.

50　정답 ③

소독제로의 승홍은 냄새가 없다.

51　정답 ④

E. O 가스의 폭발위험성을 감소시키기 위하여 이산화탄소나 프레온 가스를 함께 혼합하여 사용한다.

52　정답 ③

미생물의 번식에 중요한 요소로는 빛, 온도, 습도, 영양분, 산소, pH 등이 있다.

53　정답 ④

공중위생관리법상에서 정의된 미용업이 손질할 수 있는 손님의 신체범위는 손님의 얼굴, 머리, 피부 및 손톱·발톱 등이다.

54　정답 ③

영업자의 지위승계신고 시 구비서류로는 양도·양수를 증명할 수 있는 서류 사본, 상속인임을 증명할 수 있는 서류, 해당 사유별로 영업자의 지위를 승계하였음을 증명할 수 있는 서류가 있다.

> **핵심 뷰티**
>
> **영업자의 지위승계신고 서류**
> 양도·양수를 증명할 수 있는 서류 사본, 상속인임을 증명할 수 있는 서류, 해당 사유별로 영업자의 지위를 승계하였음을 증명할 수 있는 서류

55　정답 ③

시장·군수·구청장은 이용사 또는 미용사가 면허정지사유에 해당하는 때에는 그 면허를 취소하거나 6월 이내의 기간을 정하여 그 면허의 정지를 명할 수 있다.

56　정답 ④

질병·고령·장애나 그 밖의 사유로 영업소에 나 올 수 없는 자에 대하여 이용 또는 미용을 하는 경우, 신고된 영업소 이외의 장소에서 이·미용업 영업을 할 수 있다.

57　정답 ①

특별시장·광역시장·도지사 또는 시장·군수·구청장은 공중위생관리상 필요하다고 인정하는 때에는 공중위생영업자에 대하여 필요한 보고를 하게 하거나 소속공무원으로 하여금 영업소·사무소 등에 출입하여 공중위생영업자의 위생관리의무이행 등에 대하여 검사하게 하거나 필요에 따라 공중위생영업장부나 서류를 열람하게 할 수 있다.

58
정답 ③

부득이한 사유가 없는 한 공중위생영업소를 개설할 자는 영업개시 전에 위생교육을 받아야 한다.

59
정답 ①

이·미용영업소 안에 면허증 원본을 게시하지 않은 경우에 대한 1차 위반 시의 행정처분은 경고 또는 개선명령이다.

⊕ **핵심 뷰티** ⊕

이·미용영업소 안에 면허증 원본을 게시하지 않은 경우
• 1차 위반 : 경고 또는 개선명령
• 2차 위반 : 영업정지 5일
• 3차 위반 : 영업정지 10일
• 4차 위반 : 영업장 폐쇄명령

60
정답 ③

이·미용업 영업소에서 영업정지처분을 받고 그 영업정지 기간 중 영업을 한 때에 대한 1차 위반시의 행정처분은 영업장 폐쇄명령이다.

⊕ **핵심 뷰티** ⊕

영업정지처분

이·미용업 영업소에서 영업정지처분을 받고 그 영업정지 기간 중 영업을 한 때에 대한 1차 위반시의 행정처분은 영업장 폐쇄명령이다.

실전모의고사 제3회

01 ④	02 ①	03 ①	04 ③	05 ①
06 ②	07 ③	08 ②	09 ④	10 ①
11 ④	12 ①	13 ③	14 ④	15 ③
16 ②	17 ③	18 ②	19 ③	20 ①
21 ②	22 ④	23 ②	24 ②	25 ②
26 ③	27 ④	28 ①	29 ②	30 ②
31 ②	32 ④	33 ②	34 ③	35 ②
36 ④	37 ②	38 ①	39 ④	40 ③
41 ②	42 ②	43 ④	44 ②	45 ②
46 ④	47 ②	48 ②	49 ②	50 ③
51 ③	52 ④	53 ②	54 ②	55 ③
56 ④	57 ②	58 ①	59 ①	60 ④

01
정답 ④

올바른 미용인으로서 대화의 주제는 종교나 정치 같은 논쟁의 대상이 되거나 개인적인 문제는 피하는 것이 좋다.

02
정답 ①

조선시대의 신부화장의 밑 화장에는 참기름이 사용되었다.

03
정답 ①

고대 미용의 발상지인 이집트는 기후에 의하여 머리를 짧게 깎거나 인모나 종려나무 잎 섬유로 된 가발을 사용하였다.

⊕ **핵심 뷰티** ⊕

이집트의 미용

서양 최초로 화장을 하였으며, 녹색과 검은색으로 눈꺼풀에 칠하고(아이섀도), 눈가에는 콜(Kohl)을 바르는(아이라인) 눈화장을 하였으며, 붉은 찰흙에 사프란을 섞어 뺨에 칠하거나 입술 연지로 사용하였다. 진흙(알칼리 토양)과 태양열을 통한 퍼머넌트와 헤나와 진흙을 통한 염색이 가능하였다.

04 정답 ③

피부의 지각(감각) 작용이란 피부에는 많은 종류의 감각수용기가 있어 촉각, 통각, 압각, 냉각, 온각 등의 감각을 느낄 수 있다는 것이다.

> **핵심 뷰티**
>
> 피부의 지각(감각) 작용
> - 많은 종류의 감각수용기가 있어 촉각, 통각, 압각, 냉각, 온각 등의 감각을 느낄 수 있다.
> - 촉각은 손가락, 입술, 혀끝 등이 예민하고, 발바닥이 둔한 부위이며, 촉각 중 깊은 곳에 있는 수용기에 의하는 것이 압각이다.
> - 온각과 냉각은 혀끝이 가장 예민하다.
> - 통각은 감각기관 중 감각수용기가 가장 많이 분포되어 있다.

05 정답 ①

과립층에는 과립 형태의 케라토히알린(Keratohyalin)이 함유되어 있으며 수분 증발 저지막이 있어 수분 증발을 억제하고 이물질 침투를 막는다.

> **핵심 뷰티**
>
> 과립층
> - 2~5층의 편방형 또는 방추형의 유핵 세포층이다.
> - 표피세포가 퇴화되어 각질화가 시작된다(유핵, 무핵 세포 공존).
> - 세포 퇴화의 첫 정조로 각화유리질과립이 형성된다.
> - 수분 증발 저지막이 있어 수분 증발을 억제하고 이물질 침투를 막는다.
> - 과립 형태의 케라토히알린(Keratohyalin)이 함유되어 있다.

06 정답 ②

표피는 각질층, 투명층, 과립층, 유극층, 기저층으로 구성되어 있다.

> **핵심 뷰티**
>
> 표피와 진피
> - 표피 : 각질층, 투명층, 과립층, 유극층, 기저층
> - 진피 : 유두층, 망상층

07 정답 ③

두발은 케라틴(아미노산)이 주성분으로, 이외에 수분, 지질, 멜라닌 색소 등으로 구성되어 있다. 두발을 태우면 노린내가 나는 것은 유황 때문이다.

08 정답 ②

입모근은 사람의 의지와 상관없이 털을 세우는 근육으로 추위나 공포감을 느낄 때 수축하여 털을 세우기 때문에 기모근이라고도 한다.

> **핵심 뷰티**
>
> 입모근
> 모낭의 중간 부분과 진피층과 연결되어 있고 피지샘을 감싸고 있다. 사람의 의지와 상관없이 털을 세우는 근육으로 추위나 공포감을 느낄 때 수축하여 털을 세우기 때문에 기모근이라고도 하며, 수축과 이완이 비정상적으로 반복되면 모유두를 자극하여 노화가 촉진될 수 있고, 피지 분비가 왕성하여 탈모의 요인이 될 수도 있다.

09 정답 ④

필수 아미노산의 종류는 아이소류신, 류신, 리신, 메티오닌, 페닐알라닌, 트레오닌, 트립토판, 발린, 히스티딘, 아르기닌으로 10종이다.

> **핵심 뷰티**
>
> 필수아미노산
> 성장 발육 및 세포 재생에 필수적이다. 체내에서 합성이 불가능해 반드시 식품을 통해 섭취해야 한다.

10 정답 ①

철분(Fe)은 헤모글로빈의 구성 성분으로, 녹색 채소류, 어패류, 간 등에 많이 들어 있다.

> **핵심 뷰티**
>
> 철분(Fe)
> 헤모글로빈 구성 성분으로, 산소와 결합해 조직 중에 산소를 운반한다. 부족하면 빈혈이 일어난다.

11　　　　　　　　　　　　　　　정답 ④

바이러스성 피부 질환에는 단순포진, 대상포진, 수두, 사마귀, 홍역, 풍진 등이 있다.

> **핵심 뷰티**
>
> **단순포진(Herpes Simplex)**
>
> 급성 수포성 질환. 열발진이라고도 하며 I형은 입 주위에 수포를 형성하며 II형은 생식기 부위에 발생한다.

12　　　　　　　　　　　　　　　정답 ③

주사는 혈액의 흐름이 나빠져 모세혈관의 파손과 구진 및 농포성 질환이 코를 중심으로 양 뺨에 나비형태로 붉어지는 증상이다.

> **핵심 뷰티**
>
> **주사**
>
> • 40~50대에 보이며 혈액흐름이 나빠져 모세혈관이 파손되어 코를 중심으로 양 볼에 나비 형태로 붉어진다.
> • 피지선에 염증이 생기면서 붉어지는 증상이다.
> • 구진이나 농포가 생기기도 한다.

13　　　　　　　　　　　　　　　정답 ③

광노화는 색소침착과 모세혈관확장이 일어나며, 콜라겐이 감소하여 피부의 탄력이 저하되고, 주름이 늘어난다.

> **핵심 뷰티**
>
> **환경적 노화(외인성 노화, 광노화)**
>
> • 태양광선 등 외부 환경의 노출에 의한 노화이다.
> • 주로 자외선 B에 의해 일어나며, 자외선 A에 장시간 노출할 경우에도 일어난다.
> • 각질층이 두꺼워지고 피부 탄력이 없어진다.
> • 피부가 악건성화 또는 민감화된다.
> • 색소침착과 모세혈관확장이 일어난다.
> • 얼굴, 가슴, 두부, 손 등에 노화반점, 주근깨 등의 색소침착이 생긴다.

14　　　　　　　　　　　　　　　정답 ④

섬유아세포 분해 촉진과는 관계가 없다. 섬유아세포는 진피에서 교원섬유(콜라겐)를 생성한다.

15　　　　　　　　　　　　　　　정답 ③

브러시는 세정 후 털이 아래로 가도록 하여 그늘에 말린다.

16　　　　　　　　　　　　　　　정답 ②

오디너리(ordinary) 레이저는 일상용 레이저로 초보자가 사용하기에는 부적합하다. 초보자에게는 셰이핑 레이저가 적합하다.

> **핵심 뷰티**
>
> **레이저**
>
> • 일상용 레이저 : 세밀한 작업에 용이하며, 빠른 시간 내에 시술이 가능하다.
> • 셰이핑 레이저 : 시술 시 안정적으로 커팅할 수 있으며, 초보자에게 적합하다.

17　　　　　　　　　　　　　　　정답 ③

프로테인 샴푸는 누에고치에서 추출한 성분과 난황성분을 함유한 샴푸제로서 모발에 영양분을 공급하고 탄력을 부여하며 다공성모에 적당하다.

18　　　　　　　　　　　　　　　정답 ②

딥 테이퍼링(deep tapering)은 모량을 많이 감소시킬 때 사용하는 테이퍼링으로, 두발 끝 2/3 정도를 테이퍼링 한다.

> **핵심 뷰티**
>
> **딥 테이퍼링(deep tapering)**
>
> 롱 테이퍼(long taper)라고도 하며, 패널의 끝에서 2/3 지점 위에서부터 테이퍼링 한다. 모량을 많이 감소시킬 수 있으므로 숱이 많은 모발에 사용할 수 있으며, 모발의 움직임이 필요한 경우나 경쾌한 스타일 연출에 적합하다.

19
정답 ③

그래쥬에이션(그라데이션) 커트는 두부 상부에 있는 두발은 길고 하부로 갈수록 짧게 커트해서 두발의 길이에 작은 단차가 생기게 한 커트로 주로 짧은 머리에 자주 사용된다.

핵심 뷰티

그래쥬에이션 커트 방법
- 두상에서 위가 길고 아래로 내려갈수록 모발이 짧아지며 층이 나는 스타일이며, 시술 각도에 따라 모발 길이가 조절되면서 형태가 만들어진다.
- 두께에 의한 부피감과 입체감에 의해 풍성하게 보여, 통통하고 부드럽게 만들고 싶을 때와 비교적 차분한 이미지를 나타내고 싶을 때 많이 이용된다.

20
정답 ①

퍼머넌트 웨이빙 시 케라틴의 시스틴 결합은 제1액에 의하여 잘린다. 제1액의 주성분은 주로 티오글리콜산이다.

21
정답 ②

굵은 두발과 촘촘한 모발에 대한 와인딩 시 블로킹을 작게 하고 로드의 직경도 작은 것으로 하여야 웨이브가 잘 나온다.

22
정답 ④

센터 백 파트는 후두부를 정중선으로 나눈 파트이다.

핵심 뷰티

헤어 파팅(hair parting)

센터 파트	헤어라인 중앙에서 두정부를 향한 가르마
스퀘어 파트	이마의 양쪽은 사이드 파트를 하고 두정부 가까이에서 얼굴의 두발이 난 가장자리와 수평이 되도록 모나게 가르마를 타는 것
카우릭 파트	두정부 가마에서 방사선으로 나눈 파트
센터 백 파트	후두부를 정중선으로 나눈 파트

23
정답 ②

플래트 컬(flat curl)은 컬의 루프가 두피에 대하여 0°로 평평하고 납작하게 형성되어진 컬로, 두발에 볼륨을 주지 않는다.

24
정답 ③

로우 웨이브는 리지가 낮은 웨이브를 의미한다.

핵심 뷰티

핑거 웨이브의 종류

스윙 웨이브	큰 움직임을 보는 듯한 웨이브
스월 웨이브	물결이 소용돌이 치는 듯한 웨이브
로우 웨이브	리지가 낮은 웨이브
덜 웨이브	리지가 뚜렷하지 않고 느슨한 웨이브

25
정답 ③

염모제 원료 중 모발이나 피부에 부작용을 일으키는 파라페닐렌디아민은 검은색을 나타내기 위한 성분으로 이 원료의 함유로 인하여 부작용 발생 가능성이 존재한다. 헤어 틴트시 파라페닐렌디아민이 함유된 염모제는 패치테스트를 반드시 하여야 한다.

26
정답 ③

스캘프 트리트먼트의 목적은 두피의 청결과 건강 유지이다. 두피의 적절한 지방막은 필요하며, 떨어져 나간 각질을 제거해서 두발을 깨끗하게 하는 것이 스캘프 트리트먼트의 목적이다.

핵심 뷰티

스캘프 트리트먼트의 목적
- 먼지나 비듬 제거
- 혈액순환 촉진
- 탈모방지
- 두발 성장 촉진

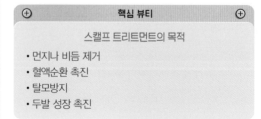

27 정답 ④

헤어 트리트먼트의 종류는 헤어 리컨디셔닝, 클립핑, 헤어 팩, 신징이 있으며, 테이퍼링은 커트 기법이다.

⊕ 핵심 뷰티 ⊕

헤어 트리트먼트의 종류

- 헤어 리컨디셔닝(hair reconditioning)
- 클립핑(clipping)
- 헤어 팩(hair pack)
- 신징(singeing)

28 정답 ①

C.P는 센터 포인트(center point)를 의미한다.

29 정답 ②

우리나라 고대의 머리모양은 계급과 신분을 나타내는 표시의 역할을 하였다.

⊕ 핵심 뷰티 ⊕

삼한시대의 머리형

- 포로나 노예는 머리를 깎아 표시하였다.
- 남자는 상투를 틀고, 수장급은 관모를 썼다.
- 글씨를 새기는 문신이 성행하였다.

30 정답 ②

싱글링 헤어 커트 시술에 필요한 도구로는 장가위, 틴닝가위, 커트 빗이 있으며, 틴닝가위는 커트의 형태나 모발의 양을 보정하기 위해 사용하는 가위로 발수(10~40)에 따라 질감 처리 모량이 결정된다.

31 정답 ②

주어진 그림의 커트는 스패니얼 보브(spaniel bob) 커트이다.

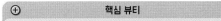

⊕ 핵심 뷰티 ⊕

스패니얼 보브형(spaniel bob style) 커트

앞내림형 커트이며, 네이프 포인트에서 0°로 떨어져 시작된 커트 선이 앞쪽으로 진행될수록 길어져서 전체적인 커트 형태 선이 A라인을 이루어 콘케이브 모양이 되는 스타일이다. 그러므로 스패니얼 보브형 커트를 하기 위해서는 섹션을 A라인으로 한다.

32 정답 ④

퍼머넌트 웨이브 시술 후 디자인에 맞춰서 커트하는 것을 애프터 커트라고 한다.

33 정답 ③

레이어 커트는 상부의 모발은 짧고 하단으로 갈수록 길어지는 커트방법으로 전체적으로 층이 골고루 나타난다.

34 정답 ③

헤어 블리치제에 사용되는 과산화수소의 일반적인 농도는 6%이다.

35 정답 ③

AHA는 각질세포의 응집력 약화시킨다.

36 정답 ④

비례사망지수란 한 나라의 건강수준을 나타내며, 인구 전체 사망자 수에 대한 50세 이상의 사망자 수를 나타낸 구성 비율을 의미한다.

⊕ 핵심 뷰티 ⊕

비례사망지수

인구 전체 사망자 수에 대한 50세 이상의 사망자 수를 나타낸 구성 비율을 의미한다. 영아사망률, 평균수명과 더불어 다른 나라들과의 보건수준을 비교할 수 있는 세계보건기구가 제시한 지표이다.

실전
모의고사

정답 및 해설

37 정답 ③

병원체가 바이러스인 질병은 인플루엔자, 홍역, 폴리오, 급성이하선염, 뇌염, 소아마비, AIDS, 유행성이하선염, 간염, 광견병, 수두, 천연두 등이 있다.

38 정답 ①

말라리아는 제3급 감염병이다.

> **핵심 뷰티**
>
> **제2급 법정 감염병**
>
> A형간염, E형간염, b형헤모필루스 인플루엔자, 결핵, 반코마이신내성황색포도알균(VRSA) 감염증, 백일해, 성홍열, 세균성이질, 수두, 수막구균성수막염, 유행성이하선염, 장출혈성대장균감염증, 장티푸스, 카바페넴내성장내세균속균종(CRE) 감염증, 콜레라, 파라티푸스, 폐렴구균, 폴리오, 풍진, 한센병, 홍역

39 정답 ④

발진티푸스는 이에 의하여 전염된다.

40 정답 ③

결핵은 출생 후 4주 이내에 BCG 접종을 받는 것이 효과적이다.

41 정답 ②

긴촌충은 광절열두조충증이라고도 하며, 제1중간숙주는 물벼룩이고, 제2중간숙주는 연어, 송어 등이다.

42 정답 ②

잠함병은 잠수병이라고도 하며, 직접적인 원인은 체액 및 혈액 속의 질소 기포의 증가이다.

> **핵심 뷰티**
>
> **잠함병**
>
> 잠수병이라고도 하며, 직접적인 원인은 체액 및 혈액 속의 질소 기포 증가이다. 잠수 후 급히 해면으로 올라 올 경우 즉, 고기압 환경에서 급히 저기압 환경으로 옮길 때 일어나는 상해이다.

43 정답 ④

하수 오염의 지표는 BOD이고, 탁도는 상수 수질 판정 기준이다.

44 정답 ③

조도불량, 현휘가 과도한 장소에서 장시간 작업하여 눈에 긴장을 강요함으로써 발생되는 불량 조명에 기인하는 작업병으로는 안정피로, 근시, 안구진탕증 등이 있으며 주로 시계공, 인쇄공 등이 많이 겪는다.

45 정답 ③

식중독이란 일반적으로 음식물을 통하여 인체에 들어간 병원 미생물이나 유독 · 유해한 물질에 의하여 일어나는 것으로 급성의 위장염 증상을 주로 하는 건강 장애이다.

> **핵심 뷰티**
>
> **식중독**
>
> 일반적으로 음식물을 통하여 인체에 들어간 병원 미생물이나 유독 · 유해한 물질에 의하여 72시간 이내에 일어나는 것으로 급성의 위장염 증상(구토, 설사, 복통 등)을 주로 하는 건강 장애이다.

46 정답 ④

소독제는 화학적으로 안정된 것이어야 한다.

⊕   **핵심 뷰티**   ⊕

소독제의 구비조건

- 가격이 저렴해야 한다.
- 생물학적 작용을 발휘할 수 있어야 한다.
- 빨리 효과를 내고 살균 소요시간이 짧을수록 좋다.
- 독성이 적으면서 사용자에게도 자극성이 없어야 한다.
- 희석된 상태에서 화학적으로 안정되어야 한다.

47   정답 ④

고압증기는 고압증기를 이용하는 습열멸균법으로 물리적 소독법이다.

48   정답 ③

15lbs에서는 121℃로 20분간 소독하는 것이 가장 적절하다.

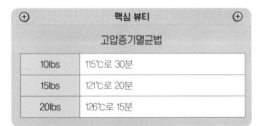

⊕   **핵심 뷰티**   ⊕

고압증기멸균법

10lbs	115℃로 30분
15lbs	121℃로 20분
20lbs	126℃로 15분

49   정답 ③

소독제의 효력을 평가하기 위해서는 석탄산을 기준으로 한 석탄산계수를 사용한다.

⊕   **핵심 뷰티**   ⊕

석탄산

- 고무제품, 의류, 가구, 배설물 등의 소독에 적합하다.
- 석탄산계수는 소독력의 살균지표로 사용된다.

50   정답 ③

에틸알코올은 독성이 약하여 수지와 피부 소독에 사용되며, 칼, 가위와 같이 날이 있는 물건, 유리제품의 소독에 사용된다.

51   정답 ③

에틸렌 옥사이드가스를 이용한 멸균법은 고압증기멸균법에 비해 비싸다.

⊕   **핵심 뷰티**   ⊕

E.O 가스 멸균법

- 비용이 비싸고, 멸균 시간이 길다.
- 멸균 후 장기 보존이 가능하다.
- 멸균시간이 비교적 길다.
- 50~60℃ 저온에서 처리된다.
- 플라스틱이나 고무제품 등의 멸균에 이용된다.

52   정답 ④

미생물의 번식에 중요한 요소로는 빛, 온도, 습도, 영양분, 산소, pH 등이 있다.

53   정답 ②

공중위생영업이란 다수인을 대상으로 위생관리서비스를 제공하는 영업으로서 숙박업·목욕장업·이용업·미용업·세탁업·건물위생관리업을 말한다.

⊕   **핵심 뷰티**   ⊕

공중위생영업의 종류

숙박업, 목욕장업, 이용업, 미용업, 세탁업, 건물위생관리업

54   정답 ③

영업자의 지위승계신고를 하려는 자는 영업자지위승계신고서에 서류를 첨부하여 시장·군수·구청장에게 제출해야 한다.

55   정답 ③

이·미용사의 면허를 받을 수 없는 사람은 피성년후견인, 약물중독자, 정신질환자, 감염병환자, 면허가 취소된 후 1년이 경과되지 아니한 자이다.

실전
모의고사

정답 및 해설

56
정답 ④

시장 · 군수 · 구청장은 보건복지부령이 정하는 바에 의하여 위생서비스평가의 결과에 따른 위생관리등급을 해당 공중위생영업자에게 통보하고 이를 공표하여야 한다.

57
정답 ④

관계공무원의 업무를 행하게 하기 위하여 특별시 · 광역시 · 도 및 시 · 군 · 구(자치구에 한한다)에 공중위생감시원을 둔다.

⊕ **핵심 뷰티** ⊕

공중위생감시원

관계공무원의 업무를 행하게 하기 위하여 특별시·광역시·도 및 시·군·구(자치구에 한한다)에 공중위생감시원을 둔다.

58
정답 ①

부득이한 사유가 없는 한 공중위생영업소를 개설할 자는 영업개시 전에 위생교육을 받아야 한다. 부득이한 사유가 있는 경우, 개설 후 6개월 이내에 위생교육을 받아야 한다.

59
정답 ①

지위승계 신고를 하지 아니한 경우에 대한 1차 위반 시의 행정처분은 경고이다.

⊕ **핵심 뷰티** ⊕

지위승계 신고를 하지 아니한 경우

- 1차 위반 : 경고
- 2차 위반 : 영업정지 10일
- 3차 위반 : 영업정지 1월
- 4차 위반 : 영업장 폐쇄명령

60
정답 ④

이중으로 이 · 미용사 면허를 취득한 때의 1차 행정처분은 나중에 발급받은 면허의 취소이다.

실전모의고사 제4회

01 ④	02 ③	03 ②	04 ①	05 ①
06 ①	07 ④	08 ③	09 ④	10 ④
11 ①	12 ③	13 ③	14 ③	15 ②
16 ①	17 ②	18 ②	19 ②	20 ②
21 ①	22 ①	23 ①	24 ①	25 ③
26 ①	27 ③	28 ②	29 ③	30 ①
31 ③	32 ②	33 ③	34 ③	35 ④
36 ④	37 ④	38 ②	39 ②	40 ①
41 ③	42 ③	43 ④	44 ④	45 ④
46 ③	47 ①	48 ③	49 ③	50 ①
51 ④	52 ③	53 ④	54 ④	55 ⑤
56 ①	57 ①	58 ③	59 ④	60 ④

01
정답 ④

보정은 제작 후 전체적인 머리 모양을 종합적 관찰하여 수정 · 보완하여 마무리하는 단계로, 고객이 추구하는 미용의 목적과 필요성을 시각적으로 느끼게 하는 과정이다.

02
정답 ③

조선 중엽 상류사회 여성들이 얼굴의 밑 화장으로 참기름을 사용하여 얼굴을 닦아내었다.

03
정답 ②

경술국치 이후 현대 미용에 대한 관심이 생기면서, 신여성을 중심으로 헤어, 메이크업 등이 유행하였다.

04
정답 ①

피부가 느낄 수 있는 감각 중에서 가장 예민한 감각은 통각이고, 가장 둔한 감각은 온각이다.

> **핵심 뷰티**
>
> 피부의 감각 인지 순서
>
> 통각 → 촉각 → 냉각 → 압각 → 온각

05 정답 ①

물이나 일부의 물질을 통과시키지 못하게 하여 수분 증발을 막고 필요한 물질이 몸밖으로 나가지 못하게 하는 흡수방어벽 층은 투명층과 과립층 사이에 존재한다.

06 정답 ①

진피의 망상층은 진피층의 80%를 차지하며, 피하조직과 연결된다. 옆으로 길고 섬세한 섬유가 그물모양으로 구성되어 압각, 온각, 냉각 등의 감각기관이 존재한다.

> **핵심 뷰티**
>
> 망상층
>
> • 세포 성분과 세포간 물질로 이루어져 있다.
> • 혈관, 림프관, 신경총, 땀샘, 피지선, 모낭 등이 존재한다.

07 정답 ④

자외선, 염색, 탈색은 모발 손상의 원인이다. 이외에도 드라이어의 장시간 이용, 잘못된 샴푸습관, 과도한 브러싱, 잘못된 미용 시술 제품 등이 있다.

> **핵심 뷰티**
>
> 모발 손상의 원인
>
> 자외선, 염색, 탈색, 드라이어의 장시간 이용, 잘못된 샴푸습관, 과도한 브러싱, 잘못된 미용 시술 제품, 해수욕 후 염분이나 풀장의 소독용 표백분이 두발에 남아있는 경우 등

08 정답 ③

모발의 성장 주기 중 휴지기(telogen)는 기간은 3개월~4개월로, 전체 모발 주기의 14~15% 정도를 차지하며, 멜라닌 색소가 결핍되고 모발이 빠진다.

09 정답 ④

필수 아미노산의 종류는 아이소류신, 류신, 리신, 메티오닌, 페닐알라닌, 트레오닌, 트립토판, 발린, 히스티딘, 아르기닌으로 10종이다.

> **핵심 뷰티**
>
> 필수아미노산
>
> • 성장 발육 및 세포 재생에 필수적이다.
> • 체내에서 합성이 불가능해 반드시 식품을 통해 섭취해야 한다.

10 정답 ④

요오드(I)는 갑상선 호르몬인 티록신의 구성 성분으로 모세혈관 기능을 정상화한다.

> **핵심 뷰티**
>
> 요오드(I)
>
> • 갑상선 호르몬인 티록신의 구성 성분이다.
> • 기초대사율 조절, 모세혈관 활동 촉진, 단백질 생성에 작용한다.

11 정답 ①

대상포진은 수두 바이러스가 원인이 되어 선경을 따라 띠 모양으로 피부 발진이 발생하고, 흉터가 남을 수 있다.

> **핵심 뷰티**
>
> 바이러스성 피부 질환
>
> 단순포진(Herpes Simplex), 대상포진(Herpes Zoster), 수두(Chickenpox), 사마귀, 홍역, 풍진

12 정답 ③

주사는 피지선에 염증이 생기면서 붉어지는 증상이다.

13 정답 ③

자외선을 과다하게 조사했을 경우 멜라닌 색소가 증가하여 기미, 주근깨 등이 발생한다.

14 정답 ③

피부를 청결히 하여 피부 건강을 유지하는 것은 피부미용의 정의이다.

15 정답 ②

화장품의 4대 요건은 안전성, 안정성, 사용성, 유효성이다.

핵심 뷰티

화장품의 4대 요건

안전성	피부 자극, 알레르기, 감작성, 경구독성, 이물질 혼입 등이 없어야 한다.
안정성	사용 기간 중 변질, 변색, 변취, 미생물 오염 등이 없어야 한다.
사용성	피부 친화성, 촉촉함, 부드러움 등이 있어야 한다.
유효성	보습효과, 노화 억제, 자외선 방어효과, 세정효과 등이 있어야 한다.

16 정답 ①

아이론 선정 시 프롱의 길이와 핸들의 길이가 균등한 것을 선택하는 것이 좋다.

17 정답 ②

알칼리성 샴푸제의 pH는 약 7.5~8.5이다.

18 정답 ②

엔드 테이퍼링(end tapering)은 두발의 양이 적을 때나 표면을 정돈할 때 사용하는 테이퍼링으로, 두발 끝 1/3 정도를 테이퍼링 한다.

핵심 뷰티

엔드 테이퍼(end taper)

쇼트 테이퍼(short taper)라고도 하며, 두발의 끝에서 1/3 지점에서 테이퍼링 한다. 비교적 모발 감소량을 적게 하고 싶을 때나 모발 끝을 약간 가볍게 하거나 정돈할 때 적합하다.

19 정답 ②

그래쥬에이션(그라데이션) 커트는 두부 상부에 있는 두발은 길고 하부로 갈수록 짧게 커트해서 두발의 길이에 작은 단차가 생기게 한 커트로, 두정부에서 하부로 사선 45°로 내려가면서 커팅한다.

핵심 뷰티

그래쥬에이션 커트 방법

• 두상에서 위가 길고 아래로 내려갈수록 모발이 짧아지며 층이 나는 스타일이며, 시술 각도에 따라 모발 길이가 조절되면서 형태가 만들어진다.
• 두께에 의한 부피감과 입체감에 의해 풍성하게 보여, 통통하고 부드럽게 만들고 싶을 때와 비교적 차분한 이미지를 나타내고 싶을 때 많이 이용된다.

20 정답 ②

퍼머넌트의 환원제인 제1액은 티오글리콜산이나 시스테인을 사용한다. 티오글리콜산의 적정 농도는 약 2~7%이다.

21 정답 ①

가는 로드를 사용한 콜드 퍼머넌트는 곱슬곱슬한 머리가 나온다. 내로우 웨이브(narrow wave)는 릿지와 릿지의 폭이 좁거나 커브가 급한 웨이브로, 파장이 많아 곱슬곱슬한 머리가 된다.

22 정답 ①

스퀘어 파트란 이마의 양쪽은 사이드 파트를 하고 두정부 가까이에서 얼굴의 두발이 난 가장자리와 수평이 되도록 모나게 가르마를 타는 것을 말한다.

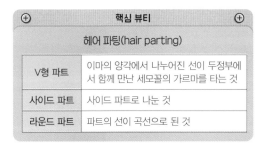

핵심 뷰티

헤어 파팅(hair parting)

V형 파트	이마의 양각에서 나누어진 선이 두정부에서 함께 만난 세모꼴의 가르마를 타는 것
사이드 파트	사이드 파트로 나눈 것
라운드 파트	파트의 선이 곡선으로 된 것

23   정답 ①

플래트 컬(flat curl)은 컬의 루프가 두피에 대하여 0°로 평평하고 납작하게 형성되어진 컬로, 두발에 볼륨을 주지 않는다.

24   정답 ①

스윙 웨이브(swing wave)란 큰 움직임을 보는 듯한 웨이브를 의미한다.

핵심 뷰티

핑거 웨이브의 종류

스윙 웨이브	큰 움직임을 보는 듯한 웨이브
스월 웨이브	물결이 소용돌이 치는 듯한 웨이브
로우 웨이브	리지가 낮은 웨이브
덜 웨이브	리지가 뚜렷하지 않고 느슨한 웨이브

25   정답 ③

염모제에 의한 알레르기성 피부염이나 접촉성 피부염 등의 유무를 알아보기 위한 테스트는 패치 테스트이다.

핵심 뷰티

스트랜드 테스트(strand test)

염색을 하면서 계획대로 색상이 잘 나오는지를 알아보는 것으로 색상뿐만 아니라 원하는 색상을 시술할 수 있는 정확한 염모제의 작용시간을 추정할 수도 있다.

26   정답 ①

스캘프 트리트먼트의 목적은 두피의 청결과 건강 유지이다. 치료의 목적은 아니다.

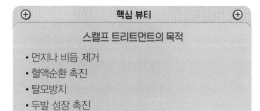

핵심 뷰티

스캘프 트리트먼트의 목적

- 먼지나 비듬 제거
- 혈액순환 촉진
- 탈모방지
- 두발 성장 촉진

27   정답 ③

헤어 트리트먼트의 종류는 헤어 리컨디셔닝, 클리핑, 헤어 팩, 신징이 있으며, 싱글링은 커트 기법이다.

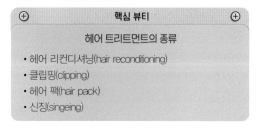

핵심 뷰티

헤어 트리트먼트의 종류

- 헤어 리컨디셔닝(hair reconditioning)
- 클리핑(clipping)
- 헤어 팩(hair pack)
- 신징(singeing)

28   정답 ②

미용은 독립적인 의사결정으로 진행할 수 없고, 의사표현, 시간, 소재 등의 제약을 받는 부용예술이다.

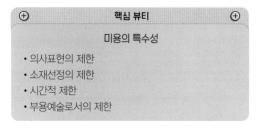

핵심 뷰티

미용의 특수성

- 의사표현의 제한
- 소재선정의 제한
- 시간적 제한
- 부용예술로서의 제한

29   정답 ③

미용에서의 TPO는 시간(time), 장소(place), 상황(occasion)이다.

실전
모의고사

정답 및 해설

> **핵심 뷰티**
>
> **TPO**
>
> • 시간(time)　　　• 장소(place)　　　• 상황(occasion)

30　　정답 ①

청소 상태, 제품 진열 상태, 고객에게 제공하는 서비스 음료 및 잡지 등의 청결 상태, 탕비실, 샴푸실의 냉온수 상태, 수건 및 가운의 수량 및 위생 상태, 자외선 소독기 점검 등은 매일 점검해야 하고, 환풍기와 유리창은 월 1회 점검해야 한다.

31　　정답 ③

레이저 커트는 두발 끝이 자연스럽다.

32　　정답 ②

싱글링은 빗을 45도 각도로 위로 이동시키며 가위를 개폐시켜 커트하는 방법이다.

33　　정답 ③

비듬은 두피의 표피세포가 과도하게 각질화되어 생기는 것으로, 비타민 B_1 결핍, 두피의 혈액순환 악화, 부신피질 기능저하, 상처 등이 원인이다.

34　　정답 ③

주어진 그림의 커트는 이사도라 보브(isadora bob) 커트이다.

> **핵심 뷰티**
>
> **이사도라 보브형(Isadora bob style) 커트**
>
> 뒤내림형 커트이며, 네이프 포인트에서 0°로 떨어져 시작된 커트 선이 앞쪽으로 진행될수록 짧아져 전체적인 커트 형태 선이 둥근 V라인 또는 U라인을 이루어 콘벡스 모양이 되는 스타일이다. 그러므로 이사도라 보브형 커트를 위해서는 섹션을 V라인으로 한다.

35　　정답 ④

자외선 A(UV A)는 320~400nm의 장파장으로, 피부 진피층까지 도달한다.

> **핵심 뷰티**
>
> **장파장 자외선 A(UV A)**
>
> • 320~400nm의 장파장으로, 피부 진피층까지 도달한다.
> • 피부 탄력성 감소, 조기 노화, 주름 형성의 원인이 되며, 백내장 유발의 원인이 된다.
> • 선탠 작용을 하여, 인공선탠에 이용된다.

36　　정답 ④

발수성 모발은 모표피의 스케일이 두꺼워 수분이나 모발 제품을 흡수하지 않는 모발이다.

37　　정답 ④

파상풍은 토양이 병원소가 될 수 있으며 이외에도 먼지, 동물의 배설물 등이 있다.

38　　정답 ②

급성호흡기감염증은 제4급 감염병이고, 신종감염병증후군과 중증급성호흡기증후군(SARS)는 제1급 감염병이다.

> **핵심 뷰티**
>
> **제2급 법정 감염병**
>
> A형간염, E형간염, b형헤모필루스 인플루엔자, 결핵, 반코마이신내성황색포도알균(VRSA) 감염증, 백일해, 성홍열, 세균성이질, 수두, 수막구균성수막염, 유행성이하선염, 장출혈성대장균감염증, 장티푸스, 카바페넴내성장내세균속균종(CRE) 감염증, 콜레라, 파라티푸스, 폐렴구균, 폴리오, 풍진, 한센병, 홍역

39　　정답 ②

광견병은 공수병이라고도 불리는 인수공통 감염병으로, 광견병 바이러스에 의하여 발생하는 중추신경계 감염증이다.

40 　　　　정답 ①

음용수를 통하여 전염될 수 있는 감염병은 세균성 이질, 콜레라, 장티푸스, 파라티푸스, 장출혈성 대장균, A형 간염 등이 있다.

41 　　　　정답 ③

가족계획이란 부부가 자녀의 출산계획, 즉 출산시기와 간격, 자녀의 수를 결정하여 건강한 자녀의 출산과 양육을 계획하고 결정함으로써 모성의 건강과 가족의 건강을 향상시키고자 하는 것을 말한다.

42 　　　　정답 ③

일산화탄소는 헤모글로빈과의 결합력이 커서 세포 내에서 산소와 Hb의 결합을 방해한다. 하여 세포 및 각 조직에서 O_2 부족 현상을 일으키고, 신경기능 장애를 일으킨다.

43 　　　　정답 ④

호기성 처리법에는 활성오니법, 살수여과법, 산화지법이 있으며, 임호프조법은 혐기성 처리법에 속한다.

핵심 뷰티
하수 처리법
- 호기성 처리법 : 활성오니법, 살수여과법, 산화지법
- 혐기성 처리법 : 부패조법, 임호프조법

44 　　　　정답 ③

오존(O_3)은 2차 오염물질이다.

45 　　　　정답 ④

보건행정이란 국가와 공공단체가 국민의 보건 향상을 위하여 목표와 정책을 형성·조정하고 사업계획을 수립하여 이를 집행 통제하는 것이다.

핵심 뷰티
보건행정의 정의
- 국민의 수명연장
- 질병예방
- 공적인 행정활동

46 　　　　정답 ③

소독제는 빨리 효과를 내고 살균 소요시간이 짧을수록 좋다.

핵심 뷰티
소독제의 구비조건
- 가격이 저렴해야 한다.
- 생물학적 작용을 발휘할 수 있어야 한다.
- 빨리 효과를 내고 살균 소요시간이 짧을수록 좋다.
- 독성이 적으면서 사용자에게도 자극성이 없어야 한다.
- 희석된 상태에서 화학적으로 안정되어야 한다.

47 　　　　정답 ①

건열멸균은 물리적 소독 방법이다.

핵심 뷰티
건열멸균
- 물리적 살균 방법이다.
- 주로 건열 멸균기를 사용한다.
- 유리기구, 주사침 등의 처리에 이용된다.
- 160℃에서 1시간 30분 정도 처리한다.

48 　　　　정답 ③

20lbs에서는 126℃로 15분간 소독하는 것이 가장 적절하다.

49 　　　　정답 ③

소독제의 효력을 평가하기 위해서는 석탄산을 기준으로 한 석탄산계수를 사용한다.

핵심 뷰티

석탄산

- 방역용 석탄산수의 알맞은 농도는 3%이다.
- 고무제품, 의류, 가구, 배설물 등의 소독에 적합하다.
- 석탄산계수는 소독력의 살균지표로 사용된다.

---

50 정답 ①

알코올은 칼, 가위와 같이 날이 있는 물건, 유리제품의 소독에 사용되며, 70~80%의 알코올이 살균력이 가장 강력하다.

---

51 정답 ④

에틸렌 옥사이드가스는 독성 가스이므로, 멸균 후 장기간 공기에 노출시킨 후 사용해야 한다.

핵심 뷰티

E.O 가스 멸균법

- 비용이 비싸고, 멸균 시간이 길다.
- 멸균 후 장기 보존이 가능하다.
- 50~60℃ 저온에서 처리된다.
- 플라스틱이나 고무제품 등의 멸균에 이용된다.

---

52 정답 ④

바이러스는 미생물 중 가장 작은 크기이다.

---

53 정답 ④

면도기는 1회용 면도날을 손님 1인에게 사용하여야 한다.

---

54 정답 ④

외국의 유명 이 · 미용학원에서 2년 이상 기술을 습득한 것으로 이 · 미용사 면허를 받을 자격이 없다.

핵심 뷰티

이·미용사의 면허를 받을 수 있는 자

- 전문대학 또는 이와 같은 수준 이상의 학력이 있다고 교육부장관이 인정하는 학교에서 이용 또는 미용에 관한 학과를 졸업한 자
- 대학 또는 전문대학을 졸업한 자와 같은 수준 이상의 학력이 있는 것으로 인정되어 이용 또는 미용에 관한 학위를 취득한 자
- 고등학교 또는 이와 같은 수준의 학력이 있다고 교육부장관이 인정하는 학교에서 이용 또는 미용에 관한 학과를 졸업한 자
- 특성화고등학교, 고등기술학교나 고등학교 또는 고등기술학교에 준하는 각종학교에서 1년 이상 이용 또는 미용에 관한 소정의 과정을 이수한 자
- 국가기술자격법에 의한 이용사 또는 미용사의 자격을 취득한 자

---

55 정답 ③

면허의 정지명령을 받은 자는 지체없이 그 면허증을 시장 · 군수 · 구청장에게 제출해야 한다.

---

56 정답 ①

이 · 미용업소에서 이 · 미용사의 감독을 받아 이 · 미용업무를 보조하고 있는 자는 이용사 또는 미용사의 면허를 받지 아니한 자 중 이용사 또는 미용사 업무에 종사할 수 있다.

---

57 정답 ①

기관에서 특별히 요구하여 단체로 이 · 미용을 하는 경우는 영업소 외의 장소에서 이 · 미용 업무를 행할 수 있는 경우가 아니다.

---

58 정답 ③

부득이한 사유가 없는 한 공중위생영업소를 개설할 자는 영업개시 전에 위생교육을 받아야 한다.

59
정답 ④

이 · 미용 영업소에서 손님에게 음란한 물건을 관람 · 열람하게 한 때에 대한 1차 위반 시 행정처분은 경고이다.

⊕ **핵심 뷰티** ⊕

손님에게 음란한 물건을 관람·열람하게 한 경우
• 1차 위반 : 경고
• 2차 위반 : 영업정지 15일
• 3차 위반 : 영업정지 1월
• 4차 위반 : 영업장 폐쇄명령

60
정답 ④

신고를 하지 않고 영업소의 소재지를 변경한 때 1차 행정처분은 영업정지 1월이다.

⊕ **핵심 뷰티** ⊕

신고를 하지 않고 영업소의 소재지를 변경한 경우
• 1차 위반 : 영업정지 1월
• 2차 위반 : 영업정지 2월
• 3차 위반 : 영업장 폐쇄명령

실전모의고사 제5회

01 ④	02 ②	03 ③	04 ④	05 ①
06 ①	07 ②	08 ④	09 ①	10 ①
11 ①	12 ①	13 ③	14 ③	15 ②
16 ③	17 ④	18 ②	19 ③	20 ④
21 ②	22 ③	23 ①	24 ①	25 ②
26 ①	27 ②	28 ①	29 ③	30 ②
31 ④	32 ②	33 ①	34 ③	35 ①
36 ①	37 ①	38 ③	39 ④	40 ①
41 ②	42 ②	43 ①	44 ①	45 ①
46 ②	47 ④	48 ③	49 ①	50 ②
51 ④	52 ③	53 ③	54 ③	55 ③
56 ②	57 ①	58 ③	59 ④	60 ④

01
정답 ④

미용사는 선 자세에서는 허리를 곧게 펴서 바른 자세를 유지하도록 하고, 자세를 변경하여야 할 경우 허리를 구부려 작업을 진행한다.

02
정답 ②

쪽머리란 가운데 가르마를 타서 양쪽으로 머리를 빗어 넘긴 후 뒤통수 아래 머리를 땋아 틀어 올려 비녀를 꽂은 머리를 말한다.

⊕ **핵심 뷰티** ⊕

여성의 머리형태
• 얹은머리 : 모발을 뒤에서 감아올려 그 끝을 가운데에 감아 꽂은 머리
• 쌍상투 머리 : 앞머리에 양쪽으로 묶은 머리
• 귀밑머리 : 땋은 머리라고도 하며, 앞이마의 한가운데에서 머리를 좌우로 갈라 귀 뒤로 넘겨 땋은 머리

03 　　　　　　　　　　정답 ③

이집트는 진흙(알칼리 토양)과 태양열을 통한 퍼머넌트와 헤나와 진흙을 통한 염색이 가능하였다.

04 　　　　　　　　　　정답 ④

각질층은 외부 자극 및 이물질의 침투를 막아 피부를 보호한다. 비늘모양의 죽은 피부세포가 연한 회백색 조각이 되어 떨어져 나가게 하는 박리현상을 일으킨다.

> **핵심 뷰티**
> **각질층**
> • 납작한 무핵의 죽은 세포층이다.
> • 10~20% 정도의 수분이 함유되어 있다.
> • 외부 자극 및 이물질의 침투를 막아 피부를 보호한다.
> • 케라틴(58%), 천연보습인자(38%) 등이 존재한다.
> • 비듬이나 때처럼 박리현상을 일으킨다.

05 　　　　　　　　　　정답 ①

유극층은 표피에서 가장 두꺼운 층으로 피부 손상을 복구할 수 있다. 세포 표면에 가시 모양의 돌기가 있어 가시층이라고도 한다.

> **핵심 뷰티**
> **유극층**
> • 5~10층의 유핵 세포로 이루어져 있다.
> • 표피에서 가장 두꺼운 층으로 피부 손상을 복구할 수 있다.
> • 세포 표면에 가시 모양의 돌기가 있어 가시층이라고도 한다.
> • 면역기능을 담당하는 랑게르한스세포가 존재한다.
> • 세포 사이에 림프액이 존재함으로써 혈액순환 및 물질 교환을 용이하게 한다.
> • 인접 세포와 다리 모양으로 연결되어 있다.

06 　　　　　　　　　　정답 ①

피하지방과 모발은 외부로부터 충격이 있을 때 완충작용으로 피부를 보호하는 역할을 한다.

07 　　　　　　　　　　정답 ②

건강한 두발은 일반적으로 단백질 70~80%, 수분 10~15%, pH 4.5~5.5로 구성되어 있다.

08 　　　　　　　　　　정답 ④

모발의 성장단계는 '성장기→퇴화기→휴지기' 순이다.

09 　　　　　　　　　　정답 ①

케라틴은 머리털·손톱·피부 등 상피구조의 기본을 형성하는 단백질로, 주로 동물성 단백질에 많이 함유되어 있다.

10 　　　　　　　　　　정답 ①

미란, 가피, 반흔은 속발진이고, 종양은 원발진이다.

> **핵심 뷰티**
> **원발진과 속발진**
>
> | 원발진 | 반점, 홍반, 구진, 농포, 면포, 팽진, 소수포, 결절, 낭종, 종양 |
> |---|---|
> | 속발진 | 가피, 미란, 인설, 켈로이드, 태선화, 찰상, 균열, 궤양, 위축, 과각화증, 반흔 |

11 　　　　　　　　　　정답 ①

사마귀는 바이러스성 피부 질환(Virus Skin Diseases)이다.

> **핵심 뷰티**
> **사마귀**
> 작은 구진이 안면, 목, 가슴, 손 등에 대칭으로 다발하며 가려움증을 유발하기도 한다.

12 　　　　　　　　　　정답 ①

비립종이란 피부 표면 가까이에 위치한 직경 1~2mm 크기가 작은 흰색주머니로 안에는 각질이 차 있다.

13   정답 ③

화장품은 효과보다 안전성이 중요하므로 부작용이 있으면 안되고, 의약품은 부작용이 있을 수 있다.

14   정답 ③

커트 시술 시 두부(頭部)를 5등분으로 나누면 전체(head), 전두부(top), 측두부(side), 두정부(crown), 후두부(nape)로 구분이 된다.

15   정답 ②

과산화수소(산화제) 6%는 일반적인 염색2제로, 20볼륨의 산소를 생성하여 탈색과 염색을 한다.

⊕	**핵심 뷰티**	⊕
	볼륨	

- 10 볼륨 : 과산화수소 3%
- 20 볼륨 : 과산화수소 6%
- 30 볼륨 : 과산화수소 9%
- 40 볼륨 : 과산화수소 12%

16   정답 ③

양쪽성 계면활성제는 양이온성과 음이온성을 동시에 가지며, 세정력과 피부에 대한 안정성이 좋다. 피부자극이 적어 베이비 제품, 저자극성 샴푸, 클렌저 제품 등에 사용된다.

17   정답 ④

블런트 커트는 직선적으로로 커트를 하고, 잘린 부분이 명확하다. 두발의 손상이 적으며, 입체감을 내기 쉽다.

⊕	**핵심 뷰티**	⊕
	블런트 커트(blunt cut)	

직선적으로 커트를 하고, 잘린 부분이 명확하다. 두발의 손상이 적으며, 입체감을 내기 쉽다. 클럽 커트라고도 한다.

18   정답 ②

그래쥬에이션(그라데이션) 커트는 두부 상부에 있는 두발은 길고 하부로 갈수록 짧게 커트해서 두발의 길이에 작은 단차가 생기게 한 커트로 주로 짧은 머리에 자주 사용된다.

19   정답 ③

콜드 웨이브의 제2액(산화제)의 작용으로 시스테인이 시스틴으로 재결합된다. 따라서 형성된 웨이브를 고정해준다.

20   정답 ④

두발을 구부러진 형태대로 정착시키기 위하여 제2액을 바른다.

21   정답 ②

트라이앵귤러 파트란 업스타일을 시술할 때 백코밍의 효과를 크게하고자 세모난 모양의 파트로 섹션을 잡는 것을 말한다.

⊕	**핵심 뷰티**	⊕
	헤어 파팅(hair parting)	
스퀘어 파트	이마의 양쪽은 사이드 파트를 하고 두정부 가까이에서 얼굴의 두발이 난 가장자리와 수평이 되도록 모나게 가르마를 타는 것	
카우릭 파트	두정부 가마에서 방사선으로 나눈 파트	
렉탱귤러 파트	이마의 양쪽 각진 곳에서 부터 사이드 파트한 뒤 두상의 꼭대기 부분에서 이마의 페이스 라인과 수평으로 나누는 것	

22   정답 ③

스컬프쳐 컬은 두발의 끝이 원의 중심, 즉 컬 루프의 중심이 되는 컬이다.

23 정답 ①

아이론(iron)의 열을 이용하여 웨이브를 형성하는 웨이브는 마셀 웨이브이다. 마셀 웨이브시 아이론의 온도는 120~140℃가 가장 적절하다.

24 정답 ①

유기합성 염모제 제품은 알칼리성의 제1액과 산화제인 제2액으로 나누어진다. 제1액은 암모니아수를 사용하고 알칼리성을 띠고 있다.

25 정답 ②

두피관리를 할 때 헤어 스티머(hair steamer)는 10~15분 사용하는 것이 적당하다.

26 정답 ①

헤어 컨디셔너제는 두발 손상 방지와 보습의 기능을 하지만 이미 손상된 두발의 치료제 역할을 완벽히 할 수는 없다.

27 정답 ②

큐티클 니퍼즈는 손톱의 상조피를 자르는 기구이다.

28 정답 ①

조모는 조근 밑에 위치하며 세포분열을 통하여 손톱과 발톱이 새롭게 생산한다. 조모에는 혈관과 신경이 있다.

29 정답 ②

두발을 롤러에 와인딩할 때 패널을 90°로 빗어 올려 와인딩하면 하프 오프 베이스가 된다. 이를 하프 스템이라 한다.

⊕ 핵심 뷰티 ⊕
스템(stem)
높은 볼륨을 만들고자 할 때는 패널을 120°~135°로 빗어 올려 와인딩하면 온 더 베이스가 된다. 이것을 논 스템이라고도 한다. 중간 정도의 볼륨을 만들고자 할 때에는 패널을 90°로 빗어 올려 와인딩하면 하프 오프 베이스가 된다. 이것을 하프 스템이라고도 한다. 볼륨을 원하지 않을 때는 패널을 45°로 빗어서 와인딩하면 오프 베이스가 된다. 이것을 롱 스템이라고도 한다.

30 정답 ②

스퀘어 커트(square cut)란 정사각형의 의미와 직각의 의미로 커트하는 기법으로 커트 단면이 사각으로 각진 상태를 말하며, 커트 선이 네모지게 된다.

31 정답 ④

주어진 그림의 커트는 머쉬룸 커트이다.

⊕ 핵심 뷰티 ⊕
머시룸 커트(mushroom cut)
양송이버섯형 커트이며, 네이프 포인트에서 0°로 떨어져 시작된 커트 선이 앞쪽으로 진행될수록 짧아지며 얼굴 정면의 짧은 머리끝과 후두부의 머리끝이 연결되어 전체적인 커트 형태 선이 양송이버섯 모양으로 된다. 그러므로 머시룸 커트를 하기 위해서는 슬라이스 라인을 급격한 V라인으로 한다.

32 정답 ②

틴닝은 틴닝가위를 사용하는 커트 방법으로, 길이를 짧게 하지 않고 전체적으로 두발의 숱을 감소시킨다.

33 정답 ①

크로스 체크 커트(cross check cut)는 최초의 슬라이스선과 교차되도록 체크 커트하는 방법이다.

34
정답 ②

자외선 B는 홍반, 수포, 일광화상(급성화상)을 일으키며, DNA 손상으로 피부암을 유발한다.

> ⊕ **핵심 뷰티** ⊕
>
> **중파장 자외선 B(UV B)**
>
> 290~320nm의 중파장으로, 비타민 D 합성을 촉진한다. 진피까지 도달하며, 피부 색소침착을 가속화 한다.

35
정답 ①

장방형 얼굴은 이마의 상부와 턱의 하부를 진하게 표현하고 관자놀이에서는 눈꼬리와 귀밑으로 이어지는 부분을 특히 밝게 표현하며, 눈썹은 일자로 그리면서 살짝 빗겨 올라가도록 하는 화장법이 잘 어울린다.

36
정답 ①

인구구성 중 피라미드형은 출생률보다 사망률이 낮으며 14세 이하 인구가 65세 이상 인구의 2배를 초과하는 인구 구성이다.

> ⊕ **핵심 뷰티** ⊕
>
> **피라미드형**
>
> 14세 이하가 65세 이상 인구의 2배를 초과하는 인구구성형이다. 출생률보다 사망률이 낮아 발전형 또는 인구증가형이라고도 한다.

37
정답 ①

A형간염은 제2급 감염병에 속한다.

> ⊕ **핵심 뷰티** ⊕
>
> **제1급 법정 감염병**
>
> 남아메리카출혈열(바이러스성출혈열), 동물인플루엔자인체감염증, 두창, 디프테리아, 라싸열(바이러스성출혈열), 리프트밸리열(바이러스성출혈열), 마버그열(바이러스성출혈열), 보툴리눔독소증, 신종감염병증후군, 신종인플루엔자, 야토병, 에볼라바이러스병(바이러스성출혈열), 중동호흡기증후군(MERS), 중증급성호흡기증후군, 크리미안콩고출혈열(바이러스성출혈열), 탄저, 페스트

38
정답 ③

인수공통감염병에는 장출혈성대장균감염증(O-157), 일본뇌염, 브루셀라증, 탄저병, 공수병, 조류인플루엔자, 중증급성호흡기증후군(SARS), 결핵 등이 있다.

> ⊕ **핵심 뷰티** ⊕
>
> **인수공통감염병**
>
> 동물과 사람 간에 서로 전파되는 병원체에 의하여 발생되는 감염병으로, 인수공통감염병에는 장출혈성대장균감염증(O-157), 일본뇌염, 브루셀라증, 탄저병, 공수병, 동물인플루엔자 인체감염증, 중증급성호흡기증후군(SARS), 변종 크로이츠펠드-야콥병(vCJD), 큐열, 결핵, 중증열성혈소판감소증후군(SFTS) 등이 있다.

39
정답 ④

장티푸스는 살모넬라균종에 오염된 음식이나 물을 섭취했을 때 감염된다. 우리나라에서는 제2급 법정 감염병이다.

40
정답 ③

가족계획이란 부부가 자녀의 출산계획, 즉 출산시기와 간격, 자녀의 수를 결정하여 건강한 자녀의 출산과 양육을 계획하고 결정함으로써 모성의 건강과 가족의 건강을 향상시키고자 하는 것을 말한다.

41
정답 ②

일산화탄소 중독의 증상은 두통, 어지럼증, 매슥거림, 의식소실 등이 있고, 후유증으로는 정신장애, 신경장애, 장기손상 등이 있다.

42
정답 ②

일반적인 음용수로서 적합한 잔류염소량(유리잔류염소를 말함) 기준은 4mg/L 이하이다.

43 정답 ①

간접조명이란 조명에서 나오는 빛을 벽이나 천정에 거의 모두 반사시켜 눈부심이 적고, 그림자가 적어 눈의 보호상 좋다.

44 정답 ①

세계보건기구에서 정의하는 보건행정의 범위는 모자보건, 환경위생, 감염병관리, 보건관계 기록의 보존, 대중에 대한 보건교육, 의료 및 보건간호이다.

> **핵심 뷰티**
>
> **보건행정의 범위(세계보건기구)**
>
> 모자보건, 환경위생, 감염병관리, 보건관계 기록의 보존, 대중에 대한 보건 교육, 의료 및 보건간호

45 정답 ①

화학적 약제는 융해성이 강해 빨리 효과를 내고 살균 소요시간이 짧을수록 좋다.

> **핵심 뷰티**
>
> **소독제의 구비조건**
>
> • 가격이 저렴해야 한다.
> • 생물학적 작용을 발휘할 수 있어야 한다.
> • 빨리 효과를 내고 살균 소요시간이 짧을수록 좋다.
> • 독성이 적으면서 사용자에게도 자극성이 없어야 한다.
> • 희석된 상태에서 화학적으로 안정되어야 한다.

46 정답 ②

유리기구, 주사침 등의 제품은 건열 멸균기를 사용하여 소독한다.

> **핵심 뷰티**
>
> **건열멸균**
>
> • 물리적 살균 방법이다.
> • 주로 건열 멸균기를 사용한다.
> • 유리기구, 주사침 등의 처리에 이용된다.
> • 160℃에서 1시간 30분 정도 처리한다.

47 정답 ④

고압증기법은 고압솥을 사용하여 가압증기 중에서 가열하는 방법으로, 가죽제품을 소독하기에는 적합하지 않다.

48 정답 ③

소독약 B의 석탄산 계수가 소독약 A의 석탄산 계수의 2배이므로, 소독약 A와 소독약 B가 같은 효과를 내게 하려면 소독약 A를 소독약 B보다 2배 짙게 조정한다. 또는 소독약 B를 소독약 A보다 2배 묽게 조정한다.

> **핵심 뷰티**
>
> $$석탄산 계수 = \frac{소독약의 희석배수}{석탄산의 희석배수}$$

49 정답 ①

알코올은 가격이 저렴하고 살균력이 있으며 쉽게 증발되어 잔여량이 없다.

50 정답 ②

생석회 분말은 백색의 분말로 화장실 분변, 토사물, 분뇨통, 쓰레기통, 하수도 주위의 소독에 주로 사용된다.

51 정답 ④

일반적으로 병원성 미생물의 증식이 가장 잘되는 pH의 범위는 pH 6.5~7.5이다.

52 정답 ③

공중위생영업이란 다수인을 대상으로 위생관리서비스를 제공하는 영업으로서 숙박업 · 목욕장업 · 이용업 · 미용업 · 세탁업 · 건물위생관리업을 말한다.

53　　　　　　　　　　　　　　정답 ④

특성화고등학교, 고등기술학교나 고등학교 또는 고등기술학교에 준하는 각종학교에서 1년 이상 이용 또는 미용에 관한 소정의 과정을 이수한 자는 이용사 또는 미용사의 면허를 받을 수 있다.

54　　　　　　　　　　　　　　정답 ③

이·미용업자의 준수 사항으로 영업소 내에 신고증과 함께 면허증 원본을 게시하여야 한다.

55　　　　　　　　　　　　　　정답 ③

손님이 간곡한 요청이 있을 경우는 영업소 외의 장소에서 이·미용 업무를 행할 수 있는 경우가 아니다.

56　　　　　　　　　　　　　　정답 ②

대학에서 화학·화공학·환경공학 또는 위생학 분야를 전공하고 졸업한 사람 또는 법령에 따라 이와 같은 수준 이상의 학력이 있다고 인정되는 사람은 공중위생감시원의 자격이 있다.

57　　　　　　　　　　　　　　정답 ①

위생교육 대상자는 이·미용업 영업자이다.

58　　　　　　　　　　　　　　정답 ③

영업소에서 무자격 안마사로 하여금 손님에게 안마 행위를 하였을 때 2차 위반 시 행정처분은 영업정지 2월이다.

59　　　　　　　　　　　　　　정답 ①

신고를 하지 아니하고 영업한 자는 1년 이하의 징역 또는 1천만 원 이하의 벌금에 처한다.

변경신고를 하지 아니하고 영업한 자는 6월 이하의 징역 또는 500만 원 이하의 벌금에 처한다.

면허정지처분을 받고 그 정지 기간 중 업무를 행한 자는 300만 원 이하의 벌금에 처한다.

관계공무원의 출입, 검사를 거부한 자는 300만 원 이하의 과태료에 처한다.

60　　　　　　　　　　　　　　정답 ④

공중위생관리법상 위생교육을 받지 아니한 자는 200만 원 이하의 과태료에 처한다.

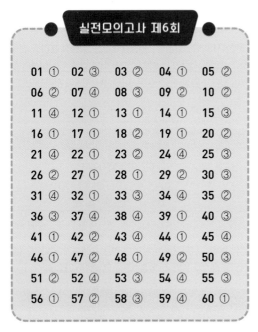

실전모의고사 제6회

01 ①	02 ③	03 ②	04 ①	05 ②
06 ②	07 ④	08 ③	09 ②	10 ②
11 ④	12 ①	13 ①	14 ①	15 ③
16 ①	17 ①	18 ②	19 ①	20 ②
21 ④	22 ②	23 ②	24 ④	25 ③
26 ②	27 ①	28 ②	29 ②	30 ③
31 ④	32 ①	33 ③	34 ④	35 ②
36 ①	37 ④	38 ②	39 ①	40 ③
41 ①	42 ①	43 ④	44 ①	45 ④
46 ①	47 ①	48 ①	49 ②	50 ③
51 ②	52 ①	53 ③	54 ④	55 ①
56 ①	57 ②	58 ③	59 ④	60 ①

01
정답 ①

미용 작업 시 작업대상의 위치는 심장의 위치와 동일하게 두는 것이 올바른 자세이다.

02
정답 ③

높은 머리는 이숙종 여사가 1920년대 처음한 머리로, 다까머리라고도 한다.

핵심 뷰티
여성의 머리형태
- 큰머리 : 어여머리라고하며, 머리위에 가체를 얹은 머리로, 궁중 또는 상류층에서 하는 머리
- 얹은머리 : 쪽머리와 함께 혼인한 부녀자들의 대표적인 머리로, 머리채를 뒤에서 땋아 앞으로 올려 정수리에서 둥글게 고정시킨 머리
- 쌍상투 머리 : 앞머리에 양쪽으로 묶은 머리

03
정답 ②

1936년 영국의 J.B 스피크먼이 콜드 웨이브를 창안해내었다.

핵심 뷰티
근대의 미용
- 1875년 마셀 그라또우가 아이론의 열을 통해 웨이브를 만드는 마셀 웨이브를 창안해내었다.
- 1905년 찰스 네슬러가 스파이럴식 퍼머넌트 웨이브를 창안해내었다.
- 1925년 조셉 메이어가 크로키놀식 히트 퍼머넌트 웨이브를 창안해내었다.
- 1936년 스피크먼이 콜드 웨이브를 창안해내었다.

04
정답 ①

천연보습인자(NMF)란 각질층에서 수분을 붙잡아 두는 역할을 한다. 주로 아미노산과 아미노산의 산물로 구성되어 있으며, 미네랄, 유기산, 젖산염, 암모니아, 요소 등을 포함한다.

핵심 뷰티
천연보습인자(NMF)
- 각질층에 있는 세포들 내부에서만 발견된다.
- 수용성 화학구조로 되어 있어 방대한 양의 수분을 보유할 수 있다.
- 각질층에서 수분을 붙잡아 두는 역할을 한다.
- 주로 아미노산과 아미노산의 산물로 구성되어 있으며, 미네랄, 유기산, 젖산염 등을 포함한다.

05
정답 ②

랑게르한스세포는 표피의 유극층에 존재하며 피부의 면역에 관여한다.

핵심 뷰티
랑게르한스세포
- 대부분 유극층에 존재한다.
- 주로 피부의 면역에 관여한다.
- 외부에서 들어온 이물질을 면역 담당 세포인 림프구로 전달해 준다.

06
정답 ②

신체부위 중 눈 부위는 피부 두께가 얇은 곳으로, 피하지방층이 가장 적은 부위이다.

07 정답 ④

건강한 두발은 일반적으로 단백질 70~80%, 수분 10~15%, pH 4.5~5.5로 구성되어 있다.

08 정답 ③

건강한 손톱은 매끄럽고 윤이 흐르고 핑크빛을 띠어야 한다.

09 정답 ②

비타민 C 부족 시 괴혈병(피부 출혈), 기미, 과민증, 색소침착 증가 등의 증상이 나타난다.

> **⊕ 핵심 뷰티 ⊕**
>
> **비타민 C(피부미용 비타민)**
> • 기능 : 콜라겐 유지(피부 탄력), 미백효과
> • 결핍 증세 : 괴혈병(피부 출혈), 기미, 과민증, 색소침착 증가
> • 함유 식품 : 과일 및 야채

10 정답 ②

팽진이란 부종성 발진으로 두드러기, 모기 등의 곤충에 물렸을 때, 주사 맞은 후에 발생할 수 있으며, 가려움을 동반한다.

> **⊕ 핵심 뷰티 ⊕**
>
> **원발진의 종류**
> • 구진 : 붉은색의 피부에서 융기된 것으로 두드러기, 알레르기 증상, 여드름 초기 증상으로도 나타 난다.
> • 농포 : 표피 내에 백색, 황색, 녹황색 또는 출혈성 화농성 삼출물을 가지고 있는 표재성 피부공동이다.
> • 결절 : 구진과 종양 사이의 중간 형태로 단단하게 만져지는 원형 또는 타원형의 융기이다.

11 정답 ④

얼굴, 턱, 입 주위와 손등에 잘 발생하는 사마귀는 편평 사마귀이다.

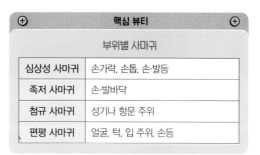

> **⊕ 핵심 뷰티 ⊕**
>
> **부위별 사마귀**
>
> | 심상성 사마귀 | 손가락, 손톱, 손·발등 |
> |---|---|
> | 족저 사마귀 | 손·발바닥 |
> | 첨규 사마귀 | 성기나 항문 주위 |
> | 편평 사마귀 | 얼굴, 턱, 입 주위, 손등 |

12 정답 ①

자외선에 노출될 경우 살균 및 소독효과가 있고, 비타민 D를 형성한다는 장점이 있다. 반면 피부의 홍반반응이나 일광화상, 색소침착 등 피부 장애를 일으킨다는 단점이 있다.

> **⊕ 핵심 뷰티 ⊕**
>
> **자외선의 영향**
>
> | 장점 | 단점 |
> |---|---|
> | • 살균 및 소독효과가 있다.
• 비타민 D를 형성한다.
• 구루병을 예방하고 면역력을 강화시킨다.
• 혈관 및 림프의 순환을 자극하여 신진대사를 활성화한다. | • 피부의 홍반반응이나 일광화상, 색소침착 등 피부 장애를 일으킨다.
• 피부 지질의 세포막을 손상시킨다.
• 피부 광노화 및 피부암을 유발한다. |

13 정답 ①

유아용 제품에 주로 사용되고 있는 계면활성제는 양쪽성 계면활성제로서 물에 용해될 때 친수기에 양이온과 음이온을 동시에 가지고 있다.

14 정답 ①

코의 중심을 통해 두부 전체를 수직으로 나누는 선을 정중선이라 하며, 센터 라인이라고도 한다.

두부 라인의 명칭

측중선	탑 포인트를 기준으로 귀의 뒷뿌리를 수직으로 나눈 선
수평선	이어 포인트의 높이에서 수평으로 나눈 선
측두선	눈 끝과 수직이 되는 머리 앞에서 측중선까지의 선

15
정답 ③

퍼머넌트 웨이빙 시 2액은 미지근한 물로 중간세척(중간린스)을 한 후 2액을 사용하는 것이 가장 적절하다.

16
정답 ①

색의 3원색은 파랑, 노랑, 빨강이다.

17
정답 ①

레이어드 커트(layered cut)는 90° 이상의 높은 시술 각도가 적용되는 커트 스타일로, 시술각이 높으면 단층이 많이 생기고 모발이 겹치는 부분이 없어져 무게감이 없는 커트스타일이 된다.

레이어드 커트(layered cut)
- 90° 이상의 높은 시술 각도가 적용되는 커트 스타일로, 시술각이 높으면 단층이 많이 생기고 모발이 겹치는 부분이 없어져 무게감이 없는 커트스타일이 된다.
- 모발 길이, 슬라이스 라인, 베이스, 시술 각도를 통해 다양한 형태의 커트 스타일을 만들어 낼 수 있다.

18
정답 ②

퍼머시 사용하는 제2액 취소산 염류의 적정 농도는 3~5%이다.

19
정답 ①

콜드 퍼머넌트 웨이빙 시 비닐캡을 씌우는 이유는 체온으로 솔루션의 작용을 빠르게 하기 위함, 제1액의 작용이 두발 전체에 골고루 행하여지게 하기 위함, 휘발성 알칼리의 휘산작용을 방지하기 위함 등이 있다.

20
정답 ②

헤어 컬링에서 컬의 목적은 웨이브 형성, 볼륨 형성, 플러프 형성, 머리 끝의 변화 등이 있다.

컬의 목적
- 웨이브 형성
- 볼륨 형성
- 플러프 형성
- 머리 끝의 변화

21
정답 ④

리프트 컬이란 루프가 두피에 45° 각도로 세워진 컬로 스탠드업 컬과 플랫 컬을 연결할 때 사용한다.

컬(curl)

플래트 컬	컬의 루프가 두피에 대하여 0°로 평평하고 납작하게 형성되어진 컬
스컬프처 컬	두발의 끝이 원의 중심, 즉 컬 루프의 중심이 되는 컬
메이폴 컬	핀컬이라고도 하며, 모근이 원의 중심, 즉 컬 루프의 중심이 되는 컬

22   정답 ①

마셀 웨이브 시술 시 아이론을 잡는 방법은 프롱은 위쪽, 그루브는 아래쪽을 향하도록 하는 것이다.

23   정답 ②

영구적 염모제의 제1제 속의 알칼리제가 모표피를 팽윤시켜 모피질 내로 인공색소와 과산화수소를 침투시킨다. 제2제인 산화제는 모피질 내로 침투하여 산소를 발생시킨다.

24   정답 ④

스캘프 트리트먼트(scalp treatment)의 시술 과정에서 양모제, 헤어 토닉, 헤어 크림은 화학적 방법이고, 헤어 스티머는 물리적 방법이다.

25   정답 ③

남성 호르몬의 과다 분비는 탈모의 원인이 된다.

26   정답 ②

매니큐어 바르는 순서는 베이스코트, 네일에나멜, 탑코트 순이다.

핵심 뷰티

매니큐어 바르는 순서

- 베이스코트 : 밀착성을 유지시킨다.
- 네일에나멜 : 색상을 표현한다.
- 탑코트 : 광택을 증가시킨다.

---

27   정답 ①

헤어 세팅에 있어 오리지널 세트의 주요한 요소로는 헤어 파팅, 헤어 셰이핑, 헤어 컬링, 헤어 웨이빙 등이 있다. 콤 아웃과 브러시 아웃은 리세트의 주요한 요소이다.

28   정답 ①

역삼각형의 메이크업은 이마의 양쪽 끝과 턱의 끝 부분을 진하게, 뺨 부분을 엷게 화장하면 가장 잘 어울린다. 눈썹은 전체적으로 둥글게 그리고 눈썹꼬리 부분을 약간 내려 부드러운 인상이 되도록 하면 좋다.

29   정답 ④

덜 웨이브(dull wave)란 리지가 뚜렷하지 않고 느슨한 웨이브를 의미한다.

핵심 뷰티

핑거 웨이브의 종류

스윙 웨이브	큰 움직임을 보는 듯한 웨이브
스월 웨이브	물결이 소용돌이 치는 듯한 웨이브
로우 웨이브	리지가 낮은 웨이브
덜 웨이브	리지가 뚜렷하지 않고 느슨한 웨이브

---

30   정답 ③

비니거린스는 식초린스로 산성린스이다. 이외에도 레몬린스, 구연산린스 등이 있다.

31   정답 ④

프로세싱 솔루션은 환원제 즉, 제1액을 의미하고, 제1액으로 티오글리콜산염이 가장 많이 사용된다.

32   정답 ①

라놀린은 모발 친화성 오일이기는 하지만 아무런 장애가 없다고 할 수는 없다.

33   정답 ③

얼굴의 피지가 세안으로 없어졌다가 원상태로 회복될 때까지 일반적으로 2시간 정도 소요된다.

실전 모의고사

정답 및 해설

34 정답 ④

마름모꼴형은 양볼의 광대뼈가 많이 튀어나온 얼굴형이므로, 눈썹을 길게 그린다.

35 정답 ②

팩의 제거 방법에 따른 분류는 티슈오프, 필오프, 워시오프, 시트 타입이 있다.

36 정답 ③

건강 보균자는 병원체를 보유하고 있어 체외로 병원체를 배출하고 있으나 별다른 증상이 없어 색출하기 어려워 감염병 관리에 있어 가장 어려움을 겪는다.

37 정답 ④

세균성이질은 제2급 감염병에, 말라리아와 B형간염은 제3급 감염병에 속한다.

⊕ 핵심 뷰티 ⊕

제1급 법정 감염병

남아메리카출혈열(바이러스성출혈열), 동물인플루엔자인체감염증, 두창, 디프테리아, 라싸열(바이러스성출혈열), 리프트밸리열(바이러스성출혈열), 마버그열(바이러스성출혈열), 보툴리눔독소증, 신종감염병증후군, 신종인플루엔자, 야토병, 에볼라바이러스병(바이러스성출혈열), 중동호흡기증후군(MERS), 중증급성호흡기증후군, 크리미안콩고출혈열(바이러스성출혈열), 탄저, 페스트

---

38 정답 ④

파리가 옮기는 병으로는 장티푸스, 파라티푸스, 세균성 이질, 아메바성 이질, 콜레라 등이 있다. 신증후군출혈열은 진드기에 의하여 전염된다.

⊕ 핵심 뷰티 ⊕

파리를 매개로 하는 질병

장티푸스, 파라티푸스, 세균성 이질, 아메바성 이질, 콜레라 등

---

39 정답 ①

감염병 발생시 최대한 접촉을 피한다.

40 정답 ③

임신 초기에 산모가 처음 풍진 바이러스에 감염되면 태아의 90%가 선천성 풍진 증후군에 걸리게 되며, 풍진은 우리나라 제2급 감염병이다.

41 정답 ①

지구의 온난화 현상의 주원인이 되는 가스는 이산화탄소(CO_2)이다.

42 정답 ②

작업환경의 관리원칙은 대치, 격리, 환기, 교육이다.

43 정답 ④

간접조명이란 조명에서 나오는 빛을 벽이나 천정에 거의 모두 반사시켜 눈부심이 적고, 그림자가 적어 눈의 보호상 좋다.

44 정답 ①

보건행정이란 국가와 공공단체가 국민의 보건 향상을 위하여 목표와 정책을 형성·조정하고 사업계획을 수립하여 이를 집행 통제하는 것이다.

⊕ 핵심 뷰티 ⊕

보건행정의 정의

- 국민의 수명연장
- 질병예방
- 공적인 행정활동

---

45 정답 ④

소독제는 밀폐시켜 빛이 들지 않는 곳에 보관하여야 한다.

46 정답 ①

화염멸균법과 소각소독법은 건열멸균법에 속하고, 건열멸균법, 여과멸균법, 습열멸균법은 물리적 소독법이다.

⊕ **핵심 뷰티** ⊕

습열멸균법

자비소독법, 증기멸균법, 간헐멸균법, 고온증기멸균법, 저압살균법, 고온단시간살균법, 초고온 살균법

47 정답 ②

고압증기멸균기를 이용하면 가장 빠르게 완전 멸균을 할 수 있다.

48 정답 ①

석탄산계수(페놀계수)가 5라는 것은 살균력이 석탄산의 5배라는 의미이다.

⊕ **핵심 뷰티** ⊕

석탄산 계수

$$석탄산 \ 계수 = \frac{소독약의 \ 희석배수}{석탄산의 \ 희석배수}$$

49 정답 ②

포르말린수는 고무제품, 금속제품, 플라스틱, 의류, 도자기 등의 소독에 적합하다.

50 정답 ③

생석회 분말은 백색의 분말로 화장실 분변, 토사물, 분뇨통, 쓰레기통, 하수도 주위의 소독에 주로 사용된다.

51 정답 ②

세균증식에 가장 적합한 최적 수소이온농도는 pH 6.0~8.0이다.

52 정답 ④

공중위생영업을 하고자 하는 자는 공중위생영업의 종류별로 보건복지부령이 정하는 시설 및 설비를 갖추고 시장·군수·구청장에게 신고하여야 한다. 보건복지부령이 정하는 중요사항을 변경하고자 하는 때에도 또한 같다.

53 정답 ③

이·미용업자가 신고한 영업장 면적의 3분의 1 이상의 증감이 있을 때 변경 신고를 하여야 한다. 다만, 건물의 일부를 대상으로 숙박업 영업신고를 한 경우에는 3분의 1 미만의 증감도 포함한다.

54 정답 ④

이·미용업소 내에 이·미용업 신고증, 면허증 원본, 최종지불요금표를 반드시 게시하여야 한다.

55 정답 ③

야외에서 단체로 이용 또는 미용을 하는 경우는 영업소 외의 장소에서 이·미용 업무를 행할 수 있는 경우가 아니다.

⊕ **핵심 뷰티** ⊕

영업소 외에서의 이용 및 미용 업무

• 질병·고령·장애나 그 밖의 사유로 영업소에 나올 수 없는 자에 대하여 이용 또는 미용을 하는 경우
• 혼례나 그 밖의 의식에 참여하는 자에 대하여 그 의식 직전에 이용 또는 미용을 하는 경우
• 사회복지시설에서 봉사활동으로 이용 또는 미용을 하는 경우
• 방송 등의 촬영에 참여하는 사람에 대하여 그 촬영 직전에 이용 또는 미용을 하는 경우
• 특별한 사정이 있다고 시장·군수·구청장이 인정하는 경우

56 정답 ①

시·도지사는 공중위생의 관리를 위한 지도·계몽 등을 행하게 하기 위하여 명예공중위생감시원을 둘 수 있다.

명예공중위생감시원

- 시·도지사는 공중위생의 관리를 위한 지도·계몽 등을 행하게 하기 위하여 명예공중위생감시원을 둘 수 있다.
- 명예공중위생감시원의 자격 및 위촉방법, 업무범위 등에 관하여 필요한 사항은 대통령령으로 정한다.

57 정답 ②

위생교육 대상자는 이·미용업 영업자이다.

58 정답 ③

이·미용 영업소 외의 장소에서 이·미용 업무를 행한 때에 대한 2차 위반 시 행정처분은 영업정지 2월이다.

이·미용 영업소 외의 장소에서 이·미용 업무를 행한 경우

- 1차 위반 : 영업정지 1월
- 2차 위반 : 영업정지 2월
- 3차 위반 : 영업장 폐쇄명령

59 정답 ④

관계 공무원의 출입·검사 및 기타 조치를 거부·방해 또는 기피한 자는 300만 원 이하의 과태료에 처한다.

60 정답 ①

과징금의 금액은 위반행위를 한 공중위생영업자의 연간 총매출액을 기준으로 산출한다. 연간 총매출액은 처분일이 속한 연도의 전년도의 1년간 총매출액을 기준으로 한다.

실전모의고사 제7회

01 ②	02 ①	03 ④	04 ④	05 ①
06 ④	07 ③	08 ①	09 ②	10 ②
11 ②	12 ①	13 ①	14 ①	15 ①
16 ④	17 ④	18 ①	19 ②	20 ②
21 ③	22 ③	23 ①	24 ②	25 ②
26 ①	27 ④	28 ②	29 ②	30 ②
31 ②	32 ③	33 ②	34 ②	35 ②
36 ④	37 ③	38 ①	39 ④	40 ②
41 ④	42 ②	43 ③	44 ①	45 ②
46 ①	47 ③	48 ①	49 ②	50 ②
51 ①	52 ④	53 ④	54 ①	55 ③
56 ①	57 ③	58 ④	59 ①	60 ④

01 정답 ②

T.P는 탑 포인트(top point)를 의미한다.

02 정답 ①

쪽진머리는 얹은 머리와 함께 조선시대 후반기에 일반 부녀자들의 대표적인 머리 형태이다.

03 정답 ④

1875년 마셀 그라또우가 아이론의 열을 통해 웨이브를 만드는 마셀 웨이브를 창안해내었다.

근대의 미용

- 1875년 마셀 그라또우가 아이론의 열을 통해 웨이브를 만드는 마셀 웨이브를 창안해내었다.
- 1905년 찰스 네슬러가 스파이럴식 퍼머넌트 웨이브를 창안해내었다.
- 1925년 조셉 메이어가 크로키놀식 히트 퍼머넌트 웨이브를 창안해내었다.
- 1936년 스피크먼이 콜드 웨이브를 창안해내었다.

04
정답 ④

천연보습인자(NMF)란 각질층에서 수분을 붙잡아 두는 역할을 한다. 주로 아미노산과 아미노산의 산물로 구성되어 있으며, 미네랄, 유기산, 젖산염, 암모니아, 요소 등을 포함한다.

> **⊕ 핵심 뷰티 ⊕**
>
> **천연보습인자(NMF)**
> - 각질층에 있는 세포들 내부에서만 발견된다.
> - 수용성 화학구조로 되어 있어 방대한 양의 수분을 보유할 수 있다.
> - 각질층에서 수분을 붙잡아 두는 역할을 한다.
> - 주로 아미노산과 아미노산의 산물로 구성되어 있으며, 미네랄, 유기산, 젖산염 등을 포함한다.

05
정답 ①

기저층은 단층의 유핵 세포로, 진피와 경계를 이룬다. 기저세포(각질형성세포)와 멜라닌세포가 4~10:1의 비율로 존재한다.

> **⊕ 핵심 뷰티 ⊕**
>
> **기저층**
> - 단층의 유핵 세포로, 피부의 수분 증발을 막아준다.
> - 기저세포(각질형성세포)와 멜라닌세포가 4~10:1의 비율로 존재한다.
> - 세포분열을 통해 새로운 세포가 생성하며, 기저층 세포가 상처를 입으면 세포 재생이 어려워지고 흉터가 남는다.

06
정답 ④

땀샘은 체온조절, 땀 분비, 분비물 배출 등을 한다. 피지분비는 피지선의 역할이다.

> **⊕ 핵심 뷰티 ⊕**
>
> **한선의 기능**
> - 체온을 조절한다.
> - 수분과 노폐물을 배출한다.
> - 약산성의 지방막을 형성한다.

07
정답 ③

시스틴 결합은 물, 알코올, 약산성이나 소금류에 강한 저항력을 갖고 있으나 알칼리에는 약하다.

08
정답 ①

건성피부는 유분과 수분의 분비량이 적어 피부 결이 얇고 표면이 거칠다. 따라서 적절한 수분과 유분을 공급해 주는 것이 적절하다.

> **⊕ 핵심 뷰티 ⊕**
>
> **건성피부**
> - 유분과 수분의 분비량이 적어 피부 결이 얇고 표면이 거칠다.
> - 피부가 거칠고 모공이 작으며, 탄력 저하로 잔주름이 생기기 쉽다.

09
정답 ②

비타민 C는 과일, 채소에 많이 들어있으며 모세혈관을 강화시켜 피부손상과 멜라닌 색소형성을 억제한다.

> **⊕ 핵심 뷰티 ⊕**
>
> **비타민 C(피부미용 비타민)**
> - 기능 : 콜라겐 유지(피부 탄력), 미백효과
> - 결핍 증세 : 괴혈병(피부 출혈), 기미, 과민증, 색소침착 증가
> - 함유 식품 : 과일 및 야채

10
정답 ②

피지, 죽은 세포 등이 모낭에 엉켜 흰 면포를 형성한다. 흰 면포가 모공을 통하여 밖으로 나오게 되면 공기와 접촉하여 산화되어 검은 면포로 변한다.

11
정답 ②

족부백선은 진균성 피부 질환으로, 습한 곳에서 발생빈도가 높다.

> **핵심 뷰티**
>
> **족부백선**
>
> 피부사상균이라는 곰팡이에 의해 발생하며 무좀이라고 불리는 질환으로 전체 백선의 40% 정도를 차지한다.

---

12   정답 ①

자외선에 노출될 경우 피부의 홍반반응이나 일광화상, 색소 침착 등 피부 장애를 일으킨다. 피부 지질의 세포막을 손상시키며, 피부 광노화 및 피부암을 유발한다.

> **핵심 뷰티**
>
> **자외선의 부정적인 영향**
>
> • 주름, 기미, 주근깨 등을 발생시키며, 수포, 피부암 등의 원인이 된다.
> • 피부의 홍반반응이나 일광화상, 색소침착 등 피부 장애를 일으킨다.
> • 피부 지질의 세포막을 손상시킨다.
> • 피부 광노화 및 피부암을 유발한다.

---

13   정답 ①

기능성 화장품은 피부의 미백, 주름 개선, 자외선 차단 등의 효과를 얻을 수 있는 제품을 말한다.

> **핵심 뷰티**
>
> **화장품**
>
> • 클렌징 제품 : 피부 표면에 더러움이나 노폐물을 제거하여 피부를 청결하게 해준다.
> • 보습제 : 피부 표면의 건조를 방지해 주고 피부를 매끄럽게 한다.
> • 화장수 : 비누 세안에 의해 손상된 피부의 pH를 정상적인 상태로 빨리 되돌아오게 한다.

---

14   정답 ①

빗은 커트용 이외에도 두피보호용, 셰이핑용, 비듬 제거용, 염색용, 세팅용 등 다양한 역할을 한다. 용도에 따른 탄력성과 무게, 열에 대한 내구성이 적합해야 한다.

---

15   정답 ①

핸드 드라이어는 시술자의 조정에 의해 바람을 일으켜 직접 내보내는 블로우 타입으로 주로 드라이 세트에 많이 사용된다.

---

16   정답 ④

샴푸제의 성분으로는 계면활성제, 점증제, 기포 증진제, 컨디셔닝제, 살균제, 습윤제, pH 조절제 등이 있다.

> **핵심 뷰티**
>
> **샴푸제의 성분**
>
> 계면활성제, 보조 계면활성제, 컨디셔닝제, 점증제, 비듬 방지제, 살균제, 백탁제, 펄제, 습윤제, 금속 봉쇄제, 방부제, pH 조절제 등

---

17   정답 ④

블런트 커트 기법에는 그라데이션 커트, 스퀘어 커트, 원랭스 커트, 레이어 커트가 있다.

> **핵심 뷰티**
>
> **블런트 커트 기법**
>
> • 그라데이션 커트
> • 스퀘어 커트
> • 원랭스 커트
> • 레이어 커트

---

18   정답 ①

윗머리가 짧고 아랫머리로 갈수록 길게 하기 위해서는 레이어 커트를 해야 하고, 두발 끝 부분을 자연스럽고 차츰 가늘게 커트하기 위해서는 테이퍼링 해야 한다.

---

19   정답 ②

퍼머시 사용하는 제2액 취소산 염류의 적정 농도는 3~5%이다.

20 　　　　　　　　　정답 ③

퍼머넌트 시술 시 비닐캡의 사용 목적으로는 체온으로 솔루션의 작용을 빠르게 하기 위함, 제1액의 작용이 두발 전체에 골고루 행하여지게 하기 위함, 산화방지 등이 있다.

21 　　　　　　　　　정답 ③

블런트 커팅은 콜드 퍼머넌트 웨이브 시 두발 끝이 자지러지는 경우와 관련이 없다.

22 　　　　　　　　　정답 ③

헤어 컬링에서 컬의 목적은 웨이브 형성, 볼륨 형성, 플러프 형성, 머리 끝의 변화 등이 있다. 컬러 표현의 원활은 컬의 목적으로 보기 어렵다.

23 　　　　　　　　　정답 ①

클락 와이즈 와인드 컬(clock wise wind curl)이란 모발이 시계 바늘 방향인 오른쪽 방향으로 되어진 컬을 의미한다.

24 　　　　　　　　　정답 ②

B형간염 바이러스와 아포형성균은 섭씨 100도씨에서 살균되지 않는다.

25 　　　　　　　　　정답 ②

염모제의 제1액 암모니아는 제2액 산화제(과산화수소)를 분해하고 산소를 발생시킨다.

26 　　　　　　　　　정답 ①

비듬이 없고 두피가 정상적인 상태일 때에는 플레인 스캘프 트리트먼트를 실시한다.

27 　　　　　　　　　정답 ④

결절 열모증이란 두발 상태가 건조하며 모발이 가늘게 갈라지듯 부서지는 증상을 의미한다.

28 　　　　　　　　　정답 ④

스트레이트 퍼머넌트제는 헤어 퍼머넌트용 제품이다.

실전
모의고사

정답 및 해설

29   정답 ②

유멜라닌은 갈색과 검은색을 나타내는 멜라닌이고, 페오멜라닌은 적색과 갈색을 나타내는 멜라닌이다.

30   정답 ③

1933년 오엽주 여사가 서울 종로 화신백화점 안에 우리나라 최초의 미용실인 화신미용원을 개원하였다.

31   정답 ②

모근 가까이 1/3 지점에서 틴닝하는 딥 테이퍼, 모발의 중간 부분에서 틴닝하는 노말 테이퍼, 모발 끝 1/3 지점에서 틴닝하는 엔드 테이퍼가 있다.

32   정답 ③

①은 패럴렐 보브(parallel bob), ②는 스패니얼 보브(spaniel bob), ③은 이사도라 보브(isadora bob), ④는 머시룸 커트(mushroom cut)이다.

33   정답 ②

프로세싱 솔루션은 환원제 즉, 제1액을 의미하고, 제1액으로 티오글리콜산염이 가장 많이 사용된다.

34   정답 ②

스퀘어 파트는 양쪽 사이드 파트와 탑포인트 부분에서 이마의 헤어라인 부분과 수평이 되도록 가르마를 타는 정사각형 모양의 파트이다.

35   정답 ②

플로럴 부케(floral bouquet)는 여러 가지 꽃 향이 혼합된 세련되고 로맨틱한 향으로 아름다운 꽃다발을 안고 있는 듯, 화려하면서도 우아한 느낌을 주는 향수이다.

36   정답 ④

보균자가 감염병 관리상 어려운 대상인 이유는 활동영역이 넓어 따로 격리가 어려울 뿐 아니라 색출에도 어려움이 있어서이다.

⊕ **핵심 뷰티** ⊕

보균자(carrier)

- 건강 보균자
- 잠복기 보균자
- 병후 보균자

37   정답 ③

한 국가나 지역사회 간의 보건수준을 비교하는 데 사용되는 대표적인 3대 지표는 영아사망률, 비례사망지수, 평균수명이다.

⊕ **핵심 뷰티** ⊕

3대 지표(보건수준)

- 영아사망률
- 비례사망지수
- 평균수명

38   정답 ①

장티푸스, 결핵, 파상풍 등의 예방접종을 통하여 획득되는 면역은 인공능동면역이다.

⊕ **핵심 뷰티** ⊕

인공능동면역
예방접종을 통하여 획득하는 면역을 말한다.

39   정답 ④

한센병과 폴리오는 제2급 감염병에, 일본뇌염은 제3급 감염병에 속한다.

40 정답 ②

파리가 옮기는 병으로는 장티푸스, 파라티푸스, 세균성 이질,
아메바성 이질, 콜레라 등이 있다.

41 정답 ④

요충은 산란과 동시에 감염능력이 있으며, 건조에 저항성이
커서 집단감염이 가장 잘되는 기생충이다. 인구 밀집지역에
많이 분포하여 집단감염을 일으킨다.

42 정답 ③

노인층 인구는 개별접촉을 통하여 보건교육을 하는 것이 가
장 적절하다.

43 정답 ③

황산화물은 황과 산소와의 화합물을 총칭하는 말이지만 환경
공해적 측면으로는 매연 속에 포함된 이산화황, 삼산화황 및
황산 미스트를 말한다. 대기오염의 주원인 물질 중 하나로 석
탄이나 석유 속에 포함되어 있어 연소할 때 산화되어 발생되
며, 만성기관지염과 산성비 등을 유발한다.

44 정답 ③

야간작업의 피해로는 주야가 바뀐 불규칙적인 생활로 수면
부족과 불면증, 피로회복 능력 저하, 영양 저하 등이 있고, 불
규칙한 식습관으로 인한 소화불량 등이 있다.

45 정답 ②

저온폭로에 의한 건강장애로는 동상, 동창, 참호족, 전신 저체
온증 등이 있다.

46 정답 ①

보건기획이 전개되는 과정은 전제, 예측, 목표설정, 구체적 행
동계획 순이다.

47 정답 ③

소독제는 표백성이 없어야 한다.

48 정답 ①

소각소독법은 불에 태워 처리하는 방법으로 오염된 물질을
담았던 통, 쓰레기 소독에 적합하다.

49 정답 ②

일광소독법은 살균 및 소독효과가 있는 자외선을 이용한 소
독법으로, 260~280nm의 파장에서 살균력이 가장 강하다.

50   정답 ②

크레졸은 변소, 하수도, 진개 등의 오물 소독, 손 소독에 사용되며, 이·미용실 바닥의 소독용으로 사용된다.

> **핵심 뷰티**
>
> 크레졸
>
> 3%의 수용액을 주로 사용한다. 크레졸은 변소, 하수도, 진개 등의 오물 소독, 손 소독에 사용되며, 이·미용실 바닥의 소독용으로 사용된다.

51   정답 ①

승홍수는 독성이 강해 상처가 있는 피부에는 적합하지 않다.

52   정답 ④

바세린 및 파우더는 건열멸균법을 이용하여 소독한다.

53   정답 ④

나선균이란 S자형 혹은 가늘고 길게 만곡되어 있는 나선형의 세균이다.

54   정답 ①

이·미용업의 신고는 이·미용사 면허를 받은 사람만 신고할 수 있다.

55   정답 ③

공중위생영업의 신고를 위하여 제출하는 서류는 영업시설 및 설비개요서, 교육필증, 면허증 원본, 국유재산사용허가(국유철도 외의 철도 정거장 시설에서 영업하는 경우) 등이다.

56   정답 ①

이·미용업소 내에 이·미용업 신고증, 면허증 원본, 최종지불요금표를 반드시 게시하여야 한다.

57   정답 ③

과태료는 대통령령으로 정하는 바에 따라 보건복지부장관 또는 시장·군수·구청장이 부과·징수한다.

58   정답 ④

위생교육 대상자는 이·미용업 영업자이므로 공중위생영업을 승계한 자는 위생교육을 받아야 한다.

59   정답 ③

1회용 면도날을 2인 이상의 손님에게 사용한 때에 1차 위반 시 행정처분은 경고이다.

> **핵심 뷰티**
>
> 1회용 면도날을 2인 이상의 손님에게 사용한 경우
>
> - 1차 위반 : 경고
> - 2차 위반 : 영업정지 5일
> - 3차 위반 : 영업정지 10일
> - 4차 위반 : 영업장 폐쇄명령

60   정답 ④

이용업소표시등의 사용제한을 위반하여 이용업소표시등을 설치한 자는 300만 원 이하의 과태료에 처한다. 나머지는 200만 원 이하의 과태료에 처한다.